Einführung in Expertensysteme

Zbigniew A. Styczynski · Krzysztof Rudion · André Naumann

Einführung in Expertensysteme

Grundlagen, Anwendungen und Beispiele aus der elektrischen Energieversorgung

Zbigniew A. Styczynski
Otto-von-Guericke-Universität
Magdeburg
Deutschland

André Naumann
Fraunhofer IFF
Magdeburg
Deutschland

Krzysztof Rudion
Universität Stuttgart
Stuttgart
Deutschland

Die Darstellung von manchen Formeln und Strukturelementen war in einigen elektronischen Ausgaben nicht korrekt, dies ist nun korrigiert. Wir bitten damit verbundene Unannehmlichkeiten zu entschuldigen und danken den Lesern für Hinweise.

ISBN 978-3-662-53171-6   ISBN 978-3-662-53172-3   (eBook)
DOI 10.1007/978-3-662-53172-3

Die Deutsche Nationalbibliothek verzeichnet diese Publikation in der Deutschen Nationalbibliografie; detaillierte bibliografische Daten sind im Internet über http://dnb.d-nb.de abrufbar.

Springer Vieweg

Gedruckt auf säurefreiem und chlorfrei gebleichtem Papier

Springer Vieweg ist Teil von Springer Nature
Die eingetragene Gesellschaft ist Springer-Verlag GmbH Deutschland
Die Anschrift der Gesellschaft ist: Heidelberger Platz 3, 14197 Berlin, Germany

Vorwort

Intelligente Systeme sind seit Langem schon in vielen Bereichen unseres Lebens „Stand der Technik". Intelligente Waschmaschinen steuern den Waschvorgang optimal, Autopiloten in Flugzeugen führen Landemanöver durch, autonome Autos fahren durch die Straßen, Sprach- und Schrifterkennungssysteme nutzen künstliche Intelligenz, um uns **die Welt einfacher zu machen**. Dabei bündelt ein **Expertensystem** unterschiedliche **intelligente Techniken** zu einer konkreten Lösung.

Gerade in den letzten Jahren ist eine wachsende Zahl von **Windenergieanlagen** besonders im Norden Deutschlands zu beobachten. Auch besitzen sehr viele Häuser heute eigene **Fotovoltaikanlagen**. Dies sind die sichtbaren Zeichen des Paradigmenwechsels, der sich im Bereich der elektrischen Energiesysteme vollzogen hat und weiterhin vollzieht. Der in Deutschland angestrebte Ausstieg aus Kernenergie und Kohlekraft hat in den letzten 15 Jahren zur Installation von zahlreichen regenerativen Erzeugern geführt. Damit auch weiterhin eine hohe Stabilität des Netzbetriebes gewährleistet werden kann, verlangt es nach dem Einsatz neuer, intelligenter Methoden, z. B. im **Umgang mit der wetterbedingten, volatilen Erzeugung**. Expertensysteme finden in elektrischen Versorgungssystemen bereits eine breite Anwendung, zusätzlich werden neue Herausforderungen – vor allem im Zusammenhang mit der deutschen Energiewende – ihre **Anwendung** weiter **beflügeln**.

Das vorliegende Buch steht im **Spannungsfeld** zwischen den Grundlagen der Entwicklung von Expertensystemen und denen zukünftiger elektrischer Energieversorgungssysteme. Die Autoren nutzen somit den **Anwendungsbereich Energieversorgung** für zahlreiche Beispiele und Illustrationen für den Einsatz von intelligenten Techniken.

Das Buch baut auf der **vieljährigen Erfahrung der Autoren** bei der Anwendung von unterschiedlichen intelligenten Techniken auf dem Gebiet der elektrischen Energiesysteme auf. In zahlreichen Forschungs- und Anwendungsprojekten haben sich die Autoren mit Techniken wie z. B. den künstlichen neuronalen Netzen, der Fuzzy-Logik oder den genetischen Algorithmen beschäftigt. Diese Techniken wurden auch im Rahmen von zahlreichen Diplom- sowie Master- und Promotionsarbeiten untersucht. Die dazu konzipierte **Vorlesung** wird **seit 1994** – mit einer Unterbrechung zwischen 2003–2014 – an der **Universität Stuttgart** und seit 1999 an der **Otto-von-Guericke Universität Magdeburg**

gelesen und kontinuierlich aktualisiert und findet stets einen sehr guten Zuspruch bei den Studierenden.

Im Buch finden die Leserinnen und Leser **Basisinformationen** zu den folgenden Themen:

- Was ist ein Expertensystem?
- Wie strukturiere und erwerbe ich das Wissen für ein Expertensystem?
- Wie behandele ich unsichere Informationen für Entscheidungen?
- Welche intelligenten Techniken stehen zur Verfügung für die Gestaltung von Expertensystemen?
- Worin unterscheiden sich verschiedene künstliche neuronale Netze und wie wird diese Technik angewendet?
- Was sind die Merkmale und Vorteile von unscharfen Mengen (Fuzzy-Logik)?

Diese **Basisinformationen** werden durch zahlreiche **Beispiele** und **Lösungsansätze** aus dem Bereich der Energieversorgung **illustriert**. Somit **trägt das Buch** wesentlich zum **praktischen Verständnis** der Anwendung von **Expertensystemen** bei.

Das Buch ist an alle Leser **adressiert,** die sich für Expertensysteme, im Besonderen für die Anwendung in der elektrischen Energieversorgung, interessieren. **Netzplanungs- und Netzführungsingenieure, Wissenschaftler,** die auf dem Gebiet forschen, aber auch und vor allem **Studierende** werden in diesem Buch viele brauchbare Informationen und Tipps finden.

Die Autoren bedanken sich bei dem Initiator dieser Vorlesung Herrn Prof. Dr. Kurt Feser für den notwendigen Anstoß und bei vielen Studierenden sowie Doktorandinnen und Doktoranden, die durch ihre Arbeiten und Ergebnisse zu der endgültigen Form dieses Buches beigetragen haben. Besonderer Dank gilt Frau Tatjana Strasser für die sorgfältige redaktionelle Bearbeitung des Manuskripts und Frau B. Sc. Polina Sokolnikova für die grafische Gestaltung des Buches.

Dem Springer Verlag, und hier besonders Frau Redakteurin Eva Hestermann-Beyerle, gilt der Dank der Autoren für die Initiative, Diskussion und die Übernahme dieses Buches ins Portfolio des Verlags.

Bei der Leitung des Fraunhofer-Instituts für Fabrikbetrieb und -automatisierung in Magdeburg und bei der Geschäftsführung der Firma 50Hertz Transmission GmbH aus Berlin bedanken sich die Autoren für ihr Interesse an der Arbeit und für die finanzielle Unterstützung der redaktionellen Bearbeitung des Buches.

Zbigniew A. Styczynski, Krzysztof Rudion, André Naumann

Inhaltsverzeichnis

Einführung und Grundbegriffe der Expertensysteme

1

As far as the laws of mathematics refer to reality, they are not certain, and as far as they are certain, they do not refer to reality.

(Insofern sich die Sätze der Mathematik auf die Wirklichkeit beziehen, sind sie nicht sicher, und insofern sie sicher sind, beziehen sie sich nicht auf die Wirklichkeit.)
(Albert Einstein (1921) Geometrie und Erfahrung, Springer)

Zusammenfassung

Als eine der wichtigsten und meist geschätzten Eigenschaften des Menschen gilt die Intelligenz, die im Zentrum von Kap. 1 steht. Nach einer kurzen Definition der Intelligenz wird die 2000-jährige Geschichte der Intelligenzforschung vorgestellt. Dabei stehen die letzten 60 Jahre, die zur rasanten Entwicklung der künstlichen Intelligenz (KI) geführt haben, im Fokus. Die KI hat auch eine eigene „Sprache" entwickelt, deren Grundbegriffe und Anwendungsgebiete ebenfalls vorgestellt werden. Dabei bilden gerade Expertensysteme ein zentrales Anwendungsgebiet der KI in unterschiedlichen Bereichen. Die elektrische Energieversorgung dient als Bespiel, um diese Nutzung der KI zu beschreiben.

Dieses Zitat stammt aus dem Festvortrag von Albert Einstein, gehalten an der Preußischen Akademie der Wissenschaften zu Berlin am 27. Januar 1921. In diesem Vortrag erläutert Einstein die Relativität der Geometrie und der geometrischen Objekte, und in diesem Kontext stellt er auch die zitierte These vor. In diesem Buch ist die Thesis mehr allgemein zu verstehen, was damit auch die Begründung für wissensbasierte Systeme liefert.

© Springer-Verlag GmbH Deutschland 2017
Z.A. Styczynski et al., *Einführung in Expertensysteme*,
DOI 10.1007/978-3-662-53172-3_1

1.1   Historische Entwicklung der Künstlichen Intelligenz (KI)

Als eine der wichtigsten und am meisten geschätzten Eigenschaften des Menschen gilt die Intelligenz. Dabei gibt es unterschiedliche Definitionen und Beschreibungen dessen, was unter Intelligenz verstanden wird.[1] So erklärt der *Duden* diesen Begriff wie folgt:

Intelligenz
- „Fähigkeit [des Menschen], abstrakt und vernünftig zu denken und daraus zweckvolles Handeln abzuleiten
- Gesamtheit der Intellektuellen, Schicht der wissenschaftlich Gebildeten
- (veraltend) vernunftbegabtes Wesen; intelligentes Lebewesen"

Da die Intelligenz direkt mit dem Menschen verbunden ist, hat man für andere Formen von intelligenzähnlichem Verhalten (besonders bei Maschinen) den Begriff der Künstlichen Intelligenz geschaffen. Er wird im *Gabler Wirtschaftslexikon* folgendermaßen definiert:

Künstliche Intelligenz
„Erforschung ‚intelligenten‘ Problemlösungsverhaltens sowie die Erstellung ‚intelligenter‘ Computersysteme. Künstliche Intelligenz (KI) beschäftigt sich mit Methoden, die es einem Computer ermöglichen, solche Aufgaben zu lösen, die, wenn sie vom Menschen gelöst werden, Intelligenz erfordern."

Anzumerken ist an dieser Stelle, dass es nahezu unmöglich ist, ein genaues mathematisches Modell mit den Eigenschaften der menschlichen Intelligenz zu bilden – dieses Dilemma beschreibt auch die Deutung Einsteins am Anfang dieses Kapitels sehr treffend.

Schon immer haben sich Menschen mit der Erforschung und Anwendung ihrer eigenen Intelligenz beschäftigt, zunächst auf der Basis spezieller Aufgaben und Beispiele, die sich erst später mathematisch lösen ließen. So hat man sich, nicht erst seit der Entstehung der Sage um das Labyrinth des Minotaurus (ca. 1700 v. Chr.), mit dem Auffinden von kürzesten Wegen beschäftigt. Ein anderes treffendes Beispiel ist die Einführung der Regeln des Klassenkalküls von Aristoteles 350 v. Chr. als Basis für die Formalisierung des logischen Denkens. Auch die Einführung der Ziffer Null 815 v. Chr. durch den arabischen Mathematiker al-Chwarizmi (Null-Algorithmus) war für die Mathematik wegbereitend. Dabei wurde eine Zahl definiert, die die bisherigen Zahlensysteme ergänzt. Bis dahin hatte die Subtraktion von gleichen Zahlen kein Ergebnis geliefert.

---

[1] Grundlage in diesem Buch sind die Definitionen aus dem Duden [1] bzw. dem Gabler Wirtschaftslexikon [2].

An der weiteren Entwicklung der Logik war auch der Philosoph und Mathematiker Gottfried Wilhelm Leibniz (geb. 21. Juni 1646 in Leipzig) beteiligt. Er legte die Grundlagen für das Dualsystem[2] und formulierte das sogenannte Leibniz'sche Gesetz, das die Identität zweier Mengen definiert. Fast 200 Jahre vor George Boole, der den ersten algebraischen Logikkalkül auslegte, hatte Leibniz viele Grundlagen für die moderne Logik geschaffen. Dieser und zahlreiche weitere Philosophen und Universalgelehrten der Antike und Neuzeit haben sich intensiv in ihrer Forschung mit den mathematischen Grundlagen zur Formalisierung der menschlichen Intelligenz beschäftigt.

Der Beginn der neuesten KI-Forschungen ist mit der Herstellung der ersten Computer verbunden (1950). Hier hat besonders der Turing-Test – 1950 von dem Engländer Alan Turing entwickelt – zur Belebung des Interesses an der künstlichen Intelligenz beigetragen. In diesem Test wird durch Befragung festgestellt, ob sich hinter den Antworten ein Mensch oder ein Computer verbirgt. Seit den 1950er-Jahren haben die Ergebnisse der Arbeiten im Bereich der künstlichen Intelligenz dank der Fortschritte in Mathematik und Informatik zunehmend an Bedeutung gewonnen. Bestimmte Entwicklungsperioden der Untersuchungen zur künstlichen Intelligenz können in Phasen eingeteilt werden, wobei hier unterschiedliche Systematiken verwendet werden können [3–5].

Die Entwicklung der relativ jungen Disziplin war gekennzeichnet durch Höhen und Tiefen. Die zyklischen Phasen von Euphorie und Ernüchterung in der Entwicklung der KI sind in Abb. 1.1 grafisch zusammengefasst.

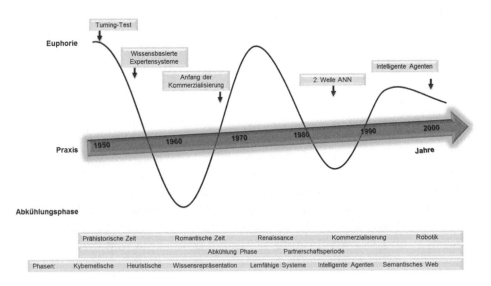

Abb. 1.1 Unterschiedliche Phasen in der Nutzung künstlicher Intelligenz

---

[2] Binärzahlen waren die Grundlage für die Entwicklung der ersten Rechenmaschinen.

Abbildung 1.1 macht anhand des abnehmenden Ausschlags von Höhen und Tiefen in der dargestellten Kurve deutlich, dass sich die künstliche Intelligenz in den letzten Jahren als eigenständige Disziplin etabliert und als solche Anwendung in den unterschiedlichen Bereichen der Wissenschaft gefunden hat. Man sieht auch, dass die Geschichte der KI-Forschung sich besonders gut in Zehnjahreszyklen beschreiben lässt. Nachfolgend werden die wichtigsten Phasen dieser Entwicklung betrachtet.

Der zehnjährige Zyklus [3] verdeutlicht, dass es immer zu neuen qualitativen Verbesserungen beim Verständnis und Anwendungsspektrum der KI kam. Meistens jedoch verhinderten die Schwächen der jeweils vorherrschenden Computertechnik die Realisierung der Erwartungen, was – in jeder Phase – auch erneut zu großen Enttäuschungen durch die praktische Unrealisierbarkeit der theoretischen Vorgaben führte.

Die kybernetische Phase in den 1950er-Jahren leitet sich von der Forschungsrichtung der Kybernetik ab, welche zu dieser Zeit sehr populär war.

Kybernetik wird im *Duden* wie folgt definiert:

Kybernetik
„[englisch cybernetics, 1948 geprägt von dem amerikanischen Mathematiker N. Wiener (1894–1964), zu Griechisch kybernētikế (téchnē) = Steuermannskunst, zu: kybernétēs = Steuermann, zu: kybernãn = steuern] wissenschaftliche Forschungsrichtung, die Systeme verschiedenster Art (z. B. biologische, technische, soziologische Systeme) auf selbsttätige Regelungs- und Steuerungsmechanismen hin untersucht"

In dieser Zeit dominierten in der Kybernetik theoretische Arbeiten, die sich mit Verschaltungen der Eingangs- und Ausgangsinformationen in Regelungssystemen beschäftigten. Da die Regelungsmechanismen jedoch nicht immer mathematisch modellierbar waren, wurden Vereinfachungen bei der Suche nach optimaler Steuerung oder Problemlösung vorgenommen. So wurden neue Algorithmen entwickelt, die ohne Anspruch auf Definition des globalen Optimums schnell „quasioptimale" Lösungen lieferten. Diese Vorgehensweise was sicher auch durch den damaligen Entwicklungsstand der Rechentechnik bedingt. Die Rechenzeiten der GPS (General Problem Solver) waren sehr hoch, und trotzdem lieferte die relativ unzuverlässige Computertechnik gelegentlich keine Lösung.

Die Entwicklungsphase der KI in den 1960er-Jahren kann als heuristische Phase bezeichnet werden. Das Wort Heuristik ist aus dem griechischen Wort Eureka abgeleitet und wie folgt im *Duden* definiert:

Heuristik
„Lehre, Wissenschaft von den Verfahren, Problem zu lösen; methodische Anleitung, Anweisung zur Gewinnung neuer Erkenntnisse"

Diese kurze Beschreibung kann im Hinblick auf die Entwicklung der künstlichen Intelligenz sinnvoll durch die Definition von Zimbardo [6] ergänzt werden.

> „**Heuristiken** sind kognitive >>Eilverfahren<<, die bei der Reduzierung des Bereichs möglicher Antworten oder Problemlösungen nützlich sind, indem sie >>Faustregeln<< als Strategien anwenden." ([6, S. 371])

So wurden in den 1960er-Jahren unterschiedliche heuristische Algorithmen entwickelt und ausprobiert. Die meisten beschleunigten mit einer modifizierten Schrittweite die Suche nach Lösungen. Die Ergebnisse waren jedoch enttäuschend und erfüllten nicht die Erwartungen. Als Reaktion versuchte man, das Wissen formal genauer abzubilden, um durch diese Beschreibung die Wahrscheinlichkeit der optimalen Entscheidung zu maximieren. Diese Arbeiten wurden in den 1970er-Jahren intensiviert und beschäftigten sich sowohl mit Methoden der formellen Beweise der Wissenskonsistenz als auch mit dem Anwendungsbereich. Daraus entwickelten sich lernfähige Systeme (auch als Expertensysteme bezeichnet), die ihr Verhalten mit Erfahrung modifizierten und ihr Wissen dadurch erweitern konnten.

Der rasante Fortschritt in der Computertechnik in den 1980er-Jahren hat zur Entwicklung von vielen praktisch einsetzbaren Expertensystemen geführt. Um das Potenzial dieser Technologie zu erhöhen, wurde angestrebt, die unterschiedlichen Systeme zu vernetzen und dabei alle Möglichkeiten der vernetzten Strukturen zu nutzen. So hatte das Konzept der intelligenten Softwareagenten seine Blütezeit in den 1990er-Jahren.

Diese genannten Systeme können wir folgt definiert werden:

> „Als **Software-Agent** (auch Agent oder Softbot) bezeichnet man ein Computerprogramm, das zu gewissem (wohl spezifiziertem) eigenständigem und eigendynamischem (autonomem) Verhalten fähig ist. Das bedeutet, dass abhängig von verschiedenen Zuständen (Status) ein bestimmter Verarbeitungsvorgang abläuft, ohne dass von außen ein weiteres Startsignal gegeben wird oder während des Vorgangs ein äußerer Steuerungseingriff erfolgt."[3]

Mittlerweile ist man im 21. Jahrhundert angekommen, und das Internet (Web) macht eine neue Qualität der Datenverwaltung möglich. Das Ziel des „semantischen Webs" ist es, die Bedeutung von Informationen für Computer verwertbar zu machen und damit

---

[3] Quelle: Wikipedia.

automatisch für interessierte Nutzer im Zuge einer Abfrage zu ordnen. Die Informationen im Web sollen von Maschinen interpretiert und automatisch weiterverarbeitet werden können.

Die Bezeichnungen der vorgestellten Phasen der KI-Entwicklung bilden eine logische Reihe, von ganz einfachen Darstellungen über Probleme der Modellierung (Repräsentation) bis zu den Untersuchungen von Selbstlernfähigkeiten. Natürlich sind die Lösungen, die in diesen Phasen erreicht worden sind, nie voll zufriedenstellend. Hierbei gehörten und gehören besonders die Aufgaben der allgemeinen Wissensmodellierung auch heute noch zu den schwierigsten und abstraktesten Problemen.

1.2   Teilgebiete der Künstlichen Intelligenz

Die Untersuchungen auf dem Gebiet der KI haben sich so entwickelt, dass heutzutage von Spezialverfahren für einzelne Teilgebiete gesprochen wird. Dabei wurden spezifische Methoden u. a. für folgende Teilgebiete erarbeitet:

- Robotik,
- Verstehen natürlicher Sprache (lesen und sprechen),
- automatisches Übersetzen von Texten in andere Sprachen,
- Erkennen von Bildern und Bildfolgen,
- automatisches Finden und Beweisen logischer und mathematischer Sätze,
- Entwicklung von Computersystemen (Expertensystemen) auf verschiedenen Wissensgebieten.

Bei der Bild- und Spracherkennung handelt es sich meistens um die geschickte Zuordnung der eingehenden Informationen zu gespeicherten Mustern, also um eine Mustererkennung. Solche Systeme arbeiten heute schon online und verlangen den Computern eine erhebliche Leistung ab. Typische Beispiele sind hier Mautsysteme (Online-Erkennung von Fahrzeugtypen und Kennzeichen) oder Sprach- und Musikerkennung (z. B. Identifikation von Interpreten oder Titeln mit den zugehörigen Interpreten). Die Bilder oder Sprachsätze sind manchmal unscharf bzw. schlecht verständlich, müssen aber trotzdem klassifiziert werden. Dies wird von heutigen Systemen geleistet. Eine typische Schwierigkeit, die beim Durchsuchen und dem Abgleich von vielen Mustern auftritt, ist die Zeitverzögerung.

Die automatische Beweisführung logischer Sätze ist ein sehr komplexes Gebiet, wobei die Bedeutung und Korrektheit der erreichbaren Lösungen die Gesamtheit der KI beeinflussen und zur Weiterentwicklung der Methoden führen können.

Ein praktisches und bekanntes Anwendungsfeld der KI ist heute die Robotik. Autonome Roboter (Stichwort: autonomes Fahren) können heute selbstständig ihre Umgebung beobachten und Vorgänge zuordnen. Im Falle einer Interaktion mit Menschen können die Roboter ihr Verhalten modifizieren, was auch als Lernen bezeichnet werden kann.

1.3   Grundbegriffe

Wie in jeder Disziplin haben sich auch in der KI verschiedene Begriffe etabliert, die vorwiegend aus dem Englischen stammen. Tabelle 1.1 zeigt einen Überblick über häufig verwendete Grundbegriffe der KI.

Tab. 1.1 Grundbegriffe der KI (nach Informationen der Fa. Siemens AG, 1998)

Deutsch	English	Beschreibung
Künstliche Intelligenz (KI)	Artificial Intelligence (AI)	Wissenschaftliche, technische Disziplin, die sich bemüht um • das Verstehen und Modellieren menschlicher Intelligenzleistungen anhand informationstechnischer Modelle (Rechnerprogramme als Prozessmodelle), • die qualitative Leistungssteigerung und Erschließung neuer Anwendungsgebiete von Computern, Programmiertechniken und Informationstechniken. nach *Gabler*: Erforschung „intelligenten" Problemlösungsverhaltens sowie Erstellung „intelligenter" Computersysteme. Künstliche Intelligenz (KI) beschäftigt sich mit Methoden, die es einem Computer ermöglichen, solche Aufgaben zu lösen, die, wenn sie vom Menschen gelöst werden, Intelligenz erfordern.
Deduktion, Folgerung	Deduction	Schlussfolgerung, die auf einem logischen Kalkül basiert nach *Duden*: • (Philosophie) Ableitung des Besonderen und Einzelnen vom Allgemeinen; Erkenntnis des Einzelfalles durch ein allgemeines Gesetz • (Kybernetik) Ableitung von Aussagen aus anderen Aussagen mithilfe logischer Schlussregeln
Experte	Expert	Fachmann auf einem Spezialgebiet nach *Duden*: Sachverständiger, Fachmann, Kenner
Fakt	Fact	Nachprüfbare, grundlegende Tatsache
Rahmen	Frame	Objektzentriertes Wissensrepräsentationskonstrukt, das statisch-deskriptive und dynamisch-prozedurale Darstellungsaspekte vereinigt nach *Duden*: • Viereckige, runde oder ovale Einfassung für Bilder • Etwas, was einer Sache ein bestimmtes [äußeres] Gepräge gibt • Etwas, was einen bestimmten Bereich umfasst und ihn gegen andere abgrenzt; Umgrenzung, Umfang

Tab. 1.1 (Fortsetzung)

Deutsch	English	Beschreibung
Semantisches Netz	Semantic Net	Netz für die Repräsentation von Wissen in Form von Objekten und Relationen
Heuristik	Heuristics	Empirische Methode, um bei Fehlen eines Algorithmus oder einer Theorie in vernünftiger Weise zu einer Problemlösung zu gelangen
Inferenz	Inference	Überbegriff für Schlussfolgerungsprozesse verschiedenster Art, z. B. deduktiv, plausibel, analog, induktiv nach *Duden*: Aufbereitetes Wissen, das aufgrund von logischen Schlussfolgerungen gewonnen wurde
Regel	Rule	Beschreibungsformalismus für das Verhältnis zwischen Voraussetzung und daraus möglichen Folgerungen, meist in der Form IF -premise- THEN -conclusion oder IF -condition- THEN -action nach *Duden*: • Aus bestimmten Gesetzmäßigkeiten abgeleitete, aus Erfahrungen und Erkenntnissen gewonnene, in Übereinkunft festgelegte, für einen jeweiligen Bereich als verbindlich geltende Richtlinie; [in bestimmter Form schriftlich fixierte] Norm, Vorschrift • Regelmäßig, fast ausnahmslos geübte Gewohnheit; das Übliche, üblicherweise Geltende
Produktionsregel	Production Rule	Regel, bestehend aus Bedingungen und Folgerungen. Falls die Bedingungen entsprechend der Wissensbasis erfüllt sind, werden die Folgerungen in die Wissensbasis eingetragen. nach *Gabler*: Begriff in der künstlichen Intelligenz für eine Regel der Form „wenn Bedingung(en), dann Schlussfolgerung oder Aktion(en)", wobei sich die Bedingungen auf die Menge der in der Wissensbasis gespeicherten bzw. bereits hergeleiteten (Inferenz-)Fakten beziehen und die Schlussfolgerung neue Fakten erzeugen

Tab. 1.1 (Fortsetzung)

Deutsch	English	Beschreibung
Objektorientierte Programmierung	Object-Oriented Programming	Programmierstil, bei dem Beschreibungen der Struktur und des Verhaltens von Objekten zu Klassen zusammengefasst werden. Diese stehen in einer Vererbungshierarchie, d. h., Teile von Beschreibungen können von allgemeinen Klassen an speziellere übergeben werden. nach *Gabler*: Im Gegensatz zur prozeduralen Programmierung, bei der Daten, Prozeduren und Funktionen getrennt betrachtet werden, fasst man sie bei der objektorientierten Programmierung zu einem Objekt zusammen. Objekte sind nicht nur passive Strukturen, sondern aktive Elemente, die durch Nachrichten anderer Objekte aktiviert werden. Objektorientierte Programme werden als kooperierende Sammlungen von Objekten angesehen.
Mustererkennung	Pattern Recognition	Vergleich eines vorliegenden Musters mit einem Referenzmuster aufgrund von charakteristischen Merkmalen, die in einem Vorverarbeitungsprozess extrahiert wurden (z. B. Bildverarbeitung) mittels statischer oder synthetischer Verfahren
Schlussfolgerung	Reasoning	Herleitung von Schlussfolgerungen, ausgehend von einer Menge von Fakten (Prämissen) unter der Verwendung von Ableitungsregeln nach *Duden*: Logische Folgerung; Schluss, mit dem etwas aus etwas gefolgert wird, z. B. • eine logische, zwingende, überzeugende, falsche Schlussfolgerung, • aus etwas die richtige Schlussfolgerung ziehen
Expertensystem	Expert System	Wissensbasiertes System mit Schlussfolgerung- oder Problemlösefähigkeit und teilweise hochentwickelter Interaktionsfähigkeit zum Einsatz in einem sehr eng begrenzten Spezialgebiet. Expertensysteme können im Einzelnen sehr unterschiedlich gestaltet sein (autonom, interaktiv). nach *Gabler*: In der Künstlichen Intelligenz (KI) wird ein Programm oder ein Softwaresystem als Expertensystem bezeichnet, wenn es in der Lage ist, Lösungen für Probleme aus einem begrenzten Fachgebiet (Wissensdomäne) zu liefern, die von der Qualität her denen eines menschlichen Experten vergleichbar sind oder diese sogar übertreffen (Expertenwissen).

Tab. 1.1 (Fortsetzung)

Deutsch	English	Beschreibung
Erklärungs-komponente	Explanation Facility	Gibt Auskunft auf Fragen nach dem Wie und Warum. Insbesondere müssen die vom Expertensystem beim Problemlösungsprozess getroffenen Entscheidungen klar und präzise begründet werden.
Wissenserwerb	Knowledge Acquisition	Wissenserwerb umfasst verschiedene organisatorische, systematisierende und softwaretechnische Maßnahmen, die zum Aufbau einer Wissensbasis notwendig sind, darüber hinaus auch die Ausnutzung von Textanalyse und Lernverfahren.
Wissensbasis	Knowledge Base	Explizite, deskriptive (nicht prozedurale) Repräsentation von Wissen, die zur Lösung bestimmter Aufgaben in einem Gebiet benötigt wird nach *Duden*: Grundlage für künstliche Intelligenz (besonders in Expertensystemen) bildendes, in Rechnern gespeichertes Wissen, das Zusammenhänge, Fakten und Regeln enthält
Wissensver-arbeitung	Knowledge Processing	Programmierstil oder Software-Architektur. Es wird versucht, die statischen Systemteile (Objekte, Begriffe, Fakten, Regeln) aus den Programmen herauszulösen und in einer einheitlichen Wissensbasis zu verwalten.
Wissensinge-nieur	Knowledge Engineer	Fachmann für das Sammeln und Systematisieren von Expertenwissen und dessen Umsetzung in ein wissensbasiertes System
Vorwärtsver-kettung	Forward Chaining	Datenbetriebener Modus zum Auswerten von Inferenzregeln
Rückwärtsver-kettung	Backward Chaining	Modus zum Auswerten von Inferenzregeln, bei dem vom gewünschten Ergebnis ausgegangen wird

1.4   Wissensbasierte Systeme

Ein Expertensystem sollte man sich als ein Programmsystem vorstellen, bei dem die Fachkompetenz von Experten, die sich in einem eng begrenzten Bereich hervorragend auskennen, in einer Wissensbank gebündelt und informationstechnisch-gerecht zur Lösung von Problemen bereitgestellt wird. Da das Wissen in solchen Systemen eine zentrale Rolle spielt, werden Expertensysteme auch als wissensbasierte Systeme *(knowledge based systems)* und die Datenverarbeitung mit wissensbasierten Systemen als Wissensverarbeitung bezeichnet.

In diesem Buch wird nicht zwischen wissensbasierten Systemen und Expertensystemen unterschieden, obwohl man diese zwei KI-Techniken aufgrund von hier irrelevanten Unterschieden differenzieren könnte. Es gilt hier überall:

Wissensbasierte Systeme = Expertensysteme

Die Entwicklung von computergestützten Methoden hat in den letzten 30 Jahren eine sprunghafte Entwicklung von einzelnen, einfachen Programmen über komplexe Programmsysteme bis hin zu wissensbasierten Programmsystemen vollzogen. Die Etappen sind durch verschiedene, komplexe Aufgabenstellungen gekennzeichnet.

Die Expertensysteme selbst sind durch die große Komplexität der Aufgaben charakterisiert, die mit ihrer Hilfe gelöst werden können, und auch durch die große Zuverlässigkeit der Ergebnisse. Diese ist hier so zu verstehen, dass man den Lösungsweg verfolgen und nachprüfen kann. In Abb. 1.2 werden die Fähigkeiten der Expertensysteme (XPS) im Vergleich zu anderen Methoden dargestellt.

Die Liste der Anwendungsbereiche der Expertensysteme ist lang. Diese Technik ist heute in der Spracherkennung, im Management von Datenbanken und in Entwurfsmethoden der Projektierung von verschiedenen dedizierten Systemen einsetzbar. Einen Überblick über Anwendungsbereiche der Expertensysteme stellt Tab. 1.2 dar.

Ein Expertensystem besteht aus mehreren Komponenten, die unterschiedliche Aufgaben bewältigen sollen und miteinander logisch verbunden sind. Die allgemeine Darstellung der Komponenten eines Expertensystems zeigt Abb. 1.3.

Der Benutzer, meistens ein Planer bzw. Gast, kommuniziert mit dem Expertensystem über die sogenannte Benutzeroberfläche – eine Schnittstelle, die auch als Dialogkomponente

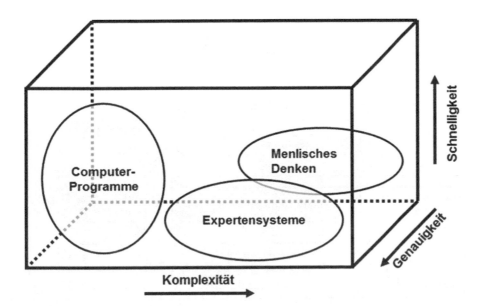

Abb. 1.2 Fähigkeiten der Expertensystemen gegenüber anderen Methoden [7]

Tab. 1.2 Anwendungsbereiche der Expertensysteme

Bereich	Anwendungen
Informationstechnik	• Computergestützte Sprachübersetzung • Fragebeantwortungssysteme • Verstehen natürlicher Sprachen • Bild- und Mustererkennung • Problemlösungssysteme
Basissoftware	• Managementsysteme für Wissensbanken • Schlussfolgerungsmechanismen • Intelligente Schnittstellen
Neue Hardwarearchitekturen	• Logische Prozessoren • Funktionsprozessoren • Prozessoren für Algebra • Prozessoren für Datenbanksysteme • Verbesserte von-Neumann-Architekturen
Schaltungsarchitektur	• VLSI-Entwurfskonzepte • VLSI-Entwurfskonzepte für intelligentes CAD
Dedizierte Systeme	• Medizintechnik • Energietechnik • Robotik und autonome Systeme • Logistik • Architektur
Hilfstechniken	• Software-Entwicklungshilfen • Konfigurierungshilfen

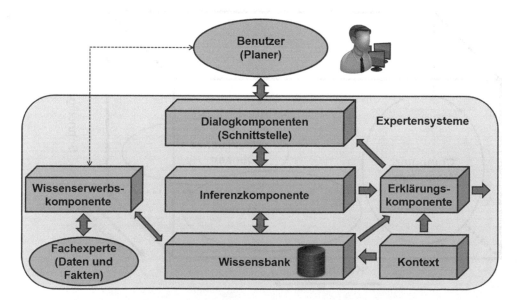

Abb. 1.3 Verknüpfungen zwischen den Komponenten eines Expertensystems

bezeichnet wird. Diese Schnittstelle, heute häufig auch als grafisches, interaktives Modul ausgeführt, ermöglicht den Zugriff auf die Inferenzmechanismen, die mithilfe der Wissensbank – abhängig vom Kontext – Ergebnisse zu der Benutzeranfrage liefern.

Der Weg, auf dem die Ergebnisse erreicht wurden, kann auf Wunsch des Benutzers durch die Erklärungskomponente erläutert werden. Die Erstellung und Ergänzung der Wissensbank kann sowohl durch Fachexperten als auch, wenn es nicht im System verborgen ist, durch einen geschulten Benutzer erfolgen.

Bei der Betrachtung eines in dieser Weise dargestellten Expertensystems stellt sich die Frage: Welcher Unterschied besteht überhaupt zwischen dem traditionellen und dem wissensbasierten Programmieren?

Dieser Unterschied liegt grundsätzlich in der Darstellung der Algorithmen, die in der traditionellen Programmierung die Programmablauf-*Steuerung* und *Logik* verbinden. Bei den Expertensystemen ist die Logik zusammen mit den Daten in der Wissensbasis gespeichert und wird als solche einheitlich durch Inferenzmechanismen bearbeitet (s. Schema in Abb. 1.4).

So bildet der Algorithmus zusammen mit der Steuerung die Inferenzkomponente. Daten werden durch logische Verknüpfungen in der Wissensbank ergänzt und gespeichert.

Expertensysteme haben daher folgende Fähigkeiten [3, 8]:

- Probleme verstehen,
- Probleme lösen,
- Lösungen erklären und bewerten,
- Wissen erwerben und strukturieren.

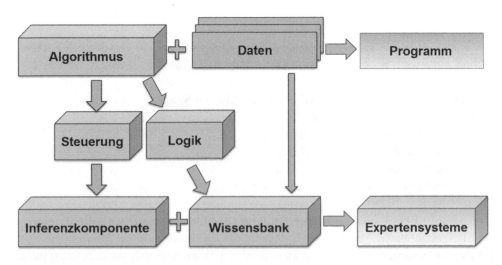

Abb. 1.4 Vergleich Programm – Expertensystem

Das Wissen kann in Expertensystemen auf unterschiedliche Arten gespeichert werden, in der Regel wird es aber gespeichert als

- Fakten,
- Regeln,
- Objektbeschreibungen,
- Heuristiken,
- Bedingungen.

1.5   Expertensysteme in der Energieversorgung

Das elektrische Netz bildet ein sehr großes und komplexes System, das sich über Tausende von Kilometern erstreckt. Es besteht aus sehr vielen unterschiedlichen Elementen – Betriebsmittel genannt – wie z. B. Generatoren, Transformatoren, Schaltern oder Übertragungsleitungen. Das europäische elektrische Übertragungsnetz wird auf dem Spannungsniveau von 380 kV mit einer Frequenz von 50 Hz betrieben. Die Spitzenlast in Europa beträgt ca. 530.000 MW (2015).

Die ersten Anwendungen der Computertechniken in der elektrischen Energietechnik erfolgten 1950, als die ersten Lastflussberechnungsprogramme entstanden.

In den Jahren 1970–1980 konzentrierten sich die Arbeiten auf große Datenbanken und *real-time* Berechnungsprogramme (*State Estimation*: Zustandsbestimmung des elektrischen Netzes mit vorhandenen Messwerten), weil die damals vorhandene Technik eine solch umfangreiche Modellierung und Berechnung bereits erlaubte.

Die ersten Arbeiten in Richtung der Expertensysteme begannen 1986, als im Rahmen der Organisation CIGRE (International Conference on Large High Voltage Electric Systems) die „Working Group 38.06 Expert Systems in Power System" die Anwendung dieser Technologie diskutierte [9].

Zurzeit werden die Expertensysteme auf fast allen Gebieten der elektrischen Energietechnik eingesetzt, wobei die meisten Anwendungen die folgenden Bereiche betreffen:

- statische und dynamische Sicherheit des elektrischen Systems,
- Last- und Erzeugungsprognose,
- Alarmbehandlung und Systemdiagnose,
- Netzwiederaufbau nach Störungen,
- optimaler Netzbetrieb und Netzplanung,
- Überwachung von Netzstationen und Netzschutz.

In den frühen 1990er-Jahren berichtete das Institute of Electrical and Electronics Engineers (IEEE, internationaler Verband der Ingenieure der Elektrotechnik und Informationstechnik) von 40 realisierten ersten Projekten (s. Abb. 1.5). Hierbei wurden Expertensysteme im Bereich der Diagnose der elektrischen Energiesysteme am häufigsten angewendet.

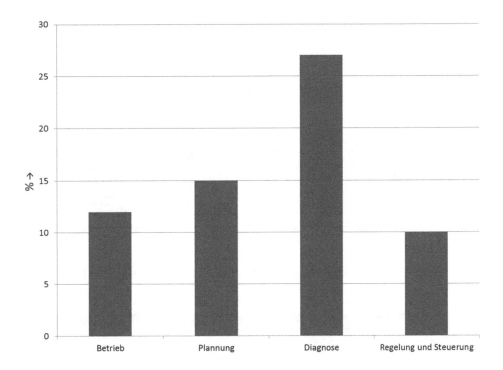

Abb. 1.5 Anwendung von Expertensystemen in der Elektrotechnik (prozentualer Anteil von 40 Systemen) [10]

Heutzutage prägt der Anstieg der erneuerbaren Erzeugung die elektrischen Energiesysteme. Bereiche wie Last- und Erzeugungsprognosen (hier Erzeugung aus Windkraft und Fotovoltaik) sowie die Bestimmung der statischen und dynamischen Sicherheit werden praktisch ausschließlich durch unterschiedliche kommerzielle Tools unterstützt, die als wissensbasierte Systeme zu bezeichnen sind.

Aber nicht nur in den Energiesystemen werden immer öfter die Expertensysteme eingesetzt. Die Industrieprognose bis 2024 (s. Abb. 1.6) zeigt, dass Expertensysteme auch insgesamt bald durch autonome Roboter überholt werden. Der etwa 300-prozentige Anstieg für diese Anwendungen ist für die nächsten zehn Jahre prognostiziert. Auch digitale Assistenten (vorwiegend im Anwendungsbereich Medizin) und künstliche neuronale Netze (im Anwendungsbereich lernfähige Systeme, z. B. Erzeugungsprognosen oder intelligente Bilderkennung) werden in den nächsten Jahren einen 200- bis 300-prozentigen Zuwachs verzeichnen.

Als Beispiel für die Anwendung von Expertensystemen in der Energieversorgung kann hier das Wind Power Management System (WPMS) dienen, das vom Fraunhofer-Institut IWES in Kassel entwickelt wurde. Dort wird ein auf numerische Wettermodelle trainiertes neuronales Netz für die *Day-ahead*-Vorhersage der Energieerzeugung aus Wind verwendet 11]. Dieses Tool besitzt eine umfangreiche Bedieneroberfläche (s. Abb. 1.7) und wird bei zahlreichen Netzübertragungsbetreibern in Deutschland täglich eingesetzt.

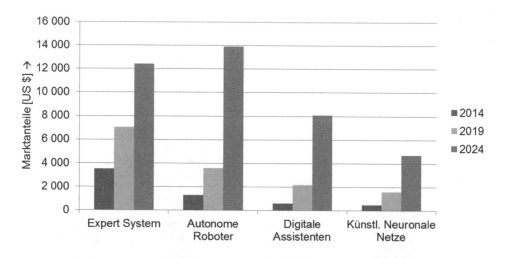

Abb. 1.6 Prognostizierte Marktanteile smarter Maschinen in Millionen US-Dollar [11]

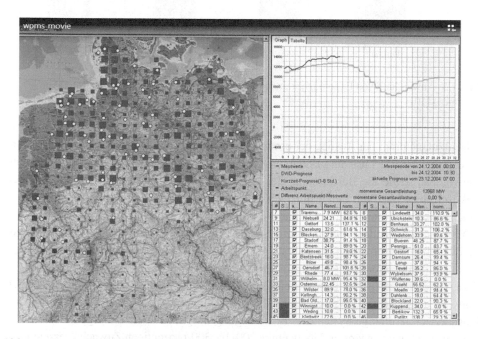

Abb. 1.7 Grafische Oberfläche des Wind Power Management Systems [12]

In China – wo heutzutage die meiste Windenergie weltweit erzeugt wird (s. Abb. 1.8) – werden ebenfalls unterschiedliche Methoden verwendet, um eine möglichst genaue Windenergieprognose zu erstellen. Dabei spielen lernfähige Methoden (*Machine Learning Methods*) wie künstliche neuronale Netze oder die Support Vector Machine neben

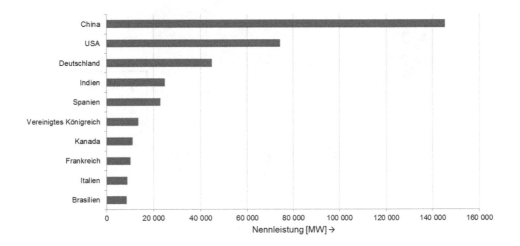

Abb. 1.8 Weltweit installierte Windenergieleistung in MW (2015)

statistischen Verfahren eine dominierende Rolle [13]. Die Anwendung von Expertensystemen macht eine sehr hohe Genauigkeit der Windenergieerzeugungsprognose möglich. Der mittlere Fehler der Prognose liegt (statistisch betrachtet) beim WPMS-Tool bei etwa 6 %.

Die Expertensysteme werden immer leistungsfähiger und spezialisierter. Sie können mittlerweile auch für sehr spezielle Aufgaben im Bereich der elektrischen Energiesysteme eingesetzt werden. Beispielsweise werden gegenwärtig neue Systeme entwickelt, die es erlauben, das Spezialwissen, das für die Parametrierung von Netzschutzgeräten notwendig ist, zu sammeln [14].

Großkraftwerke als besonders wichtige Anlagen im Netz besitzen heute mehrere Überwachungssysteme, die teilweise wissensbasierte Software einsetzen. Folgende Aufgaben werden durch solche Expertensysteme gelöst [15]:

- Fehlerdiagnose (*fault diagnostic*),
- Netzbetriebsunterstützung (*operator support*),
- Behandlung von Alarmen (*alarm processing*),
- Training von Operatoren (*operator training*).

Hierfür nutzen die angewandten Expertensysteme intelligente Techniken wie Regeln, Fuzzy- Logik [16], neuronale Netze oder eine Kombination daraus in Form von hybriden Systemen. Abbildung 1.9 zeigt die Verteilung der Lösungen in 42 analysierten Expertensystemen für 2015. Dabei ist zu erkennen, dass regelbasierte Systeme die meistverwendete Gruppe bilden.

Expertensysteme in der elektrischen Energieversorgung sind durch verschiedene Hard- und Softwarekonfigurationen gekennzeichnet. Für die ausgewählten Systeme sind die charakteristischen Merkmale in Tab. 1.3 zusammengestellt.

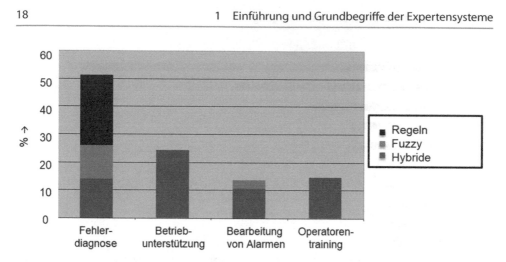

Abb. 1.9 Einsatz von Expertensystemen in Kraftwerken [15]

Tab. 1.3 Ausgewählte Beispiele der Expertensysteme in der Energieversorgung

Problem	Firma und Land	Software	Hardware
Alarmbehandlung und Systemdiagnose	IBERDUERO Spanien	C, LISP	WS
Systemdiagnose	ETH Zürich & ABB Schweiz	Pascal	Mainframe (SCADA)
Systemsicherheit	University of Dortmund	Prolog	PC
Alarmbehandlung und Systemdiagnose	Siemens Erlangen	Nexpert Object, C	WS
Systembetrieb	EdF, Frankreich	SPOKE + FORTRAN	WS
Systembetrieb – Spannungsstabilität	EPFL – Lausanne Schweiz	Pascal	WS
Spannungsstabilität	University of Liege, Belgien	Fortran	Mainframe

Die prozentuale Verwendung der Programmiersprachen ist in Abb. 1.10 dargestellt. Zu den KI-Sprachen gehören Prolog (75 % der Projekte), LISP und OPS 83. Bei der Entwicklung der Expertensysteme wurden traditionell auch Programmiersprachen wie Pascal (50 %), Fortran (25 %) und C (15 %) benutzt. Als Tool wurde häufig Nexpert Object (70 %) verwendet. Aus der Gruppe der KI-Tools wurde KEE (50 %) bevorzugt. Heutzutage sind Softwarewerkzeuge wie CLIPS bzw. JESS für regelbasierte Systeme auch in einer JAVA-Umgebung

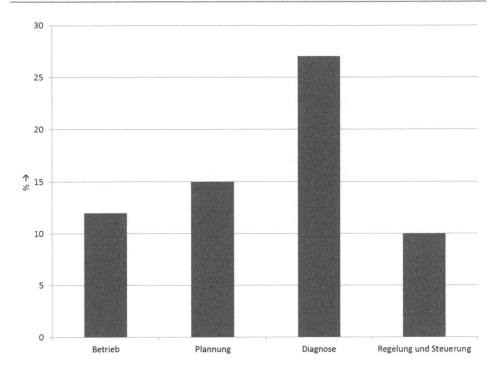

Abb. 1.10 Software in Expertensystemen in der Energieversorgung [10]

im Einsatz. Auch die Programmiersprache Prolog und andere nichtspezifische Programmier-sprachen werden häufig eingesetzt und sind in vielfältigen, auch frei erhältlichen Implemen-tierungen im Internet erhältlich.

Literatur

[1] Duden (2016). http://www.duden.de/. Zugegriffen: 29. Sept. 2016
[2] Gabler Wirtschaftslexikon. Springer- Gabler (2016). http://wirtschaftslexikon.gabler.de/. Zugegriffen: 29. Sept. 2016
[3] Hartmann D, Lehner K (1990) Technische Expertensysteme. Springer, Heidelberg
[4] Ertel W (2013) Grundkurs künstliche Intelligenz. Springer, Heidelberg
[5] Kurbel K (1992) Entwicklung und Einsatz von Expertensystemen. Springer, Heidelberg
[6] Gerrig RJ, Zimbardo PG (2008) Psychologie. Pearson Studium, München
[7] Hoffmann W (1990) Wissensbasiertes System für die Bewertung und Verbesserung der Betriebssicherheit elektrischer Energieversorgungsnetze, Dissertation Dortmund
[8] Tzafestas S (Hrsg.) (1993) Expert system in engineering applications. Springer, Heidelberg
[9] CIGRE Report 29 (1993) An international survey of the present status and perspective of expert systems on power systems analysis and techniques. WG 38.02. GIGRE, Paris

[10] Kirschen DS, Wollenberg BF (1992) Intelligent alarm processing in power systems. P IEEE 80(5): 663–672

[11] BBC Research Data (2014) Künstliche Intelligenz. Fakten und Prognosen. Picture of the future. http://www.siemens.com/innovation/de/home/pictures-of-the-future/digitalisierung-und-software/kuenstliche-intelligenz-fakten-und-prognosen.html. Zugegriffen: 20. Sept. 2016

[12] Lange B, Rohrig K, Schlögl F, Cali U, Jursa R (2007) Wind power forecasting in renewable energy and the grid. The challenge of variability. ISBN 13:978-184407-418-1. Earthscan, London

[13] Xiao L, Wang J, Dong Y, Wu J (2015) Combined forecasting models for wind energy forecasting: a case study in China. Renew Sust Energ Rev 44:271–288

[14] Ganjavi MR (2008) Protection system coordination using expert system (Nitsch J, Styczynski Z, Hrsg.). MAFO 25, Magdeburg. ISBN 978-3-940961-15-0

[15] Mayadevi N, Vinodchandra S, Ushakumari S (2014) A review on expert system application in power plant. Int J Elec Comput Eng 4:116–126

[16] El-Hawary ME (1998) Electric power application of fuzzy system. Wiley-IEEE Press. ISBN 978-0-7803-1197-8

Repetitorium der Prädikatenlogik

2

Die Idee zur Schaffung denkender Maschinen
kann über 2000 Jahre in die Geschichte zurückverfolgt werden.
(Anon.)

Zusammenfassung

Damit das menschliche Wissen in Expertensystemen implementiert werden kann, muss es weitgehend formal beschrieben werden. In Kap. 2 wird eine systematische Vorgehensweise vorgestellt, wie dieses Ziel erreicht werden kann. Nach der Einführung der logischen Begriffe wie Aussage oder Beweis werden die Rolle und die Funktionsweise der logischen Verknüpfungen zwischen Aussagen besprochen. Konjunktion, Disjunktion und andere Verknüpfungen werden mittels Wahrheitstafeln und Venn-Diagrammen definiert und erklärt und anhand von zahlreichen Beispielen verdeutlicht. Auch Beweismethoden der Prädikatformeln werden thematisiert und die Grundlagen für die Formelreduktion eingeführt. Mehrere Testaufgaben mit Lösungsansätzen erlauben es dem Leser, die erworbenen Grundkenntnisse selbstständig zu überprüfen. Dieses Kapitel versteht sich somit als ein Repetitorium, da davon ausgegangen wird, dass der Leser Grundkenntnisse im Rahmen einer anderen Vorlesung erworben hat. Ist das nicht der Fall, empfiehlt sich das Studium der Grundlagen auf Basis der im Literaturverzeichnis genannten Bücher zum Grundlagenstudium.

2.1 Wissen

Wissen lässt sich auf verschiedene Weise darstellen und beschreiben. Die Wissensbeschreibung ist dabei von den Detailkenntnissen des Beobachters abhängig und kann

© Springer-Verlag GmbH Deutschland 2017
Z.A. Styczynski et al., *Einführung in Expertensysteme*,
DOI 10.1007/978-3-662-53172-3_2

dementsprechend einer Abstraktionsstufe zugeordnet werden. Man kann allgemein zwischen drei Ebenen der Wissensbeschreibung unterscheiden [1]:

1. Kognitive Ebene

   Der Mensch organisiert seine Gedanken auf rationale[1] Weise. Daher werden die Probleme auf der kognitiven Ebene abgebildet (modelliert), aber noch nicht ausformuliert.
2. Repräsentationsebene

   Das Modell der kognitiven Ebene wird durch den Menschen weiterbearbeitet, bis es eine konkrete (formale) Form erreicht hat. Die Gedanken werden geordnet (formalisiert), also mit den Regeln der Logik dargestellt, um Entscheidungen zu treffen.
3. Implementationsebene

   Um das Wissen mit dem Computer bearbeiten zu können, muss die Formalisierung so weit fortgeschritten sein, dass sie mithilfe eines Rechners behandelt werden kann. Die Formulierung des Wissens muss in einer der Programmiersprachen wie z. B. Prolog oder FORTRAN erfolgen.

Weil die ersten zwei Wissensverarbeitungsprozesse mit dem menschlichen Denken verbunden sind, erfolgt der Übergang von einer Darstellungsebene auf die andere kontinuierlich. In diesem Prozess können auch Iterationen (Modifikationen) zustande kommen. Es entstehen keine praktischen Schwierigkeiten bei der Beschreibung des Problems, um nach außen die menschlichen Ideen, meistens verbal, aber in der Technik oder Kunst auch grafisch, präsentieren zu können.

Die Einführung von Computern in den 1950er-Jahren und die Verbreitung dieser Techniken in den 1970er- und 1980er-Jahren hat jedoch gezeigt, dass der Übergang von der formalisierten Darstellung durch Menschen zur Implementation des Problems in Form eines Computerprogramms wesentliche Schwierigkeiten mit sich bringt. Diese können durch den Unterschied zwischen dem komplizierten, mehrschichtigen und abstrakten menschlichen Denken und der Rechnungsfähigkeit einfacher Computer erklärt werden.

Computerprogramme, die der genauen Abbildung der von Menschen entwickelten Modelle entsprechen, lassen sich nur sehr schwer entwerfen. Es entsteht eine Lücke zwischen den benannten Abstraktionsebenen (Repräsentation und Implementation). Diese Lücke kann bis heute weder durch die beste Ausbildung des Menschen zum formalen Denken noch durch die Einführung einfacherer Programmiersprachen und leistungsfähigerer Computer beseitigt werden.

Ein Versuch, diese Lücke zu schließen, ist die Einführung intelligenter Methoden, die eine Brücke zwischen diesen Ebenen bilden sollen. Solche Methoden bietet die Künstliche Intelligenz (KI), daher wird diese Lücke zwischen Implementation und Repräsentationsebene auch oft als KI-Lücke bezeichnet [1]. Abbildung 2.1 stellt das Problem der KI-Lücke grafisch dar.

---

[1] gemeint ist: zweckmäßig.

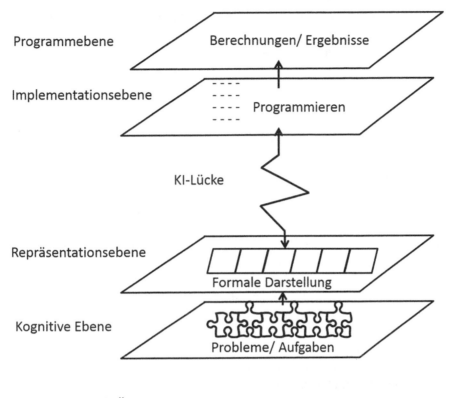

→ Übersetzungsprozesse

Abb. 2.1 KI-Lücke

Man erwartet, dass zum einen die Modelle auf der Repräsentationsebene heute durch Menschen formell besser dargestellt werden können, zum anderen, dass die Methoden des deklarativen Programmierens (s. Kap. 4) intuitiv genutzt werden können und damit auch der Abstand von der Repräsentations- zur Implementationsebene von beiden Seiten (s. Abb. 2.1) verkürzt wird.

Daher wird in diesem Kapitel durch ein Repetitorium der Prädikatenlogik der Versuch einer besseren formalen Darstellung der Probleme unternommen. Die Repräsentationsebene wird damit etwas höher in der Hierarchie der Programmentwicklung positioniert.

2.2 Logische Grundbegriffe

Eine entscheidende Rolle in der formalen Problembeschreibung bilden die Wissenseinheiten [1]. Diese müssen im Prozess zwischen der kognitiven und der repräsentativen Ebene identifiziert und weiter miteinander verknüpft werden. Genau hier ist die Prädikatenlogik nützlich. Ihre Methode erlaubt es, die Zusammenhänge zwischen Wissenseinheiten zu definieren.

Die Fragen der Prädikatenlogik lauten [1]:

1. Was ist die Wahrheit?
2. Was ist ein Beweis?
3. Wie findet man einen Beweis?
4. Welche Dinge soll man beweisen und warum?

Eine *Wissenseinheit,* auch Aussage genannt, beinhaltet eine elementare Information, die nur *wahr* oder *falsch* sein darf. So bildet beispielsweise die Aussage: „Die Nennspannung des Transformators beträgt 110-kV" eine Wissenseinheit. Sie kann einen logischen Wert *wahr* annehmen, wenn die Spannung gleich 110-kV ist, oder *falsch*, wenn die Spannung nicht gleich 110-kV ist, z. B. 220-kV oder 10-kV. Im Gegensatz dazu sind die Sätze „Die Nennspannung des Transformators ist groß" und „Ich glaube, die Leitung ist angeschlossen" keine Aussagen und damit als solche für die Formulierung des Modells nicht geeignet.

Ein Beweis ist eine Argumentationskette, die vorgelegt wird, um von der Richtigkeit eines gewissen Sachverhaltes zu überzeugen. Er ist geglückt, wenn man von der Argumentation überzeugt ist. Unter *überzeugt sein* soll verstanden werden, dass ein streng mathematischer Beweis vorliegt.

Man kann einen Beweis direkt zuführen bzw. in der Prädikatenlogik das Prinzip der ausgeschlossenen Mitte (indirekter Beweis) verwenden. Man versucht, das Gegenteil von einer Aussage **A** (*nicht* **A**) zu beweisen, und wenn dies zu einem Widerspruch führt, folgt daraus, dass die Aussage *A* richtig ist (s. auch Abschn. 2.5).

Beispiel 2.1

Indirekter Beweis einer Formel

Aussage **A**:	Die elektrische Leitung muss aus einem leitenden Material gefertigt werden.
Aussage NICHT **A**:	Die elektrische Leitung kann aus einem nicht leitenden Material gefertigt werden.
Widerspruch:	Die Aussage NICHT A ist offensichtlich falsch, also entsteht ein Widerspruch.
Schlussfolgerung:	Die Aussage A ist wahr.

Eine Aussage kann sich sowohl auf eine Konstante als auch auf eine Variable beziehen und wird dann auch als eine Art von Zuordnung bezeichnet. Beispielsweise kann die Aussage

---

„Kabel ist aus Kupfer"

durch die Zuordnung

„ist_aus_Kupfer (Kabel)"

ersetzt werden. Der zweite Ausdruck ist universeller und kann für verschiedene Variablen (Kabel, Leitung, Sammelschiene) verwendet werden.

2.3 Verknüpfung der Aussagen

Die Daten können in den Programmierungssprachen durch unterschiedliche Operatoren verknüpft werden. Dabei gibt es arithmetische, relationale, logische und weitere Operatoren [2, 3]. In der Prädikatenlogik bilden die Aussagen (Daten) Wissenseinheiten und können daher nur durch logische Operatoren verknüpft werden. Als logische Grundoperatoren werden eingesetzt:

$$UND, ODER, NICHT, WENN\text{-}DANN, GENAU\text{-}WENN.$$

Weiter unten wird mit den entsprechenden Wahrheitstafeln die „logische Wirkung" der einzelnen Operatoren erklärt und deren grafische Interpretation mit Venn-Diagrammen erläutert. Um die Ergebnisse der Operationen zu illustrieren, werden für jeden logischen Operator Beispiele aus der Energietechnik verwendet.

Konjunktion (UND)
Diese Verknüpfung beschreibt die Bindung von zwei Aussagen in eine logische „und"-Verknüpfung. Die Notation der Verknüpfung kann sowohl mit dem Wort UND als auch mit dem Symbol $\wedge$ vorgenommen werden. Gleichung (2.1) stellt beispielsweise die formelle Notation für die Konjunktion der zwei Aussagen **A** und **B** dar:

$$\mathbf{A}\ UND\ \mathbf{B}, \tag{2.1a}$$

$$\mathbf{A} \wedge \mathbf{B}. \tag{2.1b}$$

Die dem Operator zugeordnete Wahrheitstafel ist in Tab. 2.1 dargestellt.

Die Konjunktion ist anhand eines Venn-Diagramms in Abb. 2.2 für drei mögliche Fälle grafisch dargestellt.

Die Mengen $\mathbf{A}'$ und $\mathbf{B}'$ sind in unserem Fall diskret, s. auch Beispiel 2.2 unten. Menge $\mathbf{C}'$ wird als Ergebnis der logischen Konjunktion ermittelt. In Abb. 2.2 ist Folgendes zu sehen:

Tab. 2.1 Wahrheitstafel der UND-Verknüpfung

A	B	A $\wedge$ B
wahr	wahr	wahr
wahr	falsch	falsch
falsch	wahr	falsch
falsch	falsch	falsch

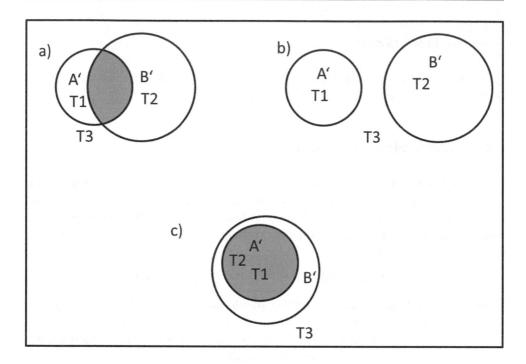

Abb. 2.2 Venn-Diagramm der UND-Verknüpfung

- Fall a) – Elemente der Menge $\mathbf{C}'$ müssen gleichzeitig zu den Mengen $\mathbf{A}'$ und $\mathbf{B}'$ gehören (schraffierte Fläche),
- Fall b) – es gibt keine gemeinsamen Elemente der beiden Mengen; Menge $\mathbf{C}'$ besitzt keine Elemente,
- Fall c) – alle Elemente der Menge A' sind gleichzeitig Elemente der Menge $\mathbf{B}'$; so gilt auch $\mathbf{C}' = \mathbf{A}'$ (schraffierte Fläche).

Beispiel 2.2 illustriert die Verknüpfung UND anhand von Leistungstransformatoren. T1, T2 und T1 werden hier als Beispielelemente bezeichnet, die zu unterschiedlichen Mengen gehören.

Beispiel 2.2

UND-Verknüpfung am Beispiel von Leistungstransformatoren

Aussage **A**	[Die Nennspannung des Transformators ist 20 kV]
Verknüpfung	[**UND**]
Aussage **B**	[seine Leistung ist 800 kVA].

A′- Menge der Aussage **A**- Nennspannung (kV)
B′- Menge der Aussage **B**- Nennleistung (kW)

A′= {6, 10, 20, 110}, **B′**= {250, 400, 630, 800, 1000}

a) T1 (20, 1600), T2 (20, 400), T3 (220, 63000)
b) T1 (20, 1600), T2 (15, 250), T3 (220, 63000)
c) T1 (20, 400), T2(10, 630), T3(220, 63000)

Vielfache Konjunktion

Logische Verknüpfungen können mehrfach nacheinander verwendet werden. In einem solchen Fall sprechen wir von vielfachen Verknüpfungen. Die vielfache Konjunktion nimmt nur dann den logischen Wert *wahr* an, wenn alle ihre Elemente auch den logischen Wert *wahr* besitzen. In Abb. 2.3. ist eine vierfache Konjunktion in Form eines Venn-Diagramms dargestellt. Das Ergebnis dieser logischen Operation zeigen die Elemente der Schnittmenge von A', B' C' und D'.

In Bespiel 2.3 wird die vierfache Konjunktion näher erläutert.

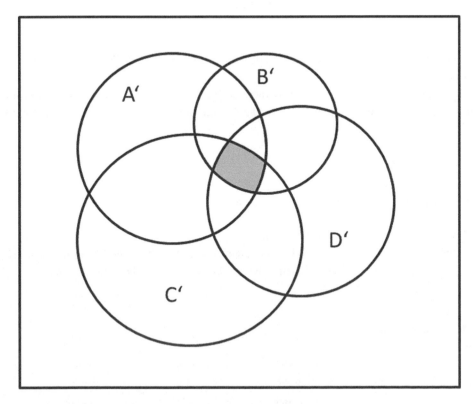

Abb. 2.3 Venn-Diagramm für vierfache UND-Verknüpfungen

Beispiel 2.3

Vier Aussagen verbunden mit der UND-Verknüpfung

Aussage **A**:	[Die Nennspannung der Netzstation ist 20 kV]
Verknüpfung	[**UND**]
Aussage **B**:	[ihre Spitzenleistung beträgt 800 kVA].
Verknüpfung	[**UND**] – erahnt aus dem Kontext
Aussage **C**:	Sie ist ausgestattet mit dem Transformator TON 12,
Verknüpfung	[**UND**] – erahnt aus dem Kontext
Aussage **D**:	[der eingeschaltet ist].
Bemerkung:	Nur wenn die Aussagen A, B, C und D den logischen Wert *wahr* haben, hat die vierfache Konjunktion den logischen Wert *wahr*.

Disjunktion (ODER)

Die Disjunktion, auch als Alternative bekannt, wird in Gl. (2.2) dargestellt. Auch hier sind zwei Schreibweisen möglich, die explizite Gl. (2.2a) und die formale Gl. (2.2b):

$$A \text{ ODER } B, \qquad (2.2a)$$

$$A \vee B. \qquad (2.2b)$$

Die Wahrheitstafel wird in Tab. 2.2 und das entsprechende VENN-Diagramm in Abb. 2.4 dargestellt.

Im Venn-Diagramm ist zu erkennen, dass die Mengen C' in allen Fällen aus der Summe der Mengen A' und B' bestehen. In Beispiel 2.4 ist die Bedeutung der Disjunktion illustriert.

Beispiel 2.4

ODER-Verknüpfung

Aussage A:	Die Leitung ist aus Kupfer
Verknüpfung	[ODER]
Aussage B:	aus Aluminium.
Bemerkung:	Kann die Leitung gleichzeitig aus Kupfer und Aluminium sein? Dem widerspricht die oben formulierte Disjunktion nicht.

Tab. 2.2 Wahrheitstafel der ODER-Verknüpfung

A	B	$A \wedge B$
wahr	wahr	wahr
wahr	falsch	wahr
falsch	wahr	wahr
falsch	falsch	falsch

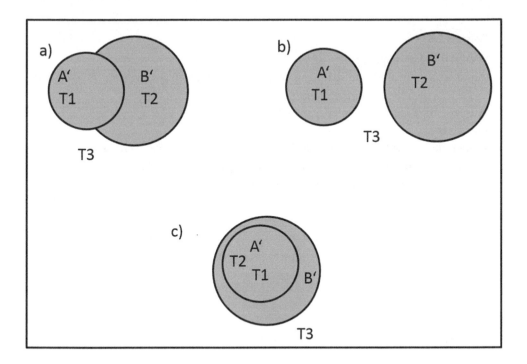

Abb. 2.4 Venn-Diagramm der ODER-Verknüpfung

Antivalenz (EXKLUSIVES-ODER)
Wird in den logischen Schlussfolgerungen nur die entgegengesetzte Belegung der Aussagen **A** und **B** in einer Disjunktion als wahr bezeichnet, so können wir die Verknüpfung EXKLUSIVES-ODER verwenden. Gleichung (2.3a) und (2.3b) beschreiben diese Verknüpfung, die entsprechende Wahrheitstafel wird in Tab. 2.3 vorgestellt,

$$\mathbf{A} \text{ EX-ODER } \mathbf{B} \qquad\qquad (2.3a)$$

$$\mathbf{A} \oplus \mathbf{B}. \qquad\qquad (2.3b)$$

Tab. 2.3 Wahrheitstafel der EX-ODER-Verknüpfung

A	B	$A \oplus B$
wahr	wahr	falsch
wahr	falsch	wahr
falsch	wahr	wahr
falsch	falsch	falsch

EX-ODER-Verknüpfung

Aussage **A**: In der Mittelspannungsnetzstation wird ein Transformator [EX-ODER]
                mit der Schaltgruppe Yy0 Verknüpfung:

Aussage **B**: mit der Schaltgruppe Dy5
eingesetzt.

Bemerkung: Die Verknüpfung EX-ODER muss hier verwendet werden,
            da Transformatoren beider Schaltgruppen nicht gleichzei-
            tig eingeschaltet werden können.

NICHT (X)

Die Negation NICHT bezieht sich auf eine Aussage und wird in Formel (2.4a) und (2.4b)
formal dargelegt:

$$\text{NICHT} (\mathbf{A}), \tag{2.4a}$$

$$\neg \mathbf{A}. \tag{2.4b}$$

Oft wird die Negation auch mit einem Oberstrich notiert: $\overline{\mathbf{A}}$. Die Wahrheitstafel für die Nega-
tion ist intuitiv und wird in Tab. 2.4. vorgestellt. Das dazugehörende Venn-Diagramm zeigt
Abb. 2.5. Ist die Menge **A'** die Ausgangsvariable, so ist die Ergebnismenge **C'** $= \neg\mathbf{A}$ die
Ergänzung der Menge **A'**.

Erklärung der NICHT-Verknüpfung

Aussage A: Der Schalter ist offen.

Verknüpfung: (NICHT)

Negierte Aussage ¬A: Der Schalter ist nicht offen. => geschlossen

Implikation (WENN-DANN)

Wenn zwei Aussagen in einem zeitlichen bzw. räumlichen oder logischen Zusammenhang
stehen, so nutzen wir die Implikation, um diesen Zusammenhang formal zu beschreiben.
Sie wird oft auch als Produktionsregel verwendet (s. auch Kap. 3), da sie es erlaubt, Wissen
formal zu repräsentieren. Gleichung (2.5a) und (2.5b) beschreiben die Implikation:

Tab. 2.4 Wahrheitstafel der NICHT-Verknüpfung

A	¬A
wahr	falsch
falsch	wahr

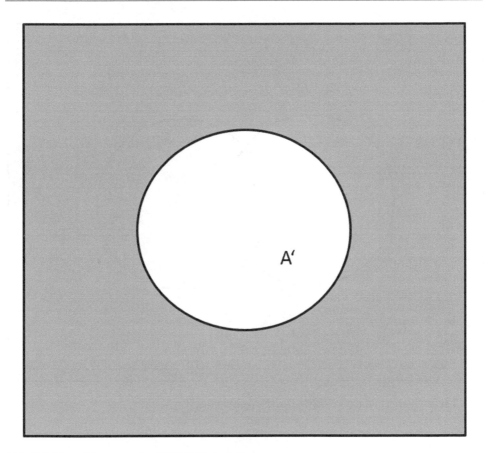

Abb. 2.5 Venn-Diagramm der NICHT-Verknüpfung

$$\text{WENN } \mathbf{A}, \text{DANN } \mathbf{B}, \qquad\qquad (2.5a)$$

$$\mathbf{A} \to \mathbf{B}. \qquad\qquad (2.5b)$$

Die Wahrheitstafel für die Implikation wird in Tab. 2.5 und das Venn- Diagramm in Abb. 2.6 dargestellt.

Zur Illustration der Funktionsweise der Implikation wird Beispiel 2.7 eingeführt.

Tab. 2.5 Wahrheitstafel der WENN-DANN-Verknüpfung

A	B	$A \to B$.
wahr	wahr	wahr
wahr	falsch	falsch
falsch	wahr	wahr
falsch	falsch	wahr

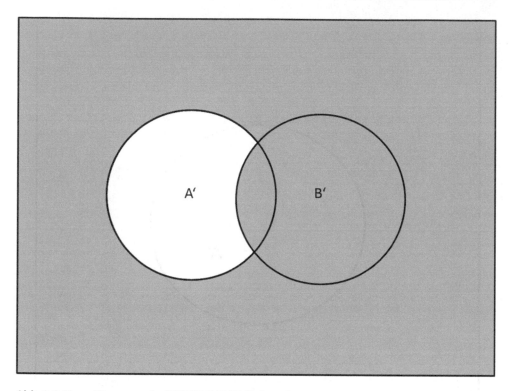

Abb. 2.6 Venn-Diagramm der WENN-DANN-Verknüpfung

Beispiel 2.7

Implikation am Beispiel einer Schalterbeschädigung
Aussagen **A**: Wenn der Kurzschlussstrom viel größer als zulässig ist, dann wird der Schalter beschädigt.

Fall 1: Kurzschlussstrom viel größer: Schalter beschädigt   A→B = wahr
Fall 2: Kurzschlussstrom viel größer: Schalter nicht beschädigt   A→B = falsch
Fall 3: Kurzschlussstrom nicht viel größer: Schalter beschädigt   A→B = wahr
Fall 4: Kurzschlussstrom nicht viel größer: Schalter nicht beschädigt   A→B = wahr

Bemerkung: Aus dem Absurden kann jeder Schluss gezogen werden. Hier liegen die Fälle 3 und 4 im „grauen" Bereich der Unsicherheit.

Äquivalenz (GENAU-WENN)
Um den Effekt der Unsicherheit (s. Beispiel 2.7) zu eliminieren, wird anstatt der Implikation die Äquivalenzverknüpfung verwendet. Gleichung (2.6a) und (2.6b) stellen diese Verknüpfung formell dar:

$$\text{GENAU } \mathbf{A}, \text{WENN } \mathbf{B}, \qquad (2.6a)$$

$$\mathbf{A} \leftrightarrow \mathbf{B}. \qquad (2.6b)$$

Tab. 2.6 Wahrheitstafel der GENAU-WENN-Verknüpfung

A	B	$A \leftrightarrow B$
wahr	wahr	wahr
wahr	falsch	falsch
falsch	wahr	falsch
falsch	falsch	wahr

Die Wahrheitstafel für die Äquivalenz wird in Tab. 2.6 dargestellt. Dort ergibt sich der logische Wert der Verknüpfung als *wahr*, wenn die beiden Aussagen *falsch* sind. Im Venn-Diagramm in Abb. 2.7. und noch genauer in Beispiel 2.8 lässt sich die Nützlichkeit dieser Verknüpfung verdeutlichen. Sie spiegelt sich auch in der englischen Bezeichnung für diese Verknüpfung wider, welche lautet: „if and only if".

Beispiel 2.8

GENAU-WENN-Verknüpfung
Aussagen **A**: Wenn der Kurzschlussstrom viel größer als zulässig ist, dann wird der Schalter beschädigt.

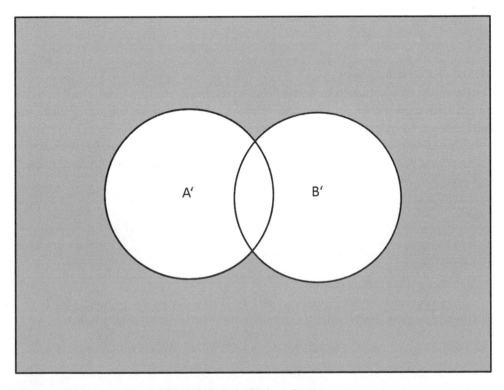

Abb. 2.7 Venn-Diagramm der GENAU-WENN-Verknüpfung

Tab. 2.7 Wahrheitstafel für die mehrfache Verknüpfung, gegeben mit Gl. (2.7)

A	B	C	$A \wedge B$	$(A \wedge B) \to C$
wahr	wahr	wahr	wahr	wahr
wahr	wahr	falsch	wahr	falsch
wahr	falsch	wahr	falsch	wahr
wahr	falsch	falsch	falsch	wahr
falsch	wahr	wahr	falsch	wahr
falsch	wahr	falsch	falsch	wahr
falsch	falsch	wahr	falsch	wahr
falsch	falsch	falsch	falsch	wahr

Fall 1: Kurzschlussstrom viel größer –   Schalter beschädigt   **A→B** = wahr

Fall 2: Kurzschlussstrom viel größer –   Schalter nicht   **A→B** = falsch
                                            beschädigt

Fall 3: Kurzschlussstrom nicht viel größer – Schalter beschädigt   **A→B** = falsch

Fall 4: Kurzschlussstrom nicht viel größer – Schalter nicht   **A→B** = wahr
                                            beschädigt

Bemerkung: Logische Schlüsse entsprechen jetzt genau der oben genannten Aussage **A**.

Mehrfache Verknüpfungen

Die logischen Verknüpfungen kann man beliebig, vergleichbar zu arithmetischen Formeln, miteinander kombinieren. So entstehen mehrfache Verknüpfungen, die zum Schluss als Aussagen nur einen logischen Wert annehmen.

In Gl. (2.7) wird das Beispiel einer mehrfachen Verknüpfung gegeben. Die dazu korrespondierende Wahrheitstafel wird in Tab. 2.7 vorgestellt. Zur Konkretisierung der Überlegungen dient hier Beispiel 2.9,

$$(A \wedge B) \to C. \tag{2.7}$$

Beispiel 2.9

Mehrfache Verknüpfung der Aussagen

Wenn der Lastschalter geschlossen und der Kurzschlussstrom größer als der Nennkurzschlussstrom des Wandlers war, dann ist der Wandler beschädigt worden.

Verknüpfung [WENN]
Aussage A: Schalter geschlossen
Verknüpfung [UND]
Aussage B: Kurzschlussstrom größer als Nennkurzschlussstrom des Schalters
Verknüpfung [DANN]
Aussage C: Wandler beschädigt

2.4 Prädikatenlogik mit Variablen

In Aussagen können Variablen anstelle von konkreten Objekten verwendet werden, um diesen eine allgemeine Geltung zu verschaffen [4, 5]. Diese Aussage erhält erst dann eine Wertung (*wahr* oder *falsch*), wenn die Variablen mit den tatsächlichen Elementen belegt werden. Ein Beispiel für eine solche Aussage, die zunächst mit Variablen X und Y getroffen wird, ist:

Station X ist mit Transformator Y ausgerüstet.

Belegen wir die Variablen

- X = {Stuttgart-Mitte} und
- Y = {TON 1000},

so kann die logische Wertung der Aussage geprüft werden.

Wird eine Aussage mit Variablen für mehrere Elemente gültig, so kann sie mithilfe von Quantoren vereinfacht notiert werden. Dazu kann entweder der Allquantor oder der Existenzquantor verwendet werden.

Der Allquantor spezifiziert die Menge der Variablen $S` \in \{S_1, S_2, \dots S_i \dots S_n\}$, für die eine Aussage **A** gilt. Die Gesamtaussage mit dem Allquantor $\forall$ wird wie in Gl. (2.8) notiert:

$$\forall \left(S_i \right) : A. \tag{2.8}$$

Gelesen wird die Gleichung wie folgt: „Für alle S_i gilt die Aussage A."

Eine solche Aussage stellt eine Behauptung über alle zulässigen Werte der Variablen **S** in der Aussage **A** dar. Gibt es auch nur einen Wert für S_i, für den die Aussage **A** nicht gilt, so gilt die Gesamtaussage nicht, d.h., die Wertigkeit der Gesamtaussage ist *falsch*.

Eine Illustration dazu wird im Beispiel 2.10 gegeben.

Beispiel 2.10

Illustration eines Allquantors

Menge S`:	{Kupfer, Aluminium}
Aussage A:	sind leitfähige Materialien
Gesamtaussage:	$\left[\forall \left(S_i \right) : A \right]$
Deutung:	Alle Materialien der Menge S` sind leitfähig, damit hat die Aussage den logischen Wert *wahr*.

Genügt nur ein Element der Menge S` für die Belegung der Gesamtaussage mit dem Wert *wahr*, so kann das durch den *Existenzquantor* ausgedrückt werden.

Die Gesamtaussage mit dem Existenzquantor $\exists$ wird wie folgt notiert (Gl. (2.9)):

$$\exists \left(S_i \right) : A. \tag{2.9}$$

Gelesen wird die Gl. (2.9) wie folgt: „Es existiert ein S_i, für das die Aussage **A** gilt." Diese Aussage ist nicht gültig, wenn es kein Element für S_i gibt, für das die Aussage **A** gilt. Eine Illustration des Existenzquantors wird in Beispiel 2.11 gegeben.

Beispiel 2.11

Illustration eines Existenzquantors

Menge S`:	Katalog K1 der Transformatoren
Aussage A:	Transformator für die Station X finden
Gesamtaussage	$\left[\exists \left(S_i \right) : A \right]$
Deutung:	Es gibt im Katalog K1 einen Transformator, der für die Station X geeignet ist. Damit erhält die Aussage A den logischen Wert *wahr*.

Oft muss eine Aussage umformuliert werden, um in einer bestimmten Form, z. B. in einem Expertensystem, integriert werden zu können. Dazu dienen Umformungsregeln, die auszugsweise in Tab. 2.8. zusammengestellt sind.

Die de Morgan'schen Regeln erweisen sich oft als besonders brauchbar. Daher werden die Wahrheitstafeln für diese Regeln in Tab. 2.9 und 2.10. dargestellt.

2.5   Prädikatenformeln und ihre Beweise

Wie bereits erwähnt, werden Aussagen im Prädikatenkalkül, die auch Variablen enthalten können, Formeln (genauer: Prädikatenformeln) genannt. Die Grundbausteine, mit denen

Tab. 2.8 Grundvorschriften für die Formelreduktion

Deutung	Syntax symbolisch	Syntax sprachlich
Doppelte Verneinung	$\neg(\neg A) \equiv A$	*NICHT (NICHT (A))* $\equiv$ **A**
Distributivgesetz	$A \wedge (B \vee C) \equiv (A \wedge B) \vee (B \wedge C)$ $A \vee (B \wedge C) \equiv (A \vee B) \wedge (B \vee C)$	**A** *UND* (**B** *ODER* **C**) $\equiv$ (**A** *UND* **B**) *ODER* (**A** *UND* **C**) **A** ODER (**B** UND **C**) $\equiv$ (**A** ODER **B**) UND (**A** ODER **C**)
Kommutativgesetz	$(A \wedge B) \equiv (B \wedge A)$ $(A \vee B) \equiv (B \vee A)$	**A** *UND* **B** $\equiv$ **B** *UND* **A** **A** *ODER* **B** $\equiv$ **B** *ODER* **A**
Assoziativgesetz	$(A \wedge B) \wedge C \equiv A \wedge (B \wedge C)$ $(A \vee B) \vee C \equiv A \vee (B \vee C)$	(**A** *UND* **B**) *UND* **C** $\equiv$ **A** *UND* (**B** *UND* **C**) (**A** *ODER* **B**) *ODER* **C** $\equiv$ **A** *ODER* (**B** *ODER* **C**)
Wenn-Dann-Regel	$A \rightarrow B \equiv \neg A \vee B$	*WENN* **A** *DANN* **B** $\equiv$ NICHT (**A**) ODER **B**
Genau-Wenn-Regel	$A \leftrightarrow B \equiv (\neg A \vee B) \wedge (A \vee \neg B)$	*GENAU* **A** WENN **B** $\equiv$ (**A** ODER **B**) UND ((NICHT (**A**) ODER NICHT (**B**)))
Kontraposition	$A \rightarrow B \equiv \neg B \rightarrow \neg A$	*WENN* **A** *DANN* **B** $\equiv$ *WENN* (*NICHT* (**B**)) *DANN*(*NICHT* (**A**))
De Morgan'sche Regel 1	$\neg(A \wedge B) \equiv \neg A \vee \neg B$	*NICHT* (**A** *UND* **B**) $\equiv$ *NICHT* (**A**) *ODER NICHT* (**B**)
De Morgan'sche Regel 2	$\neg(A \vee B) \equiv \neg A \wedge \neg B$	*NICHT* (**A** *ODER* **B**) $\equiv$ *NICHT* (**A**) *UND NICHT* (

Tab. 2.9 Wahrheitstafel der de Morgan'schen Regel (1)

A	B	$A \wedge B$	$\neg (A \wedge B)$
wahr	wahr	wahr	falsch
wahr	falsch	falsch	wahr
falsch	wahr	falsch	wahr
falsch	falsch	falsch	wahr

Tab. 2.10 Wahrheitstafel der de Morgan'schen Regel (2)

A	B	$\neg A$	$\neg B$	$(\neg A) \vee (\neg B)$
wahr	wahr	falsch	falsch	falsch
wahr	falsch	falsch	wahr	wahr
falsch	wahr	wahr	falsch	wahr
falsch	falsch	wahr	wahr	wahr

Formeln gebildet werden, sind Konstanten, Variablen, Funktionen, Terme und Prädikate (s. auch Abb. 2.8).

Eine Konstante ist ein Objekt, dessen Wert unverändert bleibt. Konstanten stellen somit unveränderliche Sachverhalte oder Gegenstände dar, über die Aussagen gemacht werden.

Einige Beispiele von Konstanten seien hier genannt:

- „5" (eine Zahlenkonstante),
- „falsch" (eine Boole'sche Konstante),
- Kupfer (eine Materialkonstante).

Eine Variable ist ein Objekt, das seinen Wert verändern kann. Genauer: Variablen können einen Wert aus einer Menge von zulässigen Werten (Definitionsmenge) annehmen.

Funktionen stellen Abhängigkeiten zwischen Objekten dar, wobei einem Objekt ein anderes Objekt zugeordnet wird.

Ein Term wird aus Konstanten, Variablen oder Funktionen gebildet oder aus solchen Größen zusammengesetzt. Als Beispiel eines Terms kann Beispiel 2.12 dienen:

Beispiel 2.12

Term

Station (Strom), Station (Spannung)
Mult (Station (Strom), Station (Spannung), Konstante ($\sqrt{3}$))

Prädikate werden aus Termen gebildet. Sie können den Wert *wahr* oder *falsch* annehmen, je nach Belegung der Terme. Beispiel 2.13 stellt Prädikate dar.

Beispiel 2.13

Prädikate

Gleich (Last (Station 1), Last (Station 2))
Größer (Belastung (Kabel 1), Belastung (Kabel 2))

Den o.g. Definitionen folgend, kann man feststellen, dass ein Prädikat eine Formel ist.

Dabei gilt auch das Vererbungsprinzip und dementsprechend Folgendes:

a) Sind **A** und **B** Formeln, dann sind
   - NICHT **A**,
   - **A** UND **B**,
   - **A** ODER **B**,
   - WENN **A**, DANN **B**,
   - GENAU **A**, WENN **B**

ebenfalls Formeln.

b) Ist **A** eine Formel und **X** eine Variable, dann sind auch

$$\text{ALLE } (\mathbf{X}) \text{: } \mathbf{A},$$

$$\text{EXIST } (\mathbf{X}) \text{: } \mathbf{A}$$

Formeln.

Zum Beweisen von Prädikatsformeln wird *das Resolutionsprinzip* verwendet [3]. Diese Art von Beweis erlaubt eine indirekte Überprüfung des logischen Inhalts einer Formel.

Den vorhandenen Regeln und Fakten (Annahmen) wird die Verneinung der nachzuweisenden Behauptung hinzugefügt. Die Regeln und Fakten werden dann mithilfe der in Tab. 2.8 gegebenen Vorschriften so lange vereinfacht, bis zwischen den Teilaussagen eine UND-Verknüpfung besteht. Jede Teilaussage soll wiederum nur eine ODER-Verknüpfung enthalten.

Beginnt man beispielsweise mit der Aussage in Gl. (2.10) [3]:

$$\text{NICHT}\big(\text{NICHT } \mathbf{A} \text{ ODER } (\text{NICHT } \mathbf{B} \text{ UND } \mathbf{C})\big) \tag{2.10}$$

so kann man diese Aussage (s. Gl. (2.11a) und (2.11b))

$$\big(\text{NICHT}(\text{NICHT } \mathbf{A})\big) \mathit{UND} \big(\text{NICHT}(\text{NICHT } \mathbf{B} \text{ UND } \mathbf{C})\big)$$
$$(\text{de Morgan'sche Regel}) \tag{2.11a}$$

$$\mathbf{A} \mathit{UND} \big(\text{NICHT}(\text{NICHT } \mathbf{B}) \mathit{ODER} (\text{NICHT } \mathbf{C})\big)(\text{de Morgan'sche Regel}) \tag{2.11b}$$

schrittweise in die Formel aus Gl. (2.12) überführen:

$$\mathbf{A} \mathit{UND} \big(\mathbf{B} \mathit{ODER NICHT} \mathbf{C}\big). \tag{2.12}$$

Diese enthält zwei Klauseln, „**A**" und „**B** ODER NICHT **C**", die direkt für die Resolution verwendet werden können.

Tritt ein Widerspruch in den überarbeiteten Formeln auf, kann auf die Richtigkeit einer Behauptung geschlossen werden. Dieses Prozedere kann auch zur Produktion neuer, vereinfachter Fakten führen, die in einem weiteren Resolutionsschritt verknüpft werden. Wenn die Richtigkeit der Aussage

$$\text{WENN } \mathbf{A}, \text{DANN } \mathit{B} \tag{2.13}$$

bewiesen werden soll, muss erst die Klausel belegt werden, z. B. wie in Gl. (2.14):

$$\mathbf{A}, \tag{2.14a}$$

$$\text{NICHT } \mathbf{B}. \tag{2.14b}$$

Dann wird eine Gegenaussage erstellt und die Richtigkeit für die gleiche Klausel überprüft. Durch eine Umwandlung der Wenn-Dann-Regeln in einer Disjunktion (s. Tab. 2.8)
erhalten wir folgende drei Formeln (2.15):

$$\left(\text{NICHT A}\right)\text{ODER B},\qquad\qquad\qquad (2.15a)$$

$$\textbf{A},\qquad\qquad\qquad (2.15b)$$

$$\text{NICHT B}.\qquad\qquad\qquad (2.15c)$$

Die in Gl. (2.14) gegebenen Formeln führen zum Wiederspruch.

Es kann nicht gleichzeitig A und NICHT A gelten. Das Gleiche gilt für die Aussage B
und NICHT B.

Damit wurde die Aussage „WENN **A**, DANN **B**" bewiesen. Damit entsteht auch ein
neuer Fakt **B**, und dieser kann im weiteren Wissensbearbeitungsprozess genutzt werden.

Das Erschließen von neuen Fakten (Aussagen) wird auch in Expertensystemen automatisch durchgeführt und heißt Inferenz (Schlussfolgerung). Als allgemeine Arbeitsaus-
wertung (Schlussfolgerungsmechanismus) lässt sich das Resolutionsprinzip wie folgt darstellen [3]:

1. Sei $\textbf{M} = \{A_1, A_2, ..., A_n\}$ die Menge der gegebenen Formeln (Aussagen) und **R** die als
    richtig zu beweisende Aussage.
    Füge zu den Voraussetzungen $\{A_1, A_2, ..., A_n\}$ die Negation der Aussage „NICHT **R**"
    hinzu.
    Somit gilt:

$$\textbf{M} = \left\{\text{NICHT } \textbf{R}, A_1, A_2, ..., A_n\right\}$$

Überführe alle Aussagen in die Form einer Klausel.

2. Verknüpfe und vereinfache die Formeln der Menge **M** durch Resolutionsschritte, bis
    ein Widerspruch eintritt. Tritt kein Widerspruch ein, kann die gegebene Aussage **R**
    nicht aus den Voraussetzungen gefolgert werden. Im Einzelnen geht es hier um fol-
    gende Schritte:

    a) Suche zwei Klauseln, die verkürzt werden sollen. Dabei sollte die eine Klausel die
        Aussage **X** enthalten, die andere die Aussage NICHT **X** sein.
    b) Entferne die beiden Klauseln aus der Menge **M** und füge nur das Ergebnis der Ver-
        kürzung zur Menge **M** hinzu.
    c) Fahre so lange fort, bis ein Widerspruch eintritt.

Eine weitere Methode, die Information zu reduzieren, ist die Unifikation. Wenn Formeln
mit Variablen angewandt werden, kann man durch Schlussfolgerung die Variablen mit
Konstanten belegen und damit den Informationsinhalt einer Klausel konkretisieren. Die
dabei entstandene neue Aussage kann einfacher im Prozess der Wissensverarbeitung
genutzt werden. Eine Vorstellung hiervon gibt Beispiel 2.14.

Beispiel 2.14

Unifikation ein Beispiel
Prädikatformel: WENN hat (Umspannwerk, Anlage) UND
                 Zeichen (Anlage, Typ)
                 DANN hat_Bestandteil (Umspannwerk, Typ)
Fakten: hat (Spandau, Transformator)
                 Zeichen (Transformator, TON-200)
Formel nach Unifikation: hat_Bestandteil (Spandau, TON-200)

Die Zusammenhänge zwischen den verschiedenen logischen Darstellungsformen (Prädikat, Aussage etc.) werden in Abb. 2.8 grafisch dargestellt.[2]

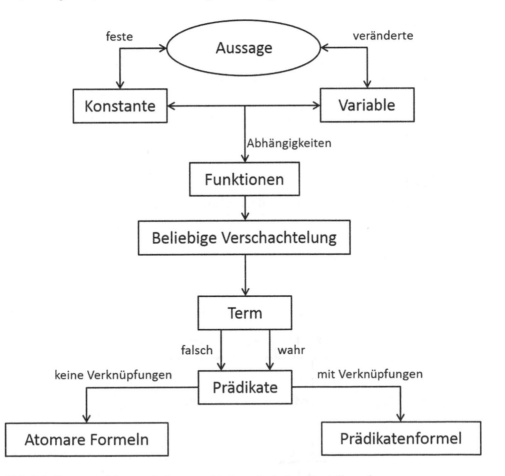

Abb. 2.8 Zusammenhänge zwischen verschiedenen logischen Darstellungsformen

---

[2] Für weitere Erklärungen und Beispiele wird [3] empfohlen.

2.6   Aufgaben zur Übung

Um die wichtigen Grundlagen der logischen Wissensbearbeitung zu lernen, empfiehlt sich die Lösung der folgenden Aufgaben. Die Musterlösungen finden Sie am Ende dieses Kapitels.

Aufgabe 2.1

Analysieren Sie folgende mehrfache Verknüpfung mittels einer Wahrheitstafel:
   Der Transformator wird genau DANN beschädigt, WENN das Kühlungssystem ausgeschaltet *UND* der Transformator überlastet ist UND die Zeit der Überlastung größer als **t** wird.

Aufgabe 2.2

Schreiben Sie eine mehrfache Verknüpfung zur Beschreibung folgender Tatsache:
   Abnehmer **A1** wird versorgt wie auf der Abb. 2.9. gezeigt. Voraussetzung ist, dass alle Netzelemente (**S, K**) und Einspeisungen (**E**) uneingeschränkt zuverlässig (Ausfallzeiten gleich 0) sind. Was sich in dieser Formel ändert, ist die Ergänzung des Netzes um die Verbindung zwischen **S3** und **A1** (gepunktete Linie). Schreiben Sie eine Wahrheitstafel für eine solche Formel.

Aufgabe 2.3

Formulieren Sie für die Tatsachen **A, B** und **C** logische Aussagen:

a) **A**: Knoten K1 und K2 sind verbunden
   B: Belastungsstrom K1-K2 kleiner als 240 A
   C: Kabel 120 mm^2

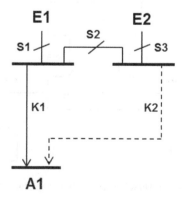

Abb. 2.9 Testnetzt für die Aufgabe 2.2

b) **A**: cos(φ) im Knoten K1 kleiner als 0,85

   B: Kompensationsanlage vorhanden

   C: Kompensationsanlage einführen

c) **A**: Spannungsabfall auf Zweigen A1–A2 = 3 %

   B: Lastzuwachs vorhanden

   C: Parallel Kabel anlegen

Aufgabe 2.4

Erklären Sie am gegebenen Beispiel die Gültigkeit der de Morgan'schen Regel:

Zu den leitfähigen Materialien gehören Kupfer *oder* Aluminium.

2.7 LÖSUNGEN Aufgaben Abschn. 2.6

Aufgabe 2.1

Kühlsystem aus	Trafo überfordert	Zeit>t	Prämisse	Trafo kaputt	Ergebnis
wahr	wahr	wahr	wahr	wahr	wahr
–	–	–	falsch	falsch	falsch
falsch	–	–	falsch	wahr	falsch

Aufgabe 2.2

E1 einspeist und **K1** ist in Betrieb

  A1 wird genau *DANN* versorgt, *WENN* (**S1** geschlossen ist *ODER* **S2** *UND* **S3** geschlossen)

  A1 wird genau *DANN* versorgt, *WENN* (**S1** ∨ (**S2** ∧ **S3**))

$$\mathbf{A1} = \left(\mathbf{S1} \vee \left(\mathbf{S2} \wedge \mathbf{S3}\right)\right)$$

S1	S2	S3	A1
wahr	wahr	wahr	wahr
wahr	wahr	falsch	wahr
wahr	falsch	wahr	wahr
wahr	falsch	falsch	wahr
falsch	wahr	wahr	wahr
falsch	wahr	falsch	falsch
falsch	falsch	wahr	falsch
falsch	falsch	falsch	falsch

Zugabe von der Verbindung S3–A1 ändert die Regel $(\mathbf{S1} \vee (\mathbf{S3} \wedge \mathbf{S2}))$ auf $(\mathbf{S1} \vee \mathbf{S3})$ $\mathbf{E1}$ und $\mathbf{E2}$ können einspeisen, $\mathbf{K1}$ und $\mathbf{K2}$ können in Betrieb sein.

$$\mathbf{A1} = \left(\mathbf{E1} \wedge \mathbf{S1} \wedge \mathbf{K1}\right) \vee \left(\mathbf{E1} \wedge \mathbf{S1} \wedge \mathbf{S2} \wedge \mathbf{K2}\right) \vee \left(\mathbf{E2} \wedge \mathbf{S3} \wedge \mathbf{K2}\right)$$
$$\vee \left(\mathbf{E2} \wedge \mathbf{S2} \wedge \mathbf{S3} \wedge \mathbf{K1}\right) = \mathbf{W} \vee \mathbf{X} \vee \mathbf{Y} \vee \mathbf{Z}$$

$$\mathbf{W} = \mathbf{E1} \wedge \mathbf{S1} \wedge \mathbf{K1} \quad \mathbf{X} = \mathbf{E1} \wedge \mathbf{S1} \wedge \mathbf{S2} \wedge \mathbf{K2} \quad \mathbf{Y} = \mathbf{E2} \wedge \mathbf{S3} \wedge \mathbf{K2} \quad \mathbf{Z} = \mathbf{E2} \wedge \mathbf{S2} \wedge \mathbf{S3} \wedge \mathbf{K1}$$

E1	E2	S1	S2	S3	K1	K2	W	X	Y	Z	A1
wahr	wahr	wahr	wahr	wahr	wahr	wahr	wahr	wahr	wahr	wahr	wahr
–	–	–	–	–	–	–	falsch	wahr	wahr	wahr	wahr
–	–	–	–	–	–	–	wahr	falsch	wahr	wahr	wahr
–	–	–	–	–	–	–	falsch	falsch	wahr	wahr	wahr
–	–	–	–	–	–	–	wahr	wahr	falsch	wahr	wahr
–	–	–	–	–	–	–	falsch	wahr	falsch	wahr	wahr
–	–	–	–	–	–	–	wahr	falsch	falsch	wahr	wahr
–	–	–	–	–	–	–	falsch	falsch	falsch	wahr	wahr
–	–	–	–	–	–	–	wahr	wahr	wahr	falsch	wahr
–	–	–	–	–	–	–	falsch	wahr	wahr	falsch	wahr
–	–	–	–	–	–	–	wahr	falsch	wahr	falsch	wahr
–	–	–	–	–	–	–	falsch	falsch	wahr	falsch	wahr
–	–	–	–	–	–	–	wahr	wahr	falsch	falsch	wahr
–	–	–	–	–	–	–	falsch	wahr	falsch	falsch	wahr
–	–	–	–	–	–	–	wahr	falsch	falsch	falsch	wahr
–	–	–	–	–	–	–	falsch	falsch	falsch	falsch	falsch

Aufgabe 2.3

$$a, b \, und \, c : WENN \, (\mathbf{A} \, UND \, \mathbf{B}) \, DANN \, \mathbf{C}$$

Aufgabe 2.4

$$NICHT \, (\mathbf{A} \, ODER \, \mathbf{B}) \equiv (NICHT \, \mathbf{A}) \, UND \, (NICHT \, \mathbf{B})$$

Literatur

[1] Richter MM (1992) Prinzipien der künstlichen Intelligenz. Teubner, Stuttgart

[2] Roden G (2008) Auf der Fährte von C#. Kapitel 16: Operatoren. Springer, Heidelberg. ISBN 978-3-540-27888-7

[3] Hartman D, Lehner K (1990) Technische Expertensysteme. Springer, Heidelberg. ISBN 3-540-52155-0

[4] König J (1914) Neue Grundlagen der Logik, Arithmetik und Mengenlehre. Veit und Co. Verlag, Leipzig

[5] Denis-Papin M, Faure R, Kaufmann A, Malpange Y (1974) Theorie und Praxis der Booleschen Algebra. Springer, Heidelberg. ISBN 978-3-528-08273-4

Wissensrepräsentation und Wissensakquisition

Wer nichts weiß und weiß, dass er nichts weiß,
weiß mehr als der,
der nichts weiß und nicht weiß, dass er nichts weiß.
Ich weiß, dass ich nichts weiß.
(nach Sokrates, 399 v. Chr.)

Zusammenfassung

Produktionsregeln, semantische Netze, Rahmen oder Blackboard-Konzept: Diese Methoden der Wissensrepräsentation werden in Kap. 3 ausführlich besprochen und an zahlreichen Beispielen verdeutlicht. Um das Wissen zu „speichern", muss es aber zunächst akquiriert (beschafft) werden. Hierfür bieten Expertensysteme dem Wissensingenieur unterschiedliche Techniken an, das Expertenwissen in die Wissensbank zu transferieren, es dort zu speichern und zu bearbeiten. Dabei ist wichtig, dass in dem Prozess zwischen den beiden Akteuren – Experte und Wissensingenieur – nicht zu einem Lehrer-Schüler-Verhältnis kommt. Die Wissensakquisitionstechniken werden auf der Basis von mehreren Beispielen erläutert.

3.1 Wissensrepräsentation

3.1.1 Einführung

Um Wissen „maschinell" bearbeiten zu können, muss es formalisiert werden. Das bedeutet, dass Wissen zunächst erfasst und dann mittels geeigneter mathematischer Zusammenhänge beschrieben wird. Dementsprechend versteht man unter Wissensrepräsentation

© Springer-Verlag GmbH Deutschland 2017
Z.A. Styczynski et al., *Einführung in Expertensysteme*,
DOI 10.1007/978-3-662-53172-3_3

diejenigen Formalismen, mit deren Hilfe Expertenwissen weitestgehend in einem Expertensystem, also innerhalb eines Programms, abgebildet werden kann.

Das *Gabler Wissenschaftslexikon* definiert Wissensrepräsentation wie folgt:

Wissensrepräsentation: Knowledge Representation
1. *Forschungs- bzw. Methodenbereich* der Künstlichen Intelligenz (KI), der sich
   mit der Darstellung von Wissen in einem Computer beschäftigt.
2. *Form der Darstellung von Wissen:*
   a) *Arten:*
      (1) deklarative Wissensrepräsentation und
      (2) prozedurale Wissensrepräsentation.
   b) Gebräuchliche *Hilfsmittel:* Logikkalküle, semantische Netze, Frames, Regeln
      und Knowledge-Representation- (KR-)Sprachen

Bereits in dieser Definition werden geeignete Formen (Hilfsmittel) der Wissensrepräsentation wiedergegeben. Nachfolgend werden die ausgewählten Formen der Wissensrepräsentation, die bislang innerhalb von Expertensystemen Verwendung finden, erläutert und anhand von Beispielen erklärt. Dazu gehören u. a. [1]:

* *Produktionsregeln* ermöglichen, von vorhandenen Fakten unter Einbeziehung des Kontexts auf neue Fakten mittels Regeln zu schließen.
* *Semantische Netze* stellen Abhängigkeiten zwischen Objekten einer Wissensdomäne dar und strukturieren dadurch das Wissen.
* *Rahmen (Frames)* beschreiben sämtliche Details von Objekten einer Wissensdomäne und erlauben dadurch eine schnelle Suche von passenden Sätzen.
* *Blackboards* verknüpfen unterschiedliche und verteilte Wissensquellen und erlauben es, diese Verbindung in der Wissensbearbeitung leicht zu nutzen.

3.1.2 Produktionsregeln

Die Produktionsregeln sind ein sehr wichtiger Formalismus für die Repräsentation von Erfahrungswissen. Sie stellen logische Verknüpfungen zwischen Aussagen her, wobei eine Aussage nur elementare Informationseinheiten enthält (s. Kap. 2). Die Produktionsregeln werden in Form sog. WENN-DANN-Regeln gebildet.

Die Wirkungsweise einer Produktionsregel zeigt schematisch Abb. 3.1.

Wenn eine Produktionsregel „angesprochen" ist, müssen die vorhandenen Fakten überprüft und die logisch zugeordneten Schlüsse gezogen werden. Die Wirkung einer Regel kann so die vorhandenen Fakten ergänzen bzw. ändern.

Das Domänenwissen ist meistens durch mehrere (nicht selten hunderte) Regeln abgebildet. Wenn eine Änderung der Fakten durch die Wirkung einer der Regeln erfolgt, müssen

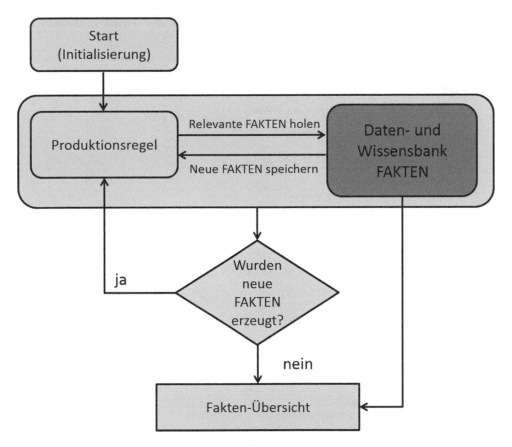

Abb. 3.1 Wirkungsweise von Produktionsregeln

alle Regeln der Domäne nochmals hinsichtlich der Fragestellung überprüft werden, ob sie nicht zu einer anderen Schlussfolgerung führen (s. auch Abb. 3.1).

Anhand eines Beispiels aus dem Bereich Netzbetrieb wird die Wirkungsweise einer einzelnen Regel dargestellt. Dabei handelt es sich um die Absicherung eines 10-kV-Abzweigs A1 einer 10-kV-Netzstation, innerhalb derer durch den Einsatz eines Überstromschutzes eine Überlast in den Kabeln vermieden werden soll. Die schematische Darstellung der technischen Anordnung wird in Abb. 3.2 wiedergegeben. Der Ausgangszustand und die

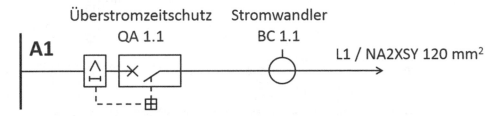

Abb. 3.2 Abzweig A1 in einer 10-kV-Netzstation. Kabelabgang NA2XSY 120 mm^2, $I_{th} = 271$A [2]

aus der Regel R1 resultierenden Änderungen in der Wissensbank werden in Beispiel 3.1
zusammengestellt.

Beispiel 3.1

Logischer Ablauf der Inferenz (s. auch Abb. 3.2)

- *Ausgangszustand*
    Fakten: Strom 410 A
    Schalter: Ein
    Kabel L1: NA2XSY 120 mm^2
- *Produktionsregel R1:*
    WENN Strom I_1 des Abzweiges A1 größer 271 A, DANN schalte den Schalter
    QA 1.1 aus.
- *Zustand nach der Bearbeitung der Regel R1*
    Fakten: Strom 0 A
    Schalter: Aus
    Kabel L1: NA2XSY 120 mm^2

Ein anderes Beispiel stellt die nachfolgende Netzplanungsaufgabe dar (s. Abb. 3.3). Ein
neuer Abnehmer (Netzstation, in der Abbildung mit **X** markiert) soll in das bestehende

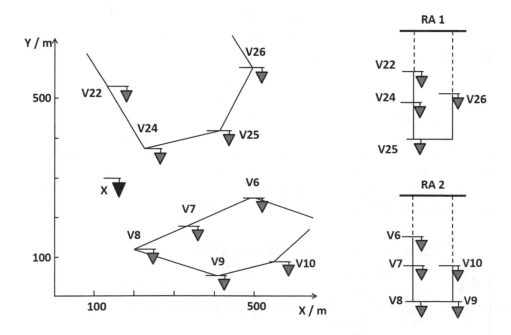

Abb. 3.3 Lage der existierenden Versorgungsringnetze und Anordnung des neuen Abnehmers

Tab. 3.1 Regelsatz für die Suche nach der optimalen Anbindung eines neuen Abnehmers (Beispiel)

Regel-Nr. und Bezeichnung	Inhalt
Regel 1: Neuer Abnehmer	WENN neuer Abnehmer X, DANN suche den näher liegenden Netzring.
Regel 2: Näher liegender Netzring	WENN suche den näher liegenden Netzring, DANN rufe die Prozedur NLR auf.
Regel 3: Leistungsüberprüfung	WENN NLR gefunden UND Leistung des neuen Abnehmers X bekannt, DANN überprüfe die neue Leistung des Rings.
Regel 4: Anbindung des Abnehmers X	WENN Leistungsüberprüfung positiv, DANN berechne optimale Anbindung des neuen Abnehmers an den Ring.
Regel 5: Abnehmerstatus ändern	WENN neuer Abnehmer X an den Ring angebunden UND Spannungsabfall im Ring ≤ zulässiger Spannungsabfall, DANN ist Abnehmer X kein neuer Abnehmer.
Regel 6: Spannungsabfall zu groß	WENN neuer Abnehmer X an den Ring angebunden UND Spannungsabfall im Ring > zulässiger Spannungsabfall, DANN suche nächsten Ring.

Netz integriert werden. Das lokale Netz besteht aus zwei Ringnetzen (s. Abb. 3.3). Der Regelsatz, der den Algorithmus zum Anschließen einer neuen Station in das Ringnetz beschreibt, besteht aus sechs Regeln (Regeln 1 bis 6), welche in Tab. 3.1 zusammengestellt sind.

Die Fakten, die sich beim Start des Inferenzmechanismus in der Datenbank befinden, der Verlauf des Wissensbearbeitungsprozesses und die dazugehörigen Erklärungskomponenten sind in Beispiel 3.2 zusammengestellt.

Beispiel 3.2

Verlauf der Inferenz für den Regelsatz aus Tab. 3.1

- **DATENBANK**
  Kontext
  NETZDATEN FÜR DEN RING A1 – KOMPLETT
  NETZDATEN FÜR DEN RING G2 – KOMPLETT
  MAX. SPANNUNGSABFALL 3 %
  STANDORT DES ABNEHMERS X

- **PRODUKTIONSPROZESS (INFERENZMECHANISMUS)**
  Verlauf des Wissensbearbeitungsprozesses
  Schritte 1 bis 9

Schritt 1: REGEL 2
Schritt 2: REGEL 3
  INFERENZMECHANISMUS **STOP**
Schritt 3: ANFRAGE: LEISTUNG DES ABNEHMERS X – UNBEKANNT?
Schritt 4: PLANER – LEISTUNG DES ABNEHMERS X = 275 KW
  INFERENZMECHANISMUS **GO**
Schritt 5: REGEL 3
Schritt 6: REGEL 4
Schritt 7: REGEL 5
  AN DIE DATENBANK →
Schritt 8: ABNEHMER X AN RING G2 ZWISCHEN 7 UND 8
Schritt 9: INFERENZMECHANISMUS **STOP**

- **ERKLÄRUNGSKOMPONENTE**
  Erklärungen zu Entscheidungen im Inferenzprozess

  - NLR – G2 – GEFUNDEN (REGEL 2)
  - UNBEKANNTE LEISTUNG DES ABNEHMERS X (REGEL 3)
  - ANGABE DURCH DIE INTERAKTION MIT DEM PLANER
  - LEISTUNG DES RINGES G2 ÜBERPRÜFT POSITIV (REGEL 3)
  - OPTIMALE ANBINDUNG ZWISCHEN 7 UND 8 (REGEL 4)
  - ABNEHMER X AN RING G2 ANGESCHLOSSEN (REGEL 5)

Man kann aus dem Verlauf u. a. Folgendes erkennen:

- Die Planungsdaten waren nicht komplett. Das Expertensystem hat zusätzliche Daten angefordert.
- Es wurde eine Prozedur (NLR in der Regel 2) genutzt, die einen Optimierungsalgorithmus beinhaltet.
- Die Erklärungskomponente kann die getroffenen Entscheidungen erläutern.

3.1.3 Semantische Netze

Wenn das beschriebene Wissen komplexen Objekten zugeteilt ist, eignen sich semantische Netze besonders gut dazu, die Beziehungen zwischen einzelnen Komponenten solcher Objekte zu beschreiben. Die entsprechende Darstellung erfolgt durch einen Graphen [1], der aus Knoten besteht, die durch Kanten miteinander verbunden sind. Die Knoten

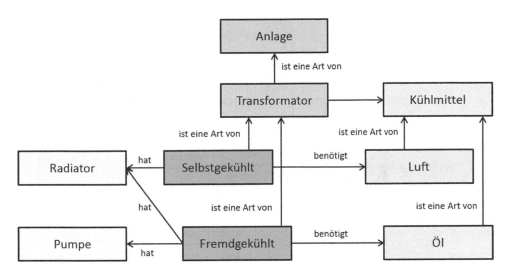

Abb. 3.4 Beispiel eines semantischen Netzes

repräsentieren dabei die Objekte der Wissensdomäne, die zugehörigen Kanten die Beziehungen der Objekte untereinander.

Abbildung 3.4 zeigt das Beispiel eines semantischen Netzes für die Wissensdomäne „Anlage".

Als Beispiel aus der Domäne „Anlage" wurde ein Transformator gewählt. Es handelt sich zu Illustrationszwecken jedoch nur um einen Teil eines semantischen Netzes. Um eine universelle Einsetzbarkeit und dadurch den generischen Ansatz der semantischen Netze praktisch anwendbar zu machen, müssen die Beziehungen ausreichend abstrakt beschrieben werden.

In unserem Beispiel lassen sich dabei drei Arten von Beziehungen zwischen den Objekten erkennen:

- ist ein Art von,
- benötigt,
- hat.

Die konkrete Ausprägung eines allgemeinen Objektes, auch Instanz genannt, kann in das semantische Netz miteinbezogen werden und wird, wie in Abb. 3.5 gezeigt, mit einer Relation „ist ein" markiert. Als Beispiel dient hier die Typangabe OFWF als Bezeichnung für den Transformator, was so viel bedeutet wie „erzwungene Konvektion, Öl" (oil forced) und „erzwungene Konvektion, Kühlwasser" (water forced).

Aus einem semantischen Netz kann man durch die Analyse der Beziehungen die Zusammenhänge zwischen den Objekten feststellen. Dies gilt sowohl für die untergeordnete Spezialisierung „ist_eine_Art_von" als auch für die konkrete Instanz „ist_ein". Für das gegebene semantische Netz (Abb. 3.5) kann man beispielsweise folgende Aussagen machen, wie sie auch in Beispiel 3.3 dargestellt sind.

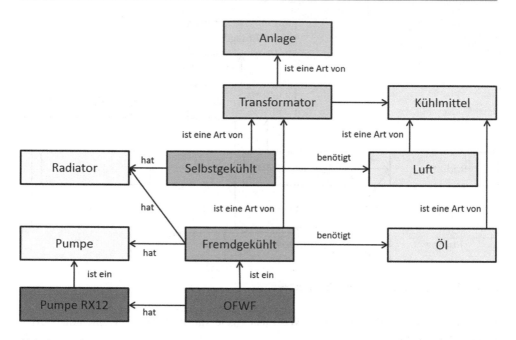

Abb. 3.5 Beispiel eines semantischen Netzes mit Instanzen

Beispiel 3.3

Aufgrund des semantischen Netzes (Abb. 3.5) auf Aussagen schließen

ist_eine_Art_von (Transformator:-> Anlage)

ist_eine_Art_von (Fremdgekühlt:-> Transformator, Anlage)

ist_ein (OFWF:-> Fremdgekühlt, Transformator, Anlage)

hat (OFWF: ->RX12, Pumpe)

Der besondere Wert von semantischen Netzen für technische Anwendungen liegt darin, dass alle, auch sehr komplizierte Relationen zwischen Objekten einer Wissensdomäne erfasst werden können. Semantische Netze erlauben die Relationen auch grafisch darzustellen, die dann mithilfe der Prädikatenlogik in rechnerverständliche Instruktionen überführt werden können. Sie erweitern somit das Prädikatenkalkül um eine bildhafte Komponente und erweisen sich als unerlässliches Repräsentationsmittel bei der Darstellung von technischen Systemen bzw. Abläufen (Prozessen).

3.1.4 Rahmen

Rahmen (*Frames*) sind spezielle Datenstrukturen zur Darstellung des gesamten Wissens über Objekte. Ein Objekt wird dabei durch unterschiedliche, spezifische Eigenschaften beschrieben. Ausprägungen (Instanzen) eines konkreten Objektes werden dadurch festgelegt, dass jede Eigenschaft konkret mit Werten (z. B. Zahlen, Typbezeichnungen) belegt wird. Die Eigenschaften eines Objektes nennt man auch Attribute (*Slots*), die unterschiedliche Facetten (*Facets*) annehmen können [1].

Facetten können je nach Bedarf

- Datentypdefinitionen,
- zulässige Wertbereiche,
- vorangestellte Werte (*Defaults*),
- Frage- oder Erklärungstexte,
- Prozeduren (*Procedural attachments*), die bei Wertänderung o. Ä. als Methoden (*Domains*) aktiv werden können,
- sonstige Attribute, die vor allem verwaltungstechnische Aufgaben erledigen, sein [1].

Datentypen, die häufig vorkommen, sind z. B.

- ganze Zahlen,
- reelle Zahlen,
- Listen von Symbolen und
- Wahrheitswerte (wahr oder falsch).

Als Beispiele für „Rahmen" dienen Prädikate für Transformatoren im nachfolgend dargestellten Ablaufrahmen. Wenn es sich um ein Attribut handelt, können die Frames wie in Beispiel 3.4 aussehen.

Beispiel 3.4

Attribute in Form von Rahmen (Frames)

Rahmen(Transformator, Anzahl_Phasen, Typ, ganze_Zahl)	– allgemeine Beschreibung
Rahmen(Transformator, Anzahl_Phasen, Bereich, 1 oder 3)	– spezifische Beschreibung
Rahmen(Transformator, Anzahl_Phasen, Voreinstellung, 3)	– Einstellung (Default)
Rahmen(Transformator, Anzahl_Phasen, Wert,?)	– Abfrage der Einstellung

---

Werden mehrere Attribute gleichzeitig behandelt, erweitert sich die Objektbeschreibung um entsprechende Eigenschaften, wie aus Beispiel 3.5 ersichtlich ist.

Beispiel 3.5

Objektbeschreibung bei mehreren Attributen
Rahmen (Transformator, Anzahl_Phasen, Typ, ganze_Zahl, Leistung, reelle_Zahl, Bereich, reale_Zahl, Kühlstoff, Symbolliste, [Öl 345, Luft, Öl 347], hat_Pumpe, Wahrheitswert, [true, false])

Aus den oben dargestellten Definitionen für das Frame-Konstrukt ergeben sich die definierten Wissenscharakteristika, wie sie in Beispiel 3.6 dargestellt sind.

Beispiel 3.6

Wissenscharakteristika, abgeleitet aus Rahmen

Transformatoren
Anzahl der Phasen
Typ: ganze Zahl
Bereich: 1 bis 3
Voreingestellter_Wert: &
Wert: unbekannt
Leistung
Typ: reelle Zahl
Bereich: positiv
Wert: unbekannt
Kühlstoff
Typ: Symbolliste
Bereich: Öl 345, Luft, Öl 347
Voreingestellter_Wert: Luft
Wert: unbekannt
hat_Pumpe
Typ: Wahrheitswert
Wert: unbekannt
Bereich: Öl 345, Luft, Öl 347
Voreingestellter_Wert: Luft
Wert: unbekannt
hat_Pumpe
Typ: Wahrheitswert
Wert: unbekannt

Mithilfe der Frame-Repräsentationen können aber nicht nur einzelne Relationen eines semantischen Netzes, sondern beliebige Attribute vererbt werden. Das bedeutet, dass ein erbendes Objekt alle Eigenschaften des übergeordneten „Eltern"-Objektes mit übernimmt. Dadurch entsteht ein mächtiges Vererbungskonzept, das trotzdem eine äußerst kompakte

Darstellung von Wissen erlaubt. Der besondere Vorteil der Vererbung besteht darin, dass man nicht unbedingt alle Attribute eines Rahmens definieren muss. Es reicht aus, nur die für den jeweiligen Rahmen spezifischen Attribute zu definieren, da ebenfalls zutreffende Attribute von im Netz übergeordneten Rahmen „durchgereicht" (vererbt) werden können. Hierdurch kann sehr viel Definitionsaufwand während der Systemprogrammierung bzw. Konfiguration gespart und der Bedarf an Speicherplatz reduziert werden.

3.1.5 Wandtafelkonzepte

Damit die Kommunikation der verteilten Wissensquellen reibungslos untereinander abläuft, müssen Schnittstellen zwischen diesen Quellen geschaffen werden. Dies wird durch das Wandtafel (Blackboard)-Konzept ermöglicht. Alle Wissensquellen kommunizieren allein über diese Wandtafel miteinander, indem relevante, durch den Nutzer ausgewählte Informationen oder Konklusionen (*Entries*) an der Wandtafel abgelegt werden. Das Wandtafelkonzept erlaubt es, unterschiedliche Wissensrepräsentationsmethoden als Wissensquellen zu verwenden; so ist es z. B. möglich, dass einige der Wissensquellen regelbasiert, andere dagegen rahmenbasiert sind. Auch mit unterschiedlichen Programmiersprachen beschriebene Wissensquellen können miteinander verbunden werden. Aus diesem Grund kann die Wandtafel als Daten-Wissensschnittstelle bezeichnet werden [1].

Neben den Wissensquellen und der Wandtafel muss eine für die Kommunikation entsprechend ausgelegte Inferenzkomponente vorhanden sein, mit der einerseits die Informationseintragung und -auswertung für die Wandtafel, andererseits der Einsatz der einzelnen Wissensquellen gesteuert wird (s. Abb. 3.6) [1]. Eine wichtige Anforderung an

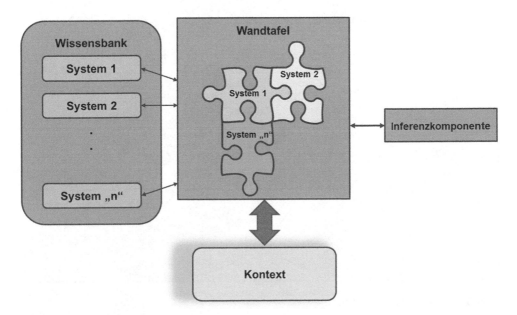

Abb. 3.6 Wandtafelmodell – Systemintegration

eine Wissensquelle ist somit, dass höher gestellte Programme (SPEX) die Wissensquelle aktivieren, mit Eingaben versorgen und die Ausgabe abfangen können. Als Schnittstellen zum Austauschen von Informationen eignen sich Datenbanken mit einem einheitlich definierten Schema besonders gut [1].

Durch kontrollierte Datenbankzugriffe kann gewährleistet werden, dass die einzelnen Wissensquellen konsistent bleiben. In Abb. 3.6 ist ein allgemeines Konzept des Wandtafelmodells dargestellt, während die Aufgaben der Wandtafel aus Abb. 3.7 entnommen werden können.

Die Wissensbasis im Expertensystem (XPS) (s. Abb. 3.8) ist ebenfalls in Module unterteilt. Mit dem ersten können Entwurfsprozeduren (prozedurale Wissensrepräsentation) aktiviert werden, während im zweiten das gesamte Konstruktionswissen abgespeichert wird.

Innerhalb der Entwurfsprozeduren werden die folgenden Teilaufgaben durchgeführt [1]:

- Festlegung von Entwurfszielen (Modul A),
- Zusammenstellung von Anforderungen/Randbedingungen (Modul B),
- Formulierung der Nebenbedingungen aufgrund der Anforderungsliste (Modul C),
- Optimierungsmodul zur optimalen Auslegung einzelner Tragwerkskomponenten (Modul D),
- Überprüfung des Entwurfs (Modul E).

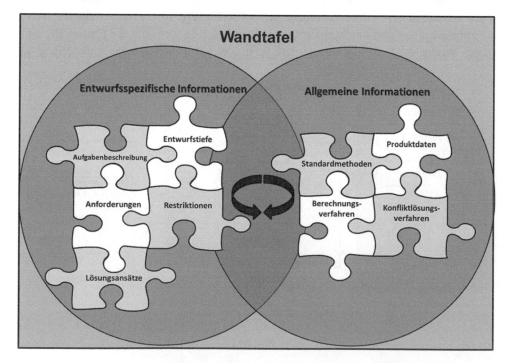

Abb. 3.7 Wandtafelmodell (SPEX)

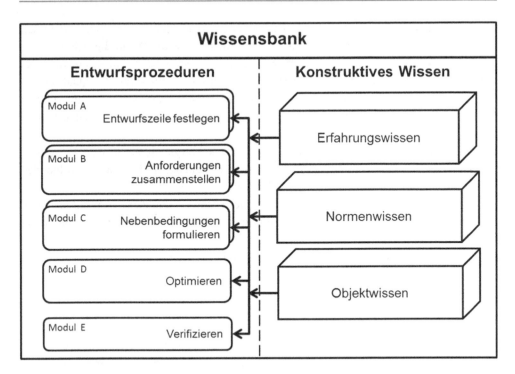

Abb. 3.8 Wissensbasis eines XPS nach [1]

Die Wissensbank für das Konstruktionswissen enthält:

- Erfahrungswissen von Konstrukteuren,
- Normenwissen,
- Objektwissen (Taxonomien).

3.2 Wissensakquisition

3.2.1 Einführung

Eine bedeutende Rolle bei der Erstellung eines Expertensystems spielt die Wissensakquisition. Erst das erworbene Wissen ermöglicht eine aktive Ausnutzung des Expertensystemkonzepts in verschiedenen Bereichen von Wissenschaft und Technik.

Im Gegensatz zum numerischen Verfahren (konventionelle Programme), bei dem stets die entsprechenden mathematischen Algorithmen betrachtet werden müssen – welche hohe Anforderungen an den Entwickler stellen –, ist die Konstruktion des Expertensystems so gedacht, dass der Wissensakquisitionsprozess teilweise in einer natürlichen Form und wenig formalisiert gestaltet werden kann. Die wissensbasierte Realisierung von Algorithmen ermöglicht es, die KI-Lücke, die zwischen dem Fachwissen und dessen algorithmischer Beschreibung entsteht, zu verkleinern (s. Kap. 2) und die Effizienz der Gestaltung von brauchbaren Systemen zu steigern. Hierbei ist anzumerken, dass bei wissensbasierten Systemen der Prozess der Wissensakquisition für die Qualität des Systems entscheidend ist. Dies gilt in Analogie zu numerischen Verfahren, in welchen die Auswahl des mathematischen Modells entscheidend für schnelle und zuverlässige Ergebnisse ist.

Die Wissensakquisition ist mit einem Lernprozess vergleichbar, wobei aber einige Unterschiede zwischen diesen beiden Prozessen bestehen [3]. In den nachfolgenden Abschnitten wird dies noch detaillierter beleuchtet.

Das Lernen hat ein Ziel: neues Wissen in einer ordnungsgemäßen Form darzustellen, sich mit diesem Wissen vertraut zu machen und es entsprechend bisheriger Kenntnisse „einzuordnen".

Damit ist das Lernen im Allgemeinen durch zwei Vorgänge realisierbar:

• Löschen und/oder Modifizieren alter Einträge,
• Hinzufügen neuer Einträge.

Wissensakquisition ist daher ein Prozess, in dem das Wissen nicht unbedingt bei dem, der es akquiriert, vorhanden („eingetragen") sein muss. Es soll nur der Wissensbasis eines von ihm gebauten Expertsystems hinzugefügt werden. Deswegen muss der Wissensingenieur, der für das Expertsystem das Wissen erwirbt, sich nicht wie ein Schüler mit dem Wissen vertraut machen. Er soll lediglich das Wissen von menschlichen Experten in die Wissensbank des Expertsystems übertragen können. Hierin ist der grundsätzliche Unterschied zwischen der Wissensakquisition und dem Erlernen von Wissen zu sehen.

Es stellt sich hierbei folgende Systemfrage:

Wie weit muss sich ein Wissensingenieur mit dem Domänenwissen vertraut machen?

Diese Frage sollte erst dann beantwortet werden, wenn die Ziele und Aufgaben des neu zu entwickelnden Expertsystems genau definiert sind. Wenn diese Ziele zu gegebener Zeit erreicht werden, so bedeutet dies, dass der Wissensingenieur ausreichend mit der Wissensdomäne vertraut ist.

Die Grundformen der Wissensakquisition sind:

• Lernen durch externe Eingabe und Akquisition von Wissen,
• Lernen als Erkenntnis von Gesetzen oder Regelmäßigkeiten,
• Lernen durch Analogie.

3.2.2 Lernen durch externe Eingabe und die Akquisition von Wissen

Das Lernen oder besser gesagt die Wissensakquisition durch externe Eingabe erfolgt in drei Schritten:

1. Wissen ist beim Experten in einer Domäne vorhanden.
2. Der Wissensingenieur (hat keine Kenntnisse und Erfahrung des Experten, besitzt aber Grundverständnis) vermittelt das Wissen vom Experten an das „lernende System".
3. Das „lernende" System enthält das vom Wissensingenieur „gefilterte" und formalisierte Wissen und kann dieses weiter verarbeiten (mit Inferenz).

Hierbei ist zu betonen, dass zwischen den Akteuren (Experte – Wissensingenieur) kein Lehrer-Schüler-Verhältnis entsteht (dies ist schon früher angesprochen worden). Im ersten Schritt ist es wichtig, eine Vertrautheit mit den Wissensstrukturen zu schaffen (Domänenwissen strukturieren). Das bedeutet, dass die relevanten Strukturen entsprechend erfasst und formalisiert werden müssen.

Die Expertensysteme bieten große Möglichkeiten für sog. *Rapid Prototyping* von Lösungsansätzen. Hierfür kann auf der Basis von wenigen Fallbeispielen ein Entwurf (Prototyping Wissensbasis) entwickelt und die getroffenen Entscheidungen können überprüft werden [4]. Dadurch kann aber auch eine falsche Systematik gelernt werden, die später schlecht korrigierbar ist. Das wäre analog zum menschlichen Lernen der Fall, wenn sich falsche Grundlagen verfestigen.

Zu den Techniken des Wissenserwerbs durch externe Eingaben gehören:

- Interviewtechniken,
- Beobachtung von Experten.

Die Interviewtechniken können durch direkten oder indirekten Dialog mit dem Fachmann (Experte) den Wissenserwerb ermöglichen.

Beim indirekten Dialog handelt es sich eher um umgangssprachliche Fragen, die dem Experten auf der Basis von aufgelisteten Begriffen gestellt werden. Der direkte Dialog wird auf einer fachspezifischen Ebene durchgeführt und verlangt mehr Domänenkenntnisse vom Wissensingenieur.

Die Interviewtechnik ist schematisch nach Abb. 3.9 darstellbar.

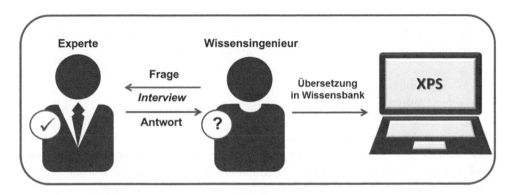

Abb. 3.9 Interviewtechnik

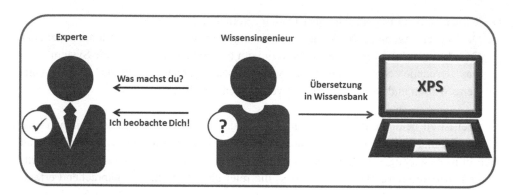

Abb. 3.10 Beobachtung des Experten

Die zweite Technik, eine Wissensbasis mit externen Eingaben zu erstellen, ist das Beobachten von Experten (Abb. 3.10). Im Beobachtungsprozess werden die relevanten Strukturen erkannt; danach kann ein entsprechendes Bild der Domäne in einer Wissensbank erfolgen.

3.2.3 Lernen als Erkenntnis von Gesetzen oder Regelmäßigkeiten

Beim Lernen als Erkenntnis von Gesetzen oder Regelmäßigkeiten handelt es sich um eine induktive Inferenz. Aus bestimmten Daten wird mit induktiven Schlüssen das Wissen abgeleitet.

Hierbei sind möglich:

- destruktive Vorgehensweise (allgemeine Gesetzmäßigkeiten werden eingeschränkt),
- konstruktive Vorgehensweise (von speziellen Begriffen wird zu allgemeinen Beobachtungen übergegangen).

Als Beispiel können hier Reduktionssysteme dienen. In Abb. 3.11 wird die Idee des Lernens durch Erfahrung verdeutlicht. Sie erfolgt in zwei Phasen:

1. Erfahrung sammeln,
2. Erfahrung nutzen.

In dem Beispiel werden zunächst die Merkmale eines Geräts (hier Transformator) anhand einer Auswahl gleicher Elemente erlernt. Im vorliegenden Fall des Transformators sind hier Elemente wie Wicklungen, Kern, Durchführungen als Merkmale zu nennen. Danach kann ein anderes, dieser Gruppe zugehöriges Element identifiziert werden.

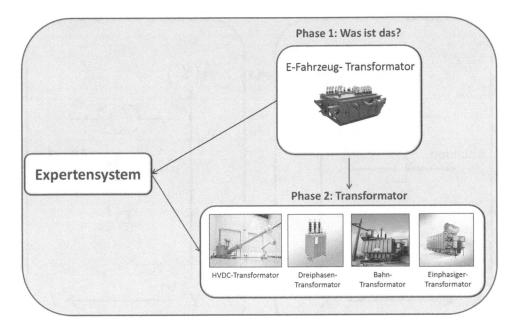

Abb. 3.11 Lernen durch Erfahrung (Bilderquelle: Siemens AG).

3.2.4 Lernen durch Analogie

Das Lernen durch Analogie wird notwendig, wenn in einem für das System neuen Zustand eine Aktion erwartet wird. Dann soll ein bereits bekannter Fall gesucht werden, der mit dem neuen Fall möglichst vergleichbar ist. In automatischen Systemen geschieht dies meistens aufgrund von Heuristiken oder unter Verwendung von unsicheren Regeln. Natürlich besteht immer die Gefahr, dass falsche Entscheidungen aufgrund falscher Empfehlungen getroffen werden. Daher sollen Empfehlungen bzw. Vergleichsmengen statistisch relevante Größen sein, um fehlerhafte Zuordnungen zu vermeiden.

Dies ist möglich, wenn man Eigenschaften der Analogschlüsse analysiert. Diese sind folgende:

- Analoges Schließen ist unsicher und kann Revisionen zur Folge haben.
- Analoges Schließen analysiert Gemeinsamkeiten.

Mathematisch kann in diesem Fall eine Relation zwischen den Objekten (Situationen) unseres Systems definiert werden, die die Ähnlichkeit beschreibt.

▶ **Definition** **X** ist ähnlich zu **Y**, wenn $X' \subset X$, $Y' \subset Y$ und eine Abstraktion Bild **A** existiert, sodass $A(X') \equiv A(Y')$.

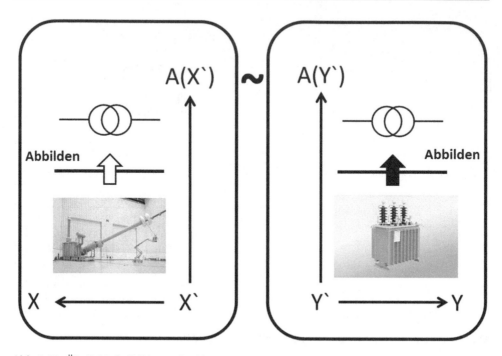

Abb. 3.12 Ähnlichkeit (Bilderquelle: Siemens AG)

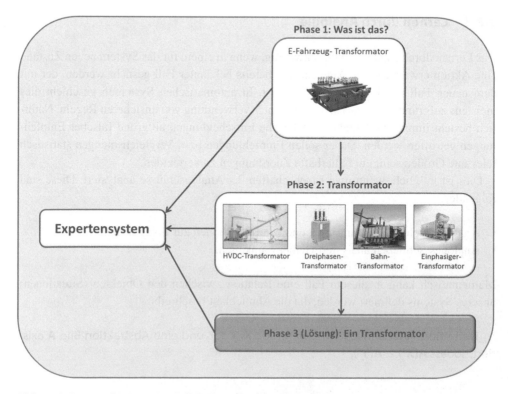

Abb. 3.13 Lernen durch Analogie (Bilderquelle: Siemens AG)

In Abb. 3.12 wird diese Relation grafisch wiedergegeben.

Letztendlich handelt es sich bei Analogschlüssen um das Erkennen von typischen Situationen und die Analyse der Ähnlichkeiten. Dieser Prozess wird auch als fallbasiertes Schließen bezeichnet. In Abb. 3.13 wird das fallbasierte Schließen am Beispiel eines Identifikationsprozesses dargestellt.

Literatur

[1] Hartmann D, Lehner K (1990) Technische Expertensysteme. Springer, Heidelberg
[2] ABB-Schaltanlagen-Kompendium (1994). ABB Schaltanlagen GmbH, Mannheim. 9. Aufl. ISBN 3-464-48233-2
[3] Wagner P (2016) Wissensakquisition für Expertensysteme. http://lb.landw.uni-halle.de/publikationen/veroe42/veroe42.htm. Zugegriffen: 29. Sept. 2016
[4] Prerau D (1987) Knowledge acquisition in the development of a large expert system. AI Magazine 8(2): 43–51

Deklaratives Programmieren und Inferenzmechanismen

4

Die Konflikte sind der natürliche Preis
für die Annehmlichkeiten des deklarativen Programmierens!
(Michael M. Richter (1992) Prinzipien der künstlichen Intelligenz.
Taubner, Stuttgart)

Zusammenfassung

Zwar wird von einem Experten nicht verlangt, das Programmieren zu beherrschen, Grundlagen des deklarativen Programmierens sind aber sehr nützlich, um effektiv mit einem Wissensingenieur zu arbeiten. In Kap. 4 geht es nicht darum, die Wege der Lösungen zu programmieren, sondern das Wissen so zu speichern, dass es „automatisch" weiterbearbeitet werden kann. Dazu dienen auch sog. Inferenzmechanismen (Vorwärts- und Rückwärtsverkettung), die aus dem vorhandenen Wissen den Schluss auf neue Fakten zulassen. Die Programmierungssprache PROLOG ist standardmäßig mit solchen Mechanismen ausgestattet. Zum Abschluss wird ein Beispiel für ein solches Programm dargestellt.

4.1 Deklaratives Programmieren

Programmieren ist ein Prozess, bei dem die Anforderungen und Algorithmen in eine Programmiersprache (z. B. Pascal oder C++) meistens prozedural „übersetzt" werden. Dieser Prozess wird auch als Kodierung bezeichnet. Das deklarative Programmieren dagegen zeichnet sich dadurch aus, dass Spezifikationen von Objekten, nicht aber die Bearbeitungsalgorithmen kodiert werden. Wie bereits in Kap. 3 dargelegt, können Spezifikationen in unterschiedlicher Form vorliegen, z. B. als „WENN-DANN-Regeln" oder als

© Springer-Verlag GmbH Deutschland 2017
Z.A. Styczynski et al., *Einführung in Expertensysteme*,
DOI 10.1007/978-3-662-53172-3_4

semantische Netze, welche anschließend durch Inferenzmechanismen bearbeiten werden. Wie im Abschn.-Nr. 4.2 gezeigt wird, können unterschiedliche Inferenzmechanismen angewendet werden, um Schlussfolgerungen (Ergebnisse) aus der Bearbeitung von deklariertem Wissen (Spezifikationen) zu ziehen.

Beim traditionellen Programmieren müssen zunächst Ein- und Ausgabegrößen – aber auch (zumindest) Skizzen von Algorithmen – für die Lösung des Problems benannt bzw. ausgewählt werden. Das verlangt vom Programmierer die Schließung der beträchtlichen KI-Lücke zwischen der repräsentativen Ebene und der Programmiersprache, die in Kap. 2 (Abb. 2.1) dargestellt wurde. Die daraus entstehende Verdichtung der Information kann sich bei Berechnungen mit den entsprechenden Computerprogrammen negativ auf die Ergebnisse auswirken. Das liegt an der notwendigen prozeduralen und imperativen Darstellung und der manchmal notwendigen Vereinfachung der Basisinformation. Die Vereinfachungen können zu Ungenauigkeiten in der Beschreibung der zu lösenden algorithmischen Aufgabe führen und dadurch eine Fehlerquelle für die Ausgangsgrößen sein. Grundsätzlich gilt, dass solche Fehlerquellen in implementierten Programmen nur schwer zu finden und meistens nur durch Neuprogrammieren zu bereinigen sind. Diese Vorgehensweise ist jedem Programmierer gut bekannt.

Durch Anwendung des deklarativen Programmierens, bei dem man viel mehr Freiheiten bei der Beschreibung der Objekte genießt, wird man die KI-Lücke zwischen der realen und der Programmwelt zwar nicht vollständig schließen, aber wesentlich verkleinern können. Der Wissensingenieur beschreibt in Zusammenarbeit mit dem Experten die Domäne realitätsnah und fügt im Falle von falschen Ergebnissen durch Modifikation der fehlerhaften Objekte notwendige Verbesserungen ein.

Deklaratives Programmieren selbst, wie in [1] und [2] beschrieben, ist also eher eine weitere Transformation des realen Wissens, jedoch ohne Fokus auf das Programmieren. Die Eigenschaften des deklarativen Programmierens lassen sich wie folgt zusammenfassen:

- Spezifikationen (Objekte, Verknüpfungen) eingeben (deklarieren) – der Rest ist dem System überlassen,
- Effizienz – Suche nach der Anwendung des richtigen (schnellsten) Programms,
- Entlastung von Details – kein Einfluss auf Details.

Das wichtigste Merkmal des deklarativen Programmierens ist die Fähigkeit, rekursive Prozeduren mithilfe von situationsbedingtem Wissen des Benutzers abzuarbeiten. Die Wissensbearbeitung kann als „Rückwärts-" oder „Vorwärtsverkettung" vorgenommen werden. Die Rückwärtsverkettung basiert auf der Analyse der Implikationen zwischen den Atomformeln, wobei die Vorwärtsverkettung deduktives Kalkül nutzt.

Bei der Wissensverarbeitung kann es durch Inferenz im deklarativen Programmieren zur Auslösung von parallelen Prozessen kommen. Damit können mehrere Implikationen (Ausgaben) bei einen oder mehreren Anfragen (Eingaben) als Ergebnis der Inferenz vorliegen. Diese Situation führt zu Konflikten. Mehrere Ergebnisse können gegenseitig widersprüchlich sein. Meistens muss man, um die Bearbeitung des Wissens fortzusetzen, den so entstandenen Gordischen Knoten durch den sog. *Recognize-and-act*-Zyklus lösen. Die Lösung der Konflikte geschieht dann in drei Schritten [1]:

1. Anwendungstest durchführen,
2. Konflikte sammeln und lösen (z. B. durch Priorisierung der Lösungen),
3. Implikationen (vorwärts bzw. rückwärts) anwenden.

4.2 Inferenzmechanismen

Bei der automatischen Wissensverarbeitung sind zwei wichtige Elemente zu definieren: Aktion A und Bedingung für die Aktion B. Somit entsteht das enge Verhältnis, als Implikation $B \rightarrow A$ bekannt, das zwischen Atomformeln besteht. Die Atomformeln besitzen immer einen Wahrheitswert: wahr oder falsch. Die Aktion A kann aber auch als Regel betrachtet werden. Sie hat damit keinen Wahrheitswert mehr, was zur prozeduralen Behandlung des Wissens führt. Deswegen werden Expertensysteme oft als Regelsysteme oder regelbasierte Systeme bezeichnet [2].

Die Methode der Vorwärtsverkettung basiert auf der Erzeugung neuer Fakten durch die Bearbeitung von WENN-DANN-Regeln. Die Grundlagen dieser Darstellung wurden in Kap. 3 vorgestellt und durch Beispiele illustriert. Die erzeugten Fakten werden in einer Datenbank gesammelt. Beim weiteren Ablauf durch Inferenzmechanismen wird nachgeprüft, ob diese nicht als Prämissen in anderen Regeln anwendbar sind. Ist diese Bedingung erfüllt, werden weitere neue Fakten erzeugt. Eine wichtige Rolle spielt hier die Unifikation, welche die Fakten und Regeln zusammenführt. In Abb 4.1 wird der Prozess der Vorwärtsverkettung schematisch dargestellt.

Die Inferenz in Vorwärtsverkettung wird anhand eines Beispiels aus dem Bereich der Netzplanung illustriert.

Eine Wissensbasis beinhaltet zwei Regeln. Die Datenbasis wird mit Fakten gefüllt, und wie diese Fakten den Ablauf der Inferenz beeinflussen, wird in Beispiel 4.1 aufgezeigt.

Beispiel 4.1

Vorwärtsverkettung
Regel 1:
WENN Kabel Strom (X) > zulässiges_Kabel Strom (X), DANN Kabel_überlastet (X)

Regel 2:
WENN Kabel_überlastet (X), DANN Parallelkabel_erforderlich
Fakten: X = Kabel Nr. 245; Kabelstrom (Kabel Nr. 245) = 316 A;
   zulässiges_Kabel Strom (Kabel Nr. 245) = 242 A
Neuer Fakt nach Inferenz aus der Regel 1:
Kabel_überlastet (Kabel Nr. 245) wird als Prämisse in die Regel 2 aufgenommen und dadurch entsteht die Aussage:
Parallel_Kabel_erforderlich

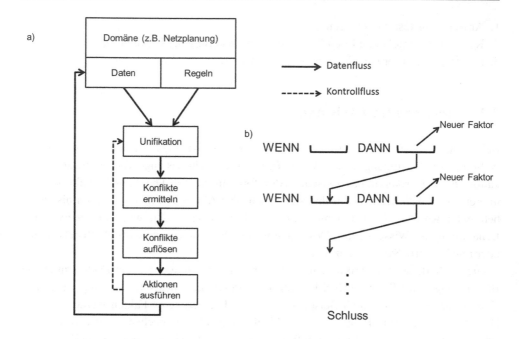

Abb. 4.1 Vorwärtsverkettung

Bei der Rückwärtsverkettung werden Erklärungen für Konklusionen gesucht. Es wird
Frage gestellt, warum diese und nicht andere Konklusion erzeilt worden ist. Dadurch
gelangt man zur Prämisse, die z. B. in einer anderen Regel wieder als Konklusion fungiert.
Abbildung 4.2 zeigt das Prinzip der Rückwärtsverkettung.

Zur Illustration der Rückwärtsverkettung wurde das gleiche Beispiel wie bei der Vorwärtsverkettung verwendet (s. Beispiel 4.2).

Beispiel 4.2

Rückwärtsverkettung

Regel 1:
WENN Kabel_Strom (X) > zulässiges_Kabel_Strom (X), DANN Kabel_überlastet (X)
Regel 2:
WENN Kabel_überlastet (X), DANN Parallelkabel_erforderlich
Fakten: X = Kabel Nr. 245; Kabel Strom (Kabel Nr. 245) = 316 A;
      zulässiges_Kabel_Strom (Kabel Nr. 245) = 242 A

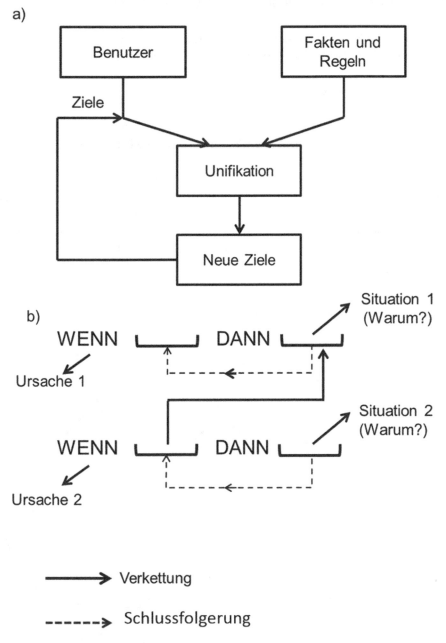

Abb. 4.2 Rückwärtsverkettung (ohne Konflikte)

Frage: Parallelkabel_erforderlich (Kabel Nr. 245) – *Warum*?

Antwort: weil Kabel_überlastet (Kabel Nr. 245),
weil Kabel_Strom (Kabel Nr. 245) größer als zulässiges_Kabel_Strom (Kabel Nr. 245)

Allgemein kann gesagt werden, dass bei

* deduktiver Verwendung eine Vorwärtsverkettung erforderlich ist,
* Verwendung als Testinstrument eine Rückwärtsverkettung benötigt wird.

In Abb. 4.3 wird dies auf der Basis eines Suchraumes erklärt.

Die Suchräume in Abb. 4.3 zeigen, dass, ausgehend von einem bestimmten Knoten, ein weiterer Knoten gesucht wird, der sich oberhalb oder unterhalb des gegebenen Knotens befindet. Häufig ist die Suche aufwendiger, weil erst ein Ausgangsknoten identifiziert werden muss, was in Abb. 4.3 bei der Vorwärtsverkettung einfacher ist.

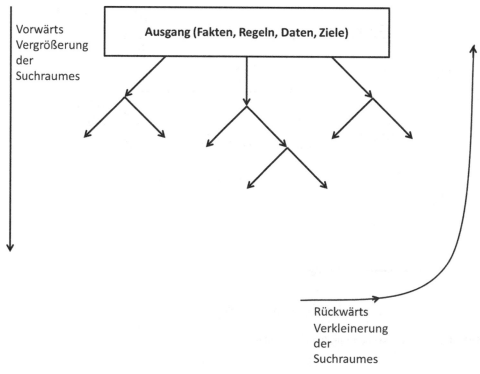

Abb. 4.3 Suchraum bei Inferenz

4.3 PROLOG

Deklaratives Programmieren führt zu einem Computerprogramm, das durch das Fehlen von prozeduralen Abläufen gekennzeichnet ist. Das „programmierte" Wissen wird nur durch einen allgemeinen Inferenzmechanismus automatisch bearbeitet. Eine der KI-Sprachen, die einen automatischen Inferenzmechanismus eingebaut hat, ist z. B. die Programmiersprache PROLOG.[1]

Der Kern von PROLOG basiert auf der *Hornlogik*, die ein Fragment der Prädikatenlogik bildet [2, 3].

Mit PROLOG kann Folgendes definiert werden [2]:

- Eine Hornklausel ist eine Klausel mit höchstens einem positiven Literal.
- Eine Einer-Hornklausel mit einem positiven Literal heißt Fakt.
- Eine Hornklausel mit einem positiven und einem oder mehreren negativen Literalen heißt Regel.
- Eine Hornklausel mit nur negativen Literalen heißt Frage (oder Zielsetzung).
- Die leere Klausel heißt Erfolgsklausel.
- Eine Menge von Fakten und Regeln heißt ein Programm, eine Menge von Fragen ist eine Eingabe für das Programm. Ein Sammelbegriff für Fakten und Regeln ist auch eine definierte Klausel.

In PROLOG werden Fakten, Regeln und anschließend Ziele (Fragen) definiert, wie die folgenden Beispiele zeigen:

Fakten: $p(a_1,\ldots,a_n), a_n$-Konstante oder Variable

Beispiel 4.3

Fakten

Transformator (Station, Stuttgart – Süd, eingeschaltet, X)
Transformator (Station Rohr, eingeschaltet, montags)

Regeln: $q(a_1,\ldots,a_n), a_n : p_1(a_1,\ldots,a_n), a_n,\ldots,p_m(z_1,\ldots,z_n), z_n$-Konstante oder Variable

---

Beispiel 4.4

Regeln

Dauerbetrieb (Station Stuttgart – Süd): Transformator (Station Stuttgart – Süd, eingeschaltet, immer), ökonomisch_belastet (Station Stuttgart – Süd)

---

[1] PROgramation en LOGique, Université de Aix-Marseille, Frankreich, 1972.

Fragen: ? $p(a_1,\ldots,a_n), a_n$

Beispiel 4.5

Fragen

? Dauerbetrieb (X)
? Dauerbetrieb (Station Stuttgart – Süd)

Treten bei der Bearbeitung von Fakten und Regeln Konflikte auf, werden diese durch einen in dem Programm eingebauten Interpreter gelöst. Die Fragenselektion erfolgt sequenziell durch die Auswahl der als Nächstes zu bearbeitenden Frage. Dies erfolgt zunächst ohne Mitwirkung des Anwenders. Die Vollständigkeit des Inferenzprozesses wird durch Fragenselektion, lineare Reihenfolge für die Regeln und Fakten sowie die Rückwärtsverkettung bei Konflikten gelöst.

Ein Programm in PROLOG wird in Beispiel 4.6 dargestellt. Es handelt sich um eine einfache Auswahl einer Anlage (Elektromotor) aus der Datenbasis. Durch die Eingabe der Spannung werden in der Schleife Auswahl (gesteuert durch die Variable K) alle Motoren ausgewählt, deren Nennspannung größer als der gegebene Wert der Variablen Un (Spannung) ist.

Beispiel 4.6

Programm in PROLOG: Auswahl einen Motors

```
% trace

DOMAINS
    complex = clx(real,real)
    integerlist = integer*
    complexlist = complex*

DATABASE – el_motoren
    motor(real,real,real,real,string)
    % Uns, Sn, cos, Cost, unit
PREDICATES
    read_data
    auswahl(real)
    druck(real)
CLAUSES
    read_data:
```

```
        consult(" database. txt").
   auswahl (K):
      write("U: "),
      readln(U_str),
      str_real(U_str,U),
      motor(Us,-,-,K,-),
      Us>U.
   druck(S):
      read_data,
      auswahl(S),
      write(S).
GOAL
   druck(S).
```

File Database
motor(230,1.5,0.8,200,"€")
motor(230,2.2,0.9,250,"€")
motor(380,2.2,0.9,210,"€")
motor(500,4.0,0.9,420,"€")

Die Bedeutung der Daten im Programm ist folgende:

Motordaten
Un- Nennspannung in V
Sn – Nennleistung in kW
cos – cos ϕ – Leistungsfaktor – Nennwert
Cost – Preis in €
Unit – Währung (€, $, …)

Andere Variable
U_str – Die angeforderte Spannung in Format „string"
U – die angeforderte Spannung in Format „real".

Literatur

[1] Richter MM (1992) Prinzipien der künstlichen Intelligenz. Taubner Verlag, Stuttgart
[2] Hartman D, Lehner K (1990) Technische Expertensysteme. Springer Verlag, Heidelberg. ISBN 3-540-52155–0
[3] Clocksin W, Mellish Ch S (1990) Programmieren in Prolog. Springer, Heidelberg

Behandlung von Ungenauigkeit

5

One point to bear in mind when selecting an uncertainty management method is the fact that there are several kinds of uncertainty.
(I. Graham (1991) Fuzzy Sets and Systems. Vol. 40: 451ff.)

Zusammenfassung

Im Zentrum von Kap. 5 steht die Problematik, dass sich Äußerungen oft nicht mit dem logischen Wert „wahr" oder „falsch" belegen lassen. Solche Konstrukte können nicht automatisch in einem Expertensystem bearbeitet werden, da sie den Grundregeln der Prädikatenlogik nicht genügen. In solchen Fällen kann man statistische Methoden verwenden, um eine Entscheidungsgrundlage zu erarbeiten. Da diese jedoch große Mengen von Daten für die Bearbeitung benötigen, führt die Anwendung dieser Methoden zu zahlreichen Problemen. Der Satz von Bayes gibt die Möglichkeit, die bedingten Wahrscheinlichkeiten zu berechnen, die zur Entscheidungsfindung verwendet werden können. Die mit dem Satz von Bayes korrespondierende Formel und ihre Anwendung wird anhand eines Beispiels aufgezeigt.

5.1 Einführung

Sowohl im Allgemeinen als auch in der Technik sind nur wenige Aussagen *ganz falsch* oder *ganz wahr*. Es können Bedingungen existieren, die die scharfe Aussage relativieren. So kann z. B. die Aussage

„Das Kabel muss gewechselt werden, weil es überlastet ist."

© Springer-Verlag GmbH Deutschland 2017
Z.A. Styczynski et al., *Einführung in Expertensysteme*,
DOI 10.1007/978-3-662-53172-3_5

wie folgt geändert werden, wenn die Überlastung genau geprüft wird:

„Das Kabel muss in der Zukunft gewechselt werden, weil bereits jetzt manchmal eine Überlastung auftritt."

Damit ist die Ausgangsaussage entschärft. Wenn die zeitweise Überlastung des Kabels zugelassen wird, was der Normalität entspricht, muss es nicht sofort umgetauscht werden.

In der Praxis kann man den Zustand eines technischen Gerätes, außer in Grenzfällen wie dem totalen Ausfall, abhängig von Informationen unscharf beschreiben. Die damit entstehende Ungenauigkeit kann durch subjektive Tatsachen (man spricht hier von Unschärfe) oder durch objektive Tatsachen (auch Unsicherheit genannt) verursacht werden.

Subjektive Unschärfe ist durch folgende Eigenschaften charakterisiert [1]:

• Sinnvorgänge der Menschen sind nicht normiert,
• begriffliche und linguistische Unsicherheiten,
• subjektive Wahrnehmung und dadurch entstehende Wahrscheinlichkeiten.

Die subjektive Unschärfe bei Aussagen sind in Beispiel 5.1 gegeben.

Beispiel 5.1

Subjektive Unschärfe bei Aussagen

• „eine typische Netzstation"
• „sehr gute Planungsentscheidung"

Mit Unschärfe wird hier bedarfsbezogen eine Situation beschrieben, die in der Fachsprache nicht immer eindeutig erscheint. Die Aussage „sehr gute Planungsentscheidung" kann aber bedeuten, dass die Planung alle technischen Kriterien erfüllt und zusätzlich wirtschaftlich vorteilhaft ist. Deswegen ist sie auch sehr gut.

Objektive Unsicherheit kann durch folgende Merkmale verursacht werden [1]:

• Messfehler und numerische Ungenauigkeiten,
• statistische Aussagen,
• Unkenntnis von Parametern und allgemeinen Zusammenhängen.

Ein typisches Beispiel bildet die oft genutzte Wertangabe einschließlich Toleranzgrenzen (s. Beispiel 5.2).

Beispiel 5.2

Objektive Unsicherheit – Toleranzgrenze
Einspeisungsstrom 432 A ± 20 A.

Der Umgang mit der Wahrheitsaussage muss aufgrund der Begrenzungen der Wahrschein-lichkeitstheorie sehr sensibel erfolgen. Es gelten bei den Wahrheitsrechnungen nicht die gleichen Regeln wie bei exakten Berechnungen (z. B. Erbschaft).

Als Beispiel soll die Schätzung von Sammlungen der Mittel- und Hochspannungsschal-ter von je zwei fiktiven Herstellern („A" und „S") dienen. In den folgenden Tab. 5.1 bis 5.3 sind die Zahlen der positiv und negativ bewerteten Einheiten je Spannungsstufe und Hersteller für eine bestimmte Anwendung gegeben.[1]

Fehlerrechnungsprobleme (Beispiel)

In diesem Beispiel werden folgende Prädikate benutzt: *Besser(Z,V)*, *Besser$_{MS}$(Z,V)*, *Besser$_{HS}$(Z,V)*.

Diese beschreiben unseren Suchprozess in drei Gruppen: alle Schalter, Mittelspannungs-schalter und Hochspannungsschalter, wobei zwei fiktive Produzenten „Z" und „V" in Betracht gezogen werden. Wenn wir die im Vergleich stehenden Produzenten offenlegen, ersetzen wir die abstrakten Variablen **V** und **Z** durch ihre Namen.

Zunächst werden die Mittelspannungsschalter analysiert (Tab. 5.1). Hier ergeben sich für den Produzenten „S" 21 positiv bewertete Einheiten (Schalter), was eine signifikant höhere Erfolgsquote von 7,75 % für diesen Produzenten bedeutet.

In Tab. 5.2 sind die Ergebnisse der Analyse für die Hochspannungsschalter der gleichen Produzenten zusammengestellt. Auch hier sind die Produkte des Herstellers „S" mit einer Erfolgsquote von 50 % erfolgreicher.

Zusammenfassend kann man sagen, dass sowohl in der Gruppe der Mittelspannungs-schalter als auch in der Gruppe der Hochspannungsschalter die Geräte des Herstellers „S" erfolgreicher sind und besser bewertet wurden. Wenn wir die Produkte aber in einer

Tab. 5.1 Anwendung Mittelspannung

MS (Mittelspannung)-Schalter			
	+	−	
S	21	250	7,75 % Erfolge
A	7	135	4,93 % Erfolge

$\rightarrow Besser_{MS}(S, A)$

---

[1] Es handelt sich hier um einen fiktiven Vergleich.

Tab. 5.2 Anwendung Hochspannung

HS (Hochspannung)-Schalter			
	+	−	
S	51	51	50,00 % Erfolge
A	61	114	34,86 % Erfolge

$$\rightarrow Besser_{HS}\left(S, A\right)$$

Tab. 5.3 Ergebnis der Bewertung

Gesamt (Schalter)			
	+	−	
S	72	301	19,30 % Erfolge
A	68	249	21,45 % Erfolge

$$\rightarrow Besser\left(S, A\right)$$

Gruppe betrachten (Tab. 5.3), so ist der Hersteller „A" zwar nicht signifikant, aber doch mit einer Erfolgsquote von 21,45 % erfolgreicher. Der bei den beiden Einzelbetrachtungen erfolgreichere Produzent „S" weist nun nur 19,30 % Erfolge im Gesamtvergleich aus.

Was ist der Grund für diesen Widerspruch? Er liegt darin, dass die Aussagen für unterschiedliche Produkte mit unterschiedlichen Elementmengen getroffen wurden. Der Name „Schalter" täuscht vor, dass es sich um das gleiche Produkt handelt. Das trifft aber nicht zu. Außerdem ist die Menge der Mittelspannungsschalter etwa zweimal so groß wie die Menge der Hochspannungsschalter, was die statistische Schlussfolgerung ebenfalls beeinflusst.

Fazit: Eine saubere Behandlung von Halbwahrheiten ist notwendig und soll unter Verwendung von statistischen Regeln erfolgen In diesem Fall, da die Mengen unterschiedliche Kardinalitäten[2] haben, sollte die Bewertung nur in Gruppen stattfinden.

5.2 Wahrscheinlichkeiten

In der Wahrscheinlichkeitstheorie lassen sich Informationen über die Gültigkeit von Aussagen ableiten. Wenn ein Zusammenhang zwischen zwei abhängigen Tatsachen bestimmt werden soll, ist zunächst die bedingte Wahrscheinlichkeit sinnvoll. In der Technik kommt es häufig vor, dass Ursachen voneinander abhängig sind. Dann bietet die bedingte Wahrscheinlichkeit eine gute Basis für die Analyse von Aussagen. Nach einem Blitzanschlag beispielsweise ist die Wahrscheinlichkeit, dass die Isolation bei Betriebsmitteln beschädigt wird, größer. Der Blitz kann die Isolation beanspruchen und dadurch auch das Isolationsvermögen schwächen.

---

[2] Für endliche Mengen ist die Mächtigkeit (oder Kardinalität) gleich der *Anzahl* der Elemente der Menge.

Ein weiteres Beispiel können die Aussagen über Ursachen bei einer Diagnose sein, nämlich wenn die Informationen über den Zustand des Systems vorliegen und der Zusammenhang zwischen verschiedenen Ursachen und den zutreffenden Zuständen bekannt ist.

Die bedingte Wahrscheinlichkeit $P(A \mid B)$ (zu lesen: Wahrscheinlichkeit einer Tatsache A unter der Bedingung, dass die Tatsache B geschah) ist mit Gl. (5.1) definiert [1, 2]:

$$P(A \mid B) = \frac{P(A \wedge B)}{P(B)}. \qquad (5.1)$$

Die Hypothese (A-priori-Wahrscheinlichkeit) ist durch $P(A)$ zu bezeichnen.

Zwischen einer Hypothese (A-priori-Wahrscheinlichkeit) und einer bedingten Wahrscheinlichkeit besteht ein mathematischer Zusammenhang. Die bedingte Wahrscheinlichkeit kann nicht immer einfach berechnet werden, weil oft die notwendige Wahrscheinlichkeit $P(A \wedge B)$ oder $P(B)$ nicht bekannt ist oder auch nicht berechnet werden kann. Deswegen wird häufig eine andere Form der bedingten Wahrscheinlichkeit berechnet, die durch den sog. *Satz von Bayes* beschrieben worden ist.

Die Berechnung der Wahrscheinlichkeit einer Hypothese **H**, falls das Ereignis **E** eintritt, ist mithilfe von Gl. (5.2) möglich:

$$P(H \mid E) = \frac{P(E \mid H) \cdot P(H)}{P(E \mid H) \cdot P(H) + P(E \mid \overline{H}) \cdot P(\overline{H})}. \qquad (5.2)$$

In Tab. 5.4 werden die in Gl. (5.2) verwendeten Symbole erklärt.

5.3 Beispiel für die Anwendung des Satzes von Bayes

In einer Netzstation sind während eines Monats vier Havarietypen aufgetreten. Sie lassen sich durch sechs Symptome beschreiben (s. Tab. 5.5). Es soll berechnet werden, wie hoch die A-priori-Wahrscheinlichkeiten aller Havarien und wie hoch die A-posteriori- Wahrscheinlichkeiten beim Auftreten von Symptom S3 sind.

Tab. 5.4 Symbole aus Gl. (5.2)

Bezeichnung	Wahrscheinlichkeit dafür, dass
$P(E \mid H)$	das Ereignis **E** eintritt, wenn die Hypothese **H** vorliegt
$P(H)$	die Hypothese **H** vorliegt
$P(\overline{H})$	die Hypothese **H** nicht vorliegt (Hypothese ¬H)
$P(E \mid \overline{H})$	das Ereignis **E** eintritt, wenn die Hypothese **H** nicht vorliegt

Tab. 5.5 Symptome
der Havariefälle für die
Beispielberechnungen

	S1	S2	S3	S4	S5	S6
H1	x		x	x		
H2	x	x		x		x
H3		x	x		x	
H3		x			x	x
H2	x	x		x		
H4			x		x	x

Die Wahrscheinlichkeiten der unterschiedlichen Havarien können aus Tab. 5.5. abgeleitet werden und sind in Gl. (5.3) dargestellt:

$$P(H1) = \frac{1}{6}; P(H2) = \frac{1}{3}; P(H3) = \frac{1}{3}; P(H4) = \frac{1}{6}. \tag{5.3}$$

Die Wahrscheinlichkeiten, die bei der Berechnung der bedingten Wahrscheinlichkeit – Havarie H1 findet statt, wenn das Symptom S3 vorliegt – notwendig sind, sind in Gl. (5.4) bis (5.6) gegeben:

$$P(S3 \mid H1) = 1, \tag{5.4}$$

$$P(S3 \mid \bar{H}1) = \frac{2}{5}, \tag{5.5}$$

$$P(\bar{H}1) = \frac{5}{6}. \tag{5.6}$$

Die bedingte Wahrscheinlichkeit – Havarie H1 findet statt, wenn das Symptom S3 vorliegt – ist gleich 1/3, s. auch Gl. (5.7):

$$P(H1 \mid S3) = \frac{P(S3 \mid H1) \cdot P(H1)}{P(S3 \mid H1) \cdot P(H1) + P(S3 \mid \bar{H}1) \cdot P(\bar{H}1)} = \frac{1 \cdot \frac{1}{6}}{1 \cdot \frac{1}{6} + \frac{2}{5} \cdot \frac{5}{6}} = \frac{1}{3}. \tag{5.7}$$

In analoger Weise kann man die bedingte Wahrscheinlichkeit – Havarie H3 findet statt, wenn das Symptom S3 vorliegt – berechnen. Die dazu notwendigen Wahrscheinlichkeiten sind in Gl. (5.8) bis (5.10) gegeben:

$$P(S3 \mid H3) = \frac{1}{2}, \tag{5.8}$$

$$P(S3 \mid \bar{H}3) = \frac{1}{2}, \tag{5.9}$$

$$P(\bar{H}3) = \frac{4}{6}. \tag{5.10}$$

Die bedingte Wahrscheinlichkeit – Havarie H3 findet statt, wenn das Symptom S3 vorliegt – ist gleich 1/3, s. auch Gl. (5.11):

$$P\big(H3\,|\,S3\big)=\frac{P\big(S3\,|\,H3\big)\cdot P\big(H3\big)}{P\big(S3\,|\,H3\big)\cdot P\big(H3\big)+P\big(S3\,|\,\bar{H}3\big)\cdot P\big(\bar{H}3\big)}=\frac{\dfrac{1}{2}\cdot\dfrac{1}{3}}{\dfrac{1}{2}\cdot\dfrac{1}{3}+\dfrac{1}{2}\cdot\dfrac{4}{6}}=\frac{1}{3}. \qquad (5.11)$$

Literatur

[1] Hartman D, Lehner K (1990) Technische Expertensysteme. Springer Verlag, Heidelberg. ISBN 3-540-52155-0

[2] Tschirk W (2014) Statistik: Klassisch oder Bayes. Zwei Wege im Vergleich. Springer, Heidelberg

Fuzzy-Logik

6

Eine fundamentale Frage der Fuzzy-Theorie ist:
„Wie unscharf ist eine Fuzzy-Menge?"
(B. Kosko (1990) Fuzziness vs. Probability. Int. J. of Gen. Syst)

Zusammenfassung

Die Lösung von Aufgaben bzw. Entscheidungsfindungsprozessen muss häufig anhand nicht vollständiger bzw. nicht ganz scharfer Informationen durchgeführt werden. Zudem lassen sich viele reelle Fragestellungen nur schwer anhand zweier Wahrheitswerte der klassischen Logik beschreiben. An dieser Stelle kann die im Mittelpunkt von Kap. 6 stehende Fuzzy-Logik zum Einsatz kommen.

Nach einer kurzen Einführung und einem historischen Rückblick auf die Entwicklung von Fuzzy-Logik wird auf ihre Grundlagen eingegangen. Dabei wird zunächst die Idee der unscharfen Mengen beschrieben, und anschließend werden die Zugehörigkeitsfunktionen zur Darstellung von unscharfen Mengen spezifiziert. Damit die komplexen Systeme anhand der Fuzzy-Logik abgebildet werden können, ist ein entsprechender Kalkül erforderlich. Daher werden die ausgewählten Operationen auf Fuzzy-Sets diskutiert. Der Einsatz der Methodik in der Praxis zeigt anhand von Beispielen Möglichkeiten für Fuzzy-Logik-basierte Systeme.

6.1 Fuzzy-Sets – Einleitung

6.1.1 Geschichte der Fuzzy-Logik

Bei der Lösung reeller Probleme lassen sich nicht immer die Zusammenhänge durch den Einsatz der bisher in Kap. 2 diskutierten klassischen Logik, die auf einer binären

© Springer-Verlag GmbH Deutschland 2017   85
Z.A. Styczynski et al., *Einführung in Expertensysteme*,
DOI 10.1007/978-3-662-53172-3_6

Klassifizierung der Wahrheitswerte basiert, optimal beschreiben. Häufig muss man mit ungenauen Informationen und nicht eindeutigen Tatsachen in diversen Anwendungsfeldern wie z. B. Planungsaufgaben, Betriebsführungsaufgaben, Regelungs- und Steuerungsaufgaben oder Entscheidungsfindungsaufgaben etc. umgehen können und trotz der nicht vollständigen Eingangsparameter die Ergebnisse liefern. Dabei werden von Experten in der Realität diverse Ausdrücke zur Beschreibung der Situationen verwendet, die einen nicht eindeutigen Charakter aufweisen, wie z. B.:

- Die Leitung ist zwar *leicht überlastet,* aber die Verbraucher können trotzdem *für eine Weile* versorgt werden.
- Die Außentemperatur ist *relativ niedrig,* somit kann die Leitung *etwas stärker* ausgelastet werden.
- Die Spannung befindet sich *die meiste Zeit* im zulässigen Band.

Anhand solcher unscharfen Ausdrücke lässt sich zwar die Ernsthaftigkeit der Situation durch einen Experten in den meisten Fällen ausreichend genau erkennen, um die Notwendigkeit und Dringlichkeit von weiteren Untersuchungen bzw. detaillierten Auswertungen oder Maßnahmen feststellen zu können. Gleichzeitig lassen sich jedoch solche Ausdrücke mithilfe der bisher diskutierten Ansätze der klassischen Logik nicht abbilden, um z. B. innerhalb eines Rechenprogramms implementiert werden zu können. In diesem Fall es ist notwendig, die bisher eingesetzte scharfe Klassifizierung der Wahrheitswerte – nach dem binären Modell 0-1 bzw. wahr-falsch – durch die Einführung einer mehrwertigen Logik zu ersetzen. Die ersten Arbeiten auf diesem Gebiet stammen von Jan Lukasiewicz, der in den Jahren zwischen 1920 und 1930 eine mehrwertige Logik vorgeschlagen hat [6]. Er hat u. a. einen dritten Wahrheitswert eingeführt, sodass man dabei von einer dreiwertigen Logik sprechen kann. Der dritte Wahrheitswert wurde, neben den beiden bisher in der klassischen Boole'schen Logik verwendeten Werten „wahr" bzw. „falsch", als „möglich" bezeichnet.

Ein weiterer wichtiger Meilenstein auf dem Gebiet mehrwertiger Logik waren die Arbeiten von Max Black. Er hat Ende der 1930er-Jahre u. a. die sog. Konsistenzprofile vorgeschlagen, die zur Beschreibung von ungenauen Symbolen eingesetzt werden konnten [14]. Diese Konsistenzprofile können aus heutiger Sicht als Vorversion deren später etablierten Fuzzy-Zugehörigkeitsfunktionen betrachtet werden.

Weitere relevante Beiträge auf diesem Gebiet kamen bis in die 1960er-Jahren u. a. von H. Weyl, A. Kaplan, H. Schott und K. Menger [6, 15, 16].

Die eigentliche Theorie der Fuzzy-Mengen (*Fuzzy sets*), die eine Grundlage für die anschließend etablierte Fuzzy-Logik darstellt, wurde von Lotfi A. Zadeh eingeführt. Er hat 1965 seinen berühmten Aufsatz „Fuzzy Sets" veröffentlicht [17]. Die Theorie der Fuzzy-Sets stellt einen Ansatz dar, unscharfe bzw. nicht exakte Klassen von Objekten zu beschreiben und somit deren Verarbeitung zu ermöglichen. Ausgehend von dieser Theorie wurde das Gebiet in den letzten 50 Jahren intensiv erforscht, und man hat diverse wichtige Meilensteine erreicht, wie auszugsweise in Abb. 6.1 dargestellt.

1930	Jan Lukasiewicz – Mathematische Beschreibung unscharfen Mengen
1937	Max Black - Veröffentlichung: Vagueness: an excersise in logical analysis
1965	Veröffentlichung "Fuzzy-Sets" von L. Zadeh (USA)
1973	Fuzzy-Control Theorie von Mamdani (Europa)
1974	1. Fuzzy-Controller (Europa)
1975	1. Institutionalisierte Gruppe auf dem Gebiet Fuzzy-Sets (Europa)
1975	1. US-Japanisches Symposium über Fuzzy-Sets in Berkeley (USA)
1978	1. Internationale Zeitschrift "Fuzzy Sets and Systems" (Europa)
1981	Fuzzy-Mustererkennung (USA)
1985	Konferenz IFSA (Brüssel-Hawai)
1987	Einsatz zur U-Bahn Regelung in Sendai (Japan)
1987	Fuzzy-Computer (Japan)
1989	Life-Institute Fuzzy-Forschungsprogramm (Japan)
1990	Erste Anwendung im Bereich Energieversorgung
1992	1. IEEE International Conference on Fuzzy Systems (USA)
2001	Erste Anwendung im Bereich Internet (FLINT 2001, USA)

Abb. 6.1 Ausgewählte Meilensteine in der Entwicklung der Fuzzy-Set-Theorie und der Fuzzy-Logik

Seit Einführung der Grundsätze von Fuzzy-Mengen durch L. A. Zadeh hat sich dieses Gebiet immens weiterentwickelt und ausgehend von den ursprünglichen Ideen sind weitere Ansätze entstanden. Unter anderem wurden in den letzten Jahren folgende Theorien vorgeschlagen [8]:

- L-Fuzzy Sets,
- Type-2 Fuzzy Sets,
- Interval-Valued Fuzzy Sets,
- Intuitionistic Fuzzy Sets,
- Twofold Fuzzy Sets,
- Fuzzy Rough Sets,
- Vague Sets,
- Loose Sets.

Ein Überblick über diverse Fuzzy-Set-Theorien sowie die Diskussion ihrer Eigenschaften wird in [8] gegeben. In diesem Kapitel werden nur ausgewählte Aspekte der Fuzzy-Sets diskutiert.

Generell erlaubt der Einsatz der Fuzzy-Set-Theorie, die Unschärfen bzw. Ungenauigkeiten in Bezug auf die betrachteten Objekte oder Prozesse zu formalisieren, um sie anschließend automatisiert betrachten zu können. Die Fuzzy-Set-Theorie stellt dafür als Werkzeug ein striktes Kalkül mit definierten Operationen für die unscharfen Mengen bereit.

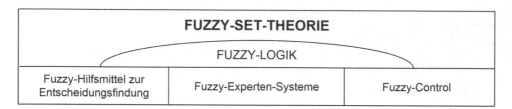

Abb. 6.2 Einteilung und ausgewählte Anwendungsbereiche der Fuzzy-Logik

Die Fuzzy-Set-Theorie findet ihre Hauptanwendung im Rahmen der Fuzzy-Logik. Die Logik selbst kann im Allgemeinen als ein Mechanismus zur Verarbeitung von Aussagen und Umsetzung der Schlussfolgerungsprozesse anhand mathematischer Regeln charakterisiert werden [16]. Fuzzy-Logik ist ein Teil der Fuzzy-Set-Theorie und beschäftigt sich dabei mit der Verarbeitung von unscharfen Aussagen in diversen Anwendungsfeldern (Abb. 6.2), die sich mittels der klassischen Boole'schen Logik nicht abbilden lassen. Häufig wird jedoch der Begriff Fuzzy-Logik unterschiedlich angewendet. Im Prinzip können drei Bedeutungen mit diesem Begriff assoziiert werden [18]:

- allgemeine Beschreibung aller Applikationen und Theorien, die auf Fuzzy-Sets basieren,
- Mechanismen des approximativen Schließens mit dem Einsatz von Fuzzy-Sets in den Inferenzprozessen (z. B. Expertensysteme),
- mehrwertige Logik zur Betrachtung von unscharfen (Fuzzy-)Systemen, die auf einem logischen Kalkül basiert.

Zadeh selbst verwendete den Begriff Fuzzy-Logik in einem breiteren Sinne [19]:

> Fuzzy-Logik ist eine Zusammenfassung von mathematischen Regeln zur Darstellung des Wissens, die auf den Graden der Zugehörigkeit und nicht auf einer scharfen Zugehörigkeit wie in der klassischen binären Logik beruht.

Die Analyse der Bedeutung des Begriffs Fuzzy-Logik kann auch anhand der einzelnen Worte durchgeführt werden. Dabei ergeben sich folgende Ergebnisse:

- *Fuzzy* – kann folgendermaßen aus dem Englischen übersetzt werden:
  - unscharf,
  - verschwommen,
  - undeutlich,
  - schwammig,
  - ungenau.

- *Logik* – kann laut *Duden*[1] wie folgt charakterisiert werden:
  - Lehre, Wissenschaft von der Struktur, den Formen und Gesetzen des Denkens; Lehre vom folgerichtigen Denken, vom Schließen aufgrund gegebener Aussagen; Denklehre,
  - Folgerichtigkeit des Denkens,
  - in einer Entwicklung, in einem Sachzusammenhang, in einer Konstruktion o. Ä. liegende [zwangsläufige] Folgerichtigkeit.

Die Kombination dieser beiden Begriffe, wobei Fuzzy die Unschärfe in den Vordergrund stellt und gleichzeitig Logik eine der exaktesten und genauesten Wissenschaften ist, löst im ersten Moment Unverständnis und Misstrauen aus. Als praktisches Beispiel könnte man an dieser Stelle eine Videokamera nennen, bei der mit dem Begriff Fuzzy-Focus (zu Deutsch: unscharfer-scharfer Brennpunkt) geworben und Fuzzy-Logik zur Anpassung der Bildschärfe eingesetzt wurde [20]. Solche scheinbaren Widersprüche führten in der Praxis lange Zeit zu mangelndem Interesse an der Fuzzy-Theorie.

Dabei ist Fuzzy-Logik keine Logik, die unscharf ist, sondern eine Logik, die eine Beschreibung von Unschärfe möglich macht. Genauer gesagt, ist die Fuzzy-Logik eine Theorie von unscharfen (mehrwertigen) Mengen, die die Vagheit, Verschwommenheit, Unsicherheit vermessen und auf ein Maß bringen lässt. Dabei wird die Idee verfolgt, dass sich diverse Klassen von Objekten durch eine Stufung charakterisieren lassen, wie z. B.:

- Temperatur → niedrige, mittlere, hohe, sehr hohe,
- Spannung → niedrige, mittlere, hohe, höchste,
- Entfernung → sehr kleine, kleine, mittlere, große, sehr große.
- Die konkreten Beispiele von unscharfen Aussagen aus dem Alltag illustrieren Ausdrücke im Beispiel 6.1.

Beispiel 6.1

Unscharfe Aussagen

- Die Entfernung von Potsdam nach Berlin ist *klein*.
- Der Transformator wird *sehr heiß*.
- Gerhard ist ein *sehr großer* Mann.
- Elektroautos haben eine *nicht so große* Reichweite.
- Heidelberg ist *eine sehr schöne Stadt*.

Eine solche Staffelung der Eigenschaften in Bezug auf diverse Klassen der Objekte, wie zuvor beschrieben, macht es oft unmöglich, die Mitglieder von Nichtmitgliedern einer Klasse zu unterscheiden.

---

[1] http://www.duden.de/rechtschreibung/Logik

Die Fuzzy-Logik kann man nach Zadeh wie folgt zusammenfassen:

> Weder die Theorie noch die Methoden sind ungenau, sondern stellen exakte Techniken zur Verarbeitung von unscharfen Daten und unscharfem Wissen dar.

6.1.2   Fuzzy-Sets – unscharfe Mengen. Grundbegriffe und Definition

Viele technische und nichttechnische Systeme in der realen Welt lassen sich auf den ersten Blick nur vage und ungenau beschreiben. Aber auch Systeme, welche man mathematisch mit Formeln und Gesetzen wiedergeben kann, entsprechen oft, nur unter vereinfachten Annahmen, den tatsächlichen Verhältnissen. Außerdem steht der Aufwand zur Erlangung des mathematischen Modells in keinem Verhältnis zum erzielbaren Nutzen. Zudem täuscht das mathematische Modell eine Genauigkeit auf einige Dezimalstellen vor, die in Wirklichkeit weder vorhanden ist noch gebraucht wird. Darüber hinaus lassen sich nicht alle Klassen von Objekten mittels der klassischen Boole'schen Logik charakterisieren. In all diesen Fällen liefert die Fuzzy-Theorie zwar nicht das theoretisch exakte Ergebnis, dafür jedoch schnell und einfach eine gute Lösung.

Bei der Anwendung der klassischen Boole'schen Logik ist es notwendig, eine scharfe Grenze zwischen Mitgliedern und Nichtmitgliedern einer Klasse zu ziehen. Eine solche Vorgehensweise würde in der Praxis häufig zur Entstehung von Absurditäten führen. Folgende Aussage zeigt diese Problematik deutlich:

„Leistungselektronische Komponenten sind nur schwach belastbar."

Wenn man nun eine Annahme trifft, dass die Belastbarkeit von 500 A oder weniger niedrig und die Belastbarkeit von über 500 A hoch ist, würde es bedeuten, dass die Zuordnungen wie im Beispiel 6.2 notwendig wären.

Beispiel 6.2

Zuordnungen der Komponenten

- Komponente 1 mit Nennstrom von 900 A → Starkstromkomponente,
- Komponente 2 mit Nennstrom von 1 A → Schwachstromkomponente,
- Komponente 3 mit Nennstrom von *500,01 A → Starkstromkomponente*,
- Komponente 4 mit Nennstrom von *499,99 A → Schwachstromkomponente*.

Obwohl sich der Nennstrom von Komponente 3 und 4 um nur 0,2 A voneinander unterscheidet, würden die Komponenten nach der scharfen Zuordnungsvorgehensweise unterschiedlichen Klassen zugewiesen.

Ein weiteres, sehr zutreffendes Beispiel könnte auch das Alter sein, was mit der Aussage wie im Beispiel 6.3 ausgedrückt werden kann.

Beispiel 6.3

Aussage bezüglich des Alters

„Dirk ist alt, weil er 67 ist"

Wenn man die scharfe Altersgrenze bei 66 setzt, würde es dementsprechend bedeuten, dass z. B. Michael, der 65 ist, als jung eingestuft werden müsste. Mit diesem Beispiel wird deutlich, dass eine scharfe Zuordnung, wie sie bis jetzt nach der Boole'schen Logik in früheren Kapiteln durchgeführt wurde, häufig nicht optimal bzw. sogar nicht möglich ist.

Dieses Beispiel wurde in Tab. 6.1 weiterentwickelt, die einen Vergleich der Zuordnung nach der klassischen (scharfen) Logik und der Fuzzy-Logik zeigt.

Dabei besteht der Unterschied bereits in der Frage, die man stellen muss, um die Zugehörigkeit zu einer Kategorie feststellen zu können. Im Fall der klassischen Logik würde die Frage folgendermaßen aussehen:

„Ist die Person alt?"

Die mögliche Antwort in diesem Fall kann ausschließlich *Ja* bzw. *Nein* sein. Somit kann man im Fall der klassischen Boole'schen Logik die Zuordnung nur in einer reinen „Schwarz-Weiß"-Betrachtung durchführen. In Bezug auf die Beispielwerte aus Tab. 6.1 für die Spalte „klassische (scharfe) Logik" ist das Ergebnis einer solchen Betrachtung in Abb. 6.3a grafisch dargestellt.

Bei der Fuzzy-Logik würde die Frage allerdings wie folgt gestellt:

„Wie alt ist die Person?"

Tab. 6.1 Zuordnung zur Klasse „alte Person" nach klassischer und nach Fuzzy-Logik (als Altersgrenze wurde 66 angenommen)

Person	Alter	Zugehörigkeitsgrad zur Menge „alte Person"	
		klassische (scharfe) Logik	Fuzzy-Logik
Lisa	1	0	0
Ana	23	0	0,30
Nicole	49	0	0,65
Katharina	65	0	0,80
Sybille	67	1	0,90
Stefanie	78	1	0,95
Julia	85	1	1

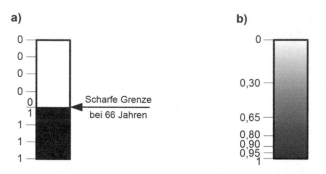

Abb. 6.3 Grafische Darstellung der Zugehörigkeitsgrade zu einer Klasse bei (**a**) klassischer Logik und (**b**) Fuzzy-Logik für das Beispiel „Alter" (abgeleitet aus [19])

Bei der Beantwortung dieser Frage anhand der Regeln der Fuzzy-Logik kann der Zugehörigkeitsgrad außer den Werten 0 (wahr) bzw. 1 (falsch) jeden beliebigen Wert im Bereich zwischen 0 und 1 annehmen. Somit wird die bisherige „Schwarz-Weiß"-Betrachtung auf eine Darstellung mit Graustufen erweitert und wie in Abb. 6.3b grafisch dargestellt. Bei dieser Betrachtung können Dinge gleichzeitig partiell-wahr und partiell-falsch sein. Ein weiteres analoges Beispiel bezieht sich auf die Größe von Personen, wie in [19] dargestellt.

Zur Beschreibung dieser Zusammenhänge werden in der Praxis die sog. Zugehörigkeitsfunktionen eingesetzt, wie im Folgenden noch genauer beschrieben. Zur Verdeutlichung dieser Idee kann man als ein weiteres Beispiel aus dem technischen Bereich die Darstellung der Temperatur verwenden, in Abb. 6.4 nach der klassischen und nach Fuzzy-Logik gezeigt. Dabei kann man folgende Fragen den jeweiligen Diagrammen zuordnen:

a) klassische Logik: *„Ist es draußen kalt?"*,

b) Fuzzy-Logik: *„Wie kalt ist es draußen?"*.

Anhand dieses Beispiels können die Grenzen der klassischen Logik in Bezug auf solche stufbaren Klassen von Objekten, wie die hier diskutierte Temperatur, gut erkannt werden. Insbesondere bei einer solchen Betrachtung ist es prinzipiell unmöglich, eine klare Grenze zu ziehen, da sie stark von der subjektiven Wahrnehmung der jeweiligen Betrachter abhängig ist.

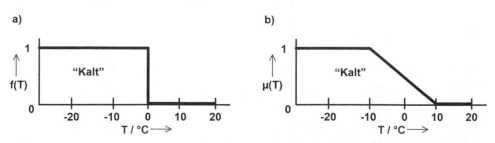

Abb. 6.4 Beschreibung der Temperatur (**a**) mit scharfer (Boole'scher) Logik mithilfe der charakteristischen Funktion $f(T)$ und (**b**) mit Fuzzy-Logik mithilfe der Zugehörigkeitsfunktion $\mu(t)$

Gerade bei dem Beispiel der Außentemperatur würde

- ein Sven aus Norwegen bei einer Temperatur von 15 °C das Wetter als warm bezeichnen,
- während ein Pio aus Apulien in Süditalien dazu höchstwahrscheinlich bereits kalt sagen würde.

Somit kann man sagen, dass die Fuzzy-Logik den Sinn der Worte, den Entscheidungsfindungsprozess und den Menschenverstand nachzubilden versucht [19]. Es können dabei diejenigen Beschreibungsformen in die Bearbeitungsprozesse miteinbezogen werden, die bei der Betrachtung anhand klassischer Logik nicht möglich sind. Dies bezieht sich z. B. auf die Verwendung von linguistischen Objekten bzw. Aussagen, die zwar im menschlichen Denkprozess eine unabdingbare Rolle spielen, sich aber in klassischen Rechnerprogrammen nicht direkt integrieren lassen. Als Beispiel kann man hier auf die zuvor in diesem Abschnitt bereits diskutierte Stufung bei unterschiedlichen Objektklassen verweisen, wie z. B. *Temperatur → niedrige, mittlere, hohe* etc. Damit soll der Denkprozess eines Menschen besser widergespiegelt werden, und es können „menschenähnliche" Systeme erreicht werden.

Ein großer Vorteil der Fuzzy-Logik ist, dass bei der Umsetzung auf allgemeinverständlichen WENN-DANN-Regeln (*IF-THEN*) aufgebaut wird [16, 19]. Dadurch erreicht man auch Funktionstransparenz bei der Ergebnisinterpretation. Dies ist insbesondere bei sicherheitsrelevanten Systemen von Vorteil.

Des Weiteren lassen sich mithilfe von Fuzzy-Sets die Begriffe menschlichen Denkens so darstellen, dass sie ihren unscharfen Charakter nicht verlieren und trotzdem für den Computer interpretierbar sind.

Beispiele für unscharfe Ausdrücke sind im Beispiel 6.4 dargestellt.

Beispiel 6.4

Unscharfe Ausdrücke

- neue Anlage,
- genügend Reserve,
- große Leistung,
- ungefähr 10 A.

Um nun die Fuzzy-Sets (Fuzzy-Mengen), die eine Erweiterung bzw. Generalisierung der klassischen (scharfen) Mengen darstellen, formal zu definieren, wird zunächst von der Spezifikation der scharfen Mengen ausgegangen.

Dabei wird vorab angenommen, dass X einen Gegenstandsbereich bzw. eine Grundmenge (*universe of discourse*) bezeichnet. Die generischen Elemente dieser Grundmenge X werden mit x bezeichnet.

Die Zugehörigkeit zu einer Menge M, die eine Teilmenge des Gegenstandsbereichs X darstellt, wird im Fall der scharfen Mengen (klassische Logik) als charakteristische Funktion $f_M(x)$ bezeichnet, die folgende Abbildung darstellt [15, 18, 19, 21]:

$$f_M(x): X \to \{0,1\}, \qquad (6.1)$$

wobei,

$$f_M(x) = \begin{cases} 1 \leftrightarrow x \in M \\ 0 \leftrightarrow x \notin M \end{cases}. \qquad (6.2)$$

Dabei bedeutet das Symbol „$\leftrightarrow$" die Äquivalenzverknüpfung und wird gelesen als „genau dann, wenn" (s. Kap. 2).

Mit dieser Abbildung wird eine Zuordnung der Elemente der Grundmenge (bzw. des Gegenstandsbereichs) X zu einer Zweielementenmenge $\{0,1\}$ durchgeführt. Dabei nimmt die charakteristische Funktion $f_M(x)$ den Wert 1 für alle Elemente x der Grundmenge X an, die der Menge M angehören. Für alle anderen x-Elemente, die der Menge M nicht angehören, nimmt die charakteristische Funktion den Wert 0 an.

Wie in [8] erläutert, sind die Fuzzy-Sets, die von Zadeh in den 1960er-Jahren vorgeschlagen wurden, eine Generalisierung von scharfen Mengen. Dabei unterscheidet sich die Spezifikation der Menge hauptsächlich von den möglichen Werten bei den betrachteten Abbildungen. Während bei den scharfen Mengen (klassische Logik) die charakteristische Funktion ausschließlich die Werte aus einer endlichen Menge $\{0,1\}$ annehmen kann, werden bei den Fuzzy-Sets die möglichen Werte mit einem kontinuierlichen und geschlossenen Intervall $[0,1]$ spezifiziert. Somit kann man sagen, dass die charakteristische Funktion, die bei den scharfen Mengen zum Einsatz kommt (s. Gl. (6.1) und (6.2)), im Fall von Fuzzy-Sets zu einer Zugehörigkeitsfunktion (*membership function*) $\mu(x)$ transformiert wird. Diese Tatsache kann durch folgende Abbildung beschrieben werden:

$$\mu_M(x): X \to [0,1]. \qquad (6.3)$$

Dabei stellt die Zugehörigkeitsfunktion $\mu_M(x)$ den Zugehörigkeitsgrad von Element x zur Teilmenge M dar und kann folgende Werte annehmen:

$$\mu_M(x) = \begin{cases} 1 & \leftrightarrow \quad x \text{ gehört vollständig zu } M \\ 0 & \leftrightarrow \quad x \text{ gehört gar nicht zu } M \\ 0 < \mu_M(x) < 1 & \leftrightarrow \quad x \text{ gehört teilweise zu } M \end{cases}. \qquad (6.4)$$

Somit kann die Teilmenge M vollständig durch die Angabe der Paarwerte definiert werden, wie in Gl. (6.5) dargestellt:

$$M = \{(x, \mu_M(x)), x \in X\}. \qquad (6.5)$$

Die Fuzzy-Sets stellen also Teilmengen einer übergeordneten Grundmenge X dar. Die so definierten Fuzzy-Sets können nun dazu verwendet werden, die bestimmten Klassen von Objekten, die sich gut stufen lassen (s. Beispiele in Abschn. 6.1.1), zu charakterisieren. Dabei werden die qualitativen Eigenschaften (Prädikate) einer bestimmten Objektklasse –

z. B. Temperatur – durch linguistische Werte (sog. Label) wie z. B. *sehr klein, klein, groß, sehr groß* etc. beschrieben. Die Sammlung von allen (ggf. nur von den innerhalb eines vorgegebenen Betrachtungsbereiches liegenden) Individuen bzw. Vertretern einer solchen Objektklasse stellt die Grundmenge X (bzw. den Gegenstandsbereich) dieser Objektklasse dar. Weiterhin wird jedem linguistischen Wert, der eine bestimmte Eigenschaft der Objektklasse spezifiziert, eine unscharfe Menge M, die eine Teilmenge der Grundmenge X ist, ($M \subset X$) zugeordnet. Die Teilmenge M wird dabei grundsätzlich mit einer Zugehörigkeitsfunktion beschrieben, wie mit Gl. (6.4) und (6.5) dargestellt.

Die Zugehörigkeitsfunktion $\mu_M(x)$ beschreibt die Zugehörigkeit eines Elementes x der Grundmenge X zu einer unscharfen Menge (Fuzzy-Set) M. Ist die Zugehörigkeitsfunktion normiert [3] (wird im Folgenden stets vorausgesetzt), so gibt $\mu_M(x)$ den Grad der Zugehörigkeit in Form eines auch als *Wahrheitswert* (*truth value*) bezeichneten reellen Zahlenwertes zwischen 0 und 1 an.

Die Ermittlung des Zugehörigkeitswertes eines Fuzzy-Sets bei einem gegebenen scharfen Eingangswert x nennt man *Fuzzyfizierung*. Umgekehrt lassen sich auch aus den unscharfen Zugehörigkeitskurven im Rahmen der *Defuzzyfizierungs*-Operation wieder scharfe Werte berechnen.

In Abb. 6.5 wird anhand eines Beispiels für die Variable „Alter" das Konzept der Charakterisierung mit linguistischen Werten und Fuzzy-Mengen dargestellt. Man kann daraus entnehmen, dass zu den jeweiligen linguistischen Werten unterschiedliche Zugehörigkeitsfunktionen zugeordnet werden können. Jede solche Funktion spezifiziert die Fuzzy-Menge. Die üblichen Formen der Zugehörigkeitsfunktionen werden in Abschn. 6.1.3 diskutiert.

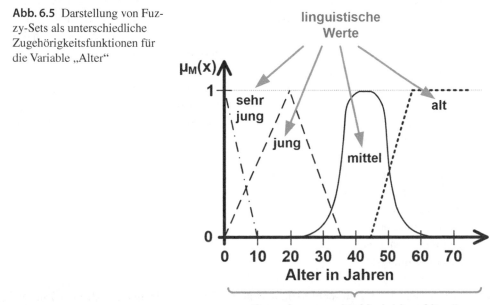

Abb. 6.5 Darstellung von Fuzzy-Sets als unterschiedliche Zugehörigkeitsfunktionen für die Variable „Alter"

Die Anzahl linguistischer Werte einer Variablen und die Form der Zugehörigkeitsfunktion ergeben daher schon bei der Beschreibung von unscharfen Mengen viele Freiheitsgrade. Dabei gibt es keine konkreten Regeln, wie sich diese Freiheitsgrade z. B. auf Stabilität oder Zuverlässigkeit der Berechnungen auswirken, da dies von der betrachteten Aufgabe stark abhängig ist. Daher werden sie heute meistens aus der Erfahrung eines Experten oder mittels statistischer Ergebnisse berechnet. Es gibt auch Entwicklungen, die die Zugehörigkeitsfunktion mithilfe von künstlichen neuronalen Netzen zu bestimmen versuchen [19].

6.1.3 Darstellung der unscharfen Mengen – Zugehörigkeitsfunktionen

Eine allgemeine Darstellung der unscharfen Mengen wurde bereits in Abschn. 6.1.2 erläutert und anhand von Gl. (6–5) erklärt. Eine solche Darstellung, die auf der Aufzählung der Paarwerte wie in Gl. (6.6) beruht, wird grundsätzlich im Fall von diskreten Mengen eingesetzt. Dabei wird jedem möglichen Element $x \in X$ ein Zugehörigkeitsgrad $\mu_M(x)$ zugeordnet. Unscharfe Mengen können auch unkompliziert im Rechner, z. B. in Form einer Matrix (bzw. Tabelle), umgesetzt und durch die Funktionalitäten einer Look-Up-Tabelle in die Rechenprozesse eingebunden werden:

$$M = \left\{ \left(x_1, \mu_M\left(x_1\right)\right), \left(x_2, \mu_M\left(x_2\right)\right), \ldots, \left(x_n, \mu_M\left(x_n\right)\right) \right\}. \qquad (6.6)$$

Häufig jedoch sind die betrachteten Grundmengen X keine diskreten Mengen, die durch die Aufzählung von individuellen Elementen angegeben werden können, sondern es handelt sich um Objekte, die durch reelle Werte innerhalb eines Intervalls spezifiziert werden. In einem solchen Fall wird eine Fuzzy-Menge grundsätzlich mittels einer reellen Funktion beschrieben. Wie in [18] diskutiert, wird dabei vorausgesetzt, dass es sich um die konvexen Fuzzy-Mengen in dem betrachteten Konzept handelt. Zur Konvexität in Bezug auf Fuzzy-Mengen s. [11] und [21].

Für die Darstellung unscharfer Mengen kommen prinzipiell sehr viele Kurvenformen als Zugehörigkeitsfunktionen infrage. Meistens sind jedoch einfache Polygonverläufe ausreichend. Die häufig verwendeten Funktionen zur Darstellung der unscharfen Mengen umfassen folgende Funktionen:

- Dreieck-Funktion,
- Trapez-Funktion,
- Gauß-Funktion,
- Glocken-Funktion,
- Sigmoidale Funktion,
- Singleton-Funktion.

Die grafische Darstellung dieser Funktionen und die Definition der mathematischen Zusammenhänge zur Spezifikation jeweiliger Funktionen sind in Tab. 6.2 basierend auf [16] zusammengefasst. Eine alternative Beschreibung gibt es in [22]. Bei den präsentierten Beispielen handelt es sich um die grundlegenden Formen, bei welchen eine Symmetrie in den jeweiligen Funktionen angenommen wird. In der Praxis kann es jedoch oft vorkommen, dass die bestimmten Funktionen eine nichtsymmetrische Form aufweisen, insbesondere in Bezug auf Funktionen wie Dreieck und Trapez. Durch eine entsprechende Auswahl der Funktionsparameter kann die Asymmetrie charakterisiert werden.

Tab. 6.2 Spezifikation der ausgewählten Zugehörigkeitsfunktionen (basierend auf [16])

Funktion	Beschreibung	Gl.-Nummer
Dreieck $\mu_D(x)$ graph mit Punkten a, b, c	$\mu_D(x) = max\left(min\left(\dfrac{x-a}{b-a}, \dfrac{c-x}{c-b} \right), 0 \right)$	(6.7)
Trapez $\mu_T(x)$ graph mit Punkten a, b, c, d	$\mu_T(x) = max\left(min\left(\dfrac{x-a}{b-a}, 1, \dfrac{d-x}{d-c} \right), 0 \right)$	(6.8)
Gauss $\mu_{Ga}(x)$ graph, Breite $\sim \sigma$, m m – Erwartungswert σ – Standardabweichung (Breitenparameter)	$\mu_{Ga}(x) = exp\left[-\dfrac{1}{2}\left(\dfrac{x-m}{\sigma} \right)^2 \right]$	(6.9)
Glocke $\mu_{Gl}(x)$ graph, m m – Erwartungswert (Mittelwert) σ – Breitenparameter a – Anstiegsparameter	$\mu_{Gl}(x) = \dfrac{1}{1 + \left| \dfrac{x-m}{\sigma} \right|^{2a}}$	(6.10)

Tab. 6.2 (Fortsetzung)

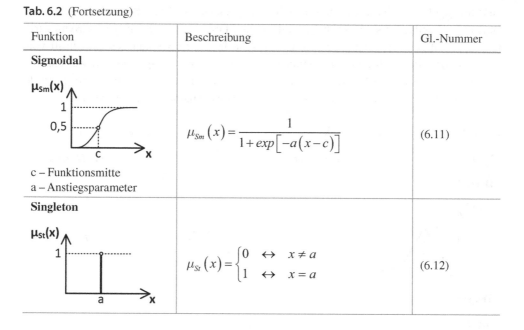

Funktion	Beschreibung	Gl.-Nummer
Sigmoidal c – Funktionsmitte a – Anstiegsparameter	$$\mu_{Sm}(x) = \frac{1}{1 + exp\left[-a(x-c)\right]}$$	(6.11)
Singleton	$$\mu_{St}(x) = \begin{cases} 0 & \leftrightarrow & x \neq a \\ 1 & \leftrightarrow & x = a \end{cases}$$	(6.12)

Eine alternative Vorgehensweise zur Abbildung von Fuzzy-Mengen basiert auf den Niveaumengen, den sog. α-Schnitten (*α-cuts*), wie z. B. in [18] erklärt. Diese werden jedoch in diesem Buch nicht weiter verfolgt.

6.2   Fuzzy-Algebra

6.2.1   Basisoperationen mit Fuzzy-Sets

In Kap. 2 wurden die grundlegenden logischen Operationen wie z. B. UND-Verknüpfung bzw. ODER-Verknüpfung, die zur Verbindung von Aussagen angewendet werden können, bereits diskutiert. Dabei wurden jedoch bisher die Aussagen im Sinne der klassischen Boole'schen Logik betrachtet, wobei jeder Aussage entweder „wahr" oder „falsch" als Wahrheitswert zugeordnet wurde. Die Aussagen lassen sich nach bestimmten Kriterien (z. B. bestimmte Eigenschaften bzw. Merkmale) in Mengen zusammenfassen. Diese können dann selbst zur Durchführung von mengenbasierten Operationen eingesetzt werden. Die wichtigsten Mengenoperationen sind

- Vereinigung $\equiv \cup$ (*union*),
- Schnitt $\equiv \cap$ (*intersection*),
- Komplement $\equiv \overline{\Box}$ (*complement*).

Diese Verknüpfungen sind unabdingbar, um die Zusammenhänge zwischen diversen Mengen innerhalb eines komplexen Systems spezifizieren und somit die Inferenzprozesse durchführen zu können. Zur grafischen Darstellung dieser Operationen wurden bisher in Kap. 2 die Mengendiagramme verwendet.

Im Fall von Fuzzy-Logik können die Aussagen auch den Fuzzy-Mengen zugeordnet werden, die wiederum miteinander durch bestimmte Operationen in Zusammenhang gebracht werden können. Dies erfordert jedoch eine entsprechende Definition der Verknüpfungsfunktionen, da hier die Aussagen nicht nur die Wahrheitswerte „wahr" bzw. „falsch", sondern alle Werte aus dem Bereich von 0 bis 1 annehmen können. Somit müssen die klassischen Mengenoperationen entsprechend erweitert bzw. umformuliert werden, um sie auf unscharfe Mengen anwendbar zu machen. Außerdem kann man durch Einführung von unscharfen Zahlen und Intervallen auch algebraische Funktionen zu entsprechenden Fuzzy-Funktionen erweitern.

Zur Darstellung der Schnitt- und Vereinigungsmenge zweier unscharfer Mengen μ_A und μ_B werden nach Zadeh [17] **min.**- bzw. **max.**-Funktionen verwendet, wie in Gl. (6.13) und (6.14) dargestellt:

Schnitt:

$$C = A \cap B \quad \rightarrow \quad \mu_C(x) = \min\{\mu_A(x), \mu_B(x)\}, \qquad (6.13)$$

Vereinigung:

$$C = A \cup B \quad \rightarrow \quad \mu_C(x) = \max\{\mu_A(x), \mu_B(x)\}. \qquad (6.14)$$

Abbildung 6.6 und 6.7 zeigen am Beispiel der Schnittmenge den Übergang von der binären (Boole'schen) Logik zur Fuzzy-Logik. Analog gibt Abb. 6.8 die Operation der Vereinigung zweier Mengen wieder, die im Fall von Fuzzy-Mengen als max-Operation dargestellt wird.

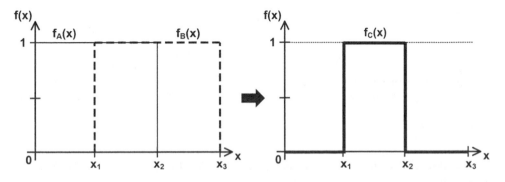

Abb. 6.6 Schnittmenge zweier scharfer Mengen (vgl. UND-Verknüpfung)

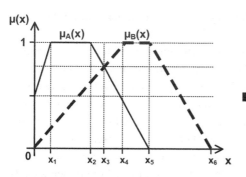
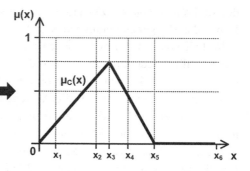

Abb. 6.7 Fuzzy-Schnittmenge (min-Operation)

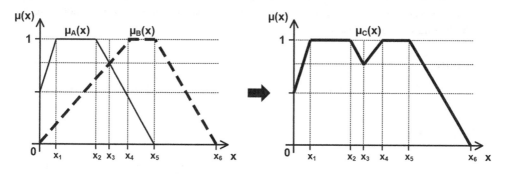

Abb. 6.8 Fuzzy-Vereinigungsfunktion (max-Operation)

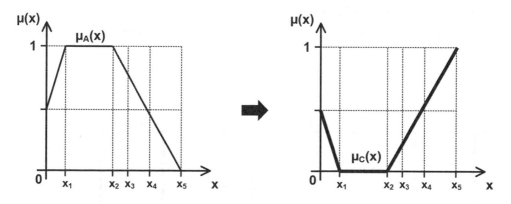

Abb. 6.9 Fuzzy-Komplementoperation

Weiterhin wird das Komplement einer Fuzzy-Menge in Gl. (6.15) definiert und in Abb. 6.9 dargestellt,

Komplement:

$$C = \bar{A} \quad \rightarrow \quad \mu_C(x) = 1 - \mu_A(x). \tag{6.15}$$

Zu beachten ist, dass bei der Komplementbildung die folgenden Eigenschaften der scharfen Logik, die mit Gl. (6.16) und (6.17) spezifiziert sind, nun nicht mehr gelten. Die weiteren Eigenschaften der Fuzzy-Operationen nach Zadeh können [17] entnommen werden

$$A \cup \overline{A} = 1, \tag{6.16}$$

$$A \cap \overline{A} = 0. \tag{6.17}$$

Darüber hinaus gelten im Fall von Fuzzy-Mengen die gleichen Eigenschaften in Bezug auf die Mengenoperationen und Mengenabhängigkeiten wie bei den klassischen, scharfen Mengen. Diese umfassen u. a. folgende Punkte [9, 16, 17, 19, 21]:

- Assoziativität,
- Kommutativität,
- Idempotenz,
- Distributivität,
- Transitivität,
- De Morgan'sche Regel.

6.2.2 Weitere Fuzzy-Set-Operatoren und Auswahlkriterien

Für die Schnitt- und Vereinigungsoperationen ergeben sich in der Fuzzy-Logik, neben den in Abschn. 6.2.1 genannten Basisoperationen, vielfältige Möglichkeiten. Die Auswahl des geeigneten Operators muss daher an das vorhandene System angepasst werden. Generell wird die Familie der Operatoren, die zur Umsetzung der Schnittoperation eingesetzt werden können, als T-Norm (*triangular norm* = Dreiecksnorm) bezeichnet. Die Operatoren zur Umsetzung der Vereinigungsoperation heißen T-Conormen bzw. S-Normen [23]. Es gibt unterschiedliche Familien von T-Normen, wie z. B. Schweizer-Sklar T-Normen, Hamacher T-Normen, Sugeno-Weber T-Normen etc. Eine ausführliche Diskussion der T-Normen und deren Eigenschaften enthält [24].

Eine Übersicht weiterer Operatoren, die häufig in Verbindung mit Fuzzy-Mengen eingesetzt werden, zeigen Gl. (6.18) bis (6.23), weitergehende Erklärungen sind u. a. in [9, 11, 18, 21, 23] zu finden.

Algebraisches Produkt: $D = A \cdot B$

$$\mu_D(x) = \mu_A(x) \; \mu_B(x), \tag{6.18}$$

Algebraische Summe: $C = A + B$

$$\mu_C(x) = \mu_A(x) + \mu_B(x) - \mu_A(x) \cdot \mu_B(x), \tag{6.19}$$

Beschränktes Produkt: $D = A \otimes B$

$$\mu_D(x) = \max\{0, \mu_A(x) + \mu_B(x) - 1\}, \qquad (6.20)$$

Beschränkte Summe: $D = A \oplus B$

$$\mu_C(x) = \min\{1, \mu_A(x) + \mu_B(x)\}, \qquad (6.21)$$

Drastisches Produkt: $D = A \circ B$

$$\mu_D(x) = \begin{cases} \min\{\mu_A(x), \mu_B(x)\} & \begin{array}{l} \textit{wenn}\quad \mu_A(x) = 1 \\ \textit{oder}\quad \mu_B(x) = 1 \end{array} \\ 0 & \textit{für alle andere } x \in X \end{cases}, \qquad (6.22)$$

Drastische Summe: $C = A \; \overline{\underline{\vee}} \; B$

$$\mu_C(x) = \begin{cases} \max\{\mu_A(x), \mu_B(x)\} & \begin{array}{l} \textit{wenn}\quad \mu_A(x) = 0 \\ \textit{oder}\quad \mu_B(x) = 0 \end{array} \\ 1 & \textit{für alle andere } x \in X \end{cases}. \qquad (6.23)$$

Häufig werden Basisoperatoren zur Durchführung von Aggregationsvorgängen unscharfer Mengen verwendet. Abhängig von der Aufgabenstellung können jedoch die anderen Operatoren besser geeignet sein. Informationen zur Festlegung optimaler T-Normen und zum Einfluss der T-Norm-Auswahl auf die Genauigkeit der Ergebnisse geben u. a. [25, 26].

Kriterien bzw. zu beachtende Aspekte bei der Auswahl von optimalen Aggregationsoperatoren sind einerseits die in Abschn. 6.2.1 genannten Eigenschaften der Mengenoperationen und andererseits weitere Eigenschaften [11], wie z. B.:

- *Monotonie*
  Der resultierende Zugehörigkeitswert wird zumindest nicht kleiner, falls einer der zu aggregierenden Zugehörigkeitswerte größer wird.
- *Strenge Monotonie*
  Der resultierende Zugehörigkeitswert wird größer, wenn einer der zu aggregierenden Zugehörigkeitswerte größer wird.
- *Stabilität*

$$\mu_{\min}(x) \leq \mu_{A \circ B}(x) \leq \mu_{\max}(x)$$

Die Nichterfüllung dieses Kriteriums bewirkt, dass bei den Schnittoperatoren das Ergebnis umso kleiner ist, je mehr Fuzzy-Sets kombiniert werden, bzw. bei Vereinigungsoperatoren umso größer, je mehr Fuzzy-Sets kombiniert werden.
- *Adaptierbarkeit*
  Anpassung der Art der Aggregation an das vorhandene Problem. Alle parametrisierten Operatoren besitzen diese Eigenschaft.

- *Numerische Effizienz*
  Diese Eigenschaft ist bei großen und zeitkritischen Anwendungen von Bedeutung.
- *Kompensation*
  Kompensation eines kleinen Wertes durch einen größeren Wert und umgekehrt.
- *Übereinstimmung mit der Realität*
  Wichtig bei der Modellierung realer Systeme oder menschlicher Denkweise.

6.2.3 Linguistische Modifikatoren

Neben den bereits diskutierten Operatoren, die vor allem zur Aggregation bzw. Kopplung von diversen Fuzzy-Mengen eingesetzt werden können, gibt es auch einwertige Operatoren, die die Form einer Fuzzy-Menge modifizieren. Ziel dabei ist, die ausgewählten Eigenschaften der Fuzzy-Mengen, die zur Abbildung bestimmter linguistischer Variablen eingesetzt werden, in den Vordergrund zu stellen. Die folgenden, anhand von Gl. (6.24) bis (6.31) dargestellten Operatoren sind Beispiele hierzu. Man nennt sie auch linguistische Modifikatoren. Eine vertiefende Diskussion bezüglich des Einsatzes der modifizierenden Operatoren enthalten u. a. [16, 18, 19].

Mathematische Beschreibung	Modifikator	
$\mu_{A^*}(x) = \mu_A(x)^2$	„sehr" engl. „very",	(6.24)
$\mu_{A^*}(x) = \mu_A(x)^3$	„extrem" engl. „extremely",	(6.25)
$\mu_{A^*}(x) = \mu_A(x)^4$	„sehr sehr" engl. „very very",	(6.26)
$\mu_{A^*}(x) = \begin{cases} 2\mu_A(x)^2 & \textit{falls } \mu_A(x) \le 0.5 \\ 1 - 2 \cdot (1 - \mu_A(x))^2 & \textit{sonst} \end{cases}$	„schärfer" engl. „indeed",	(6.27)
$\mu_{A^*}(x) = \sqrt{\mu_A(x)}$	„mehr oder weniger" engl. „more or less",	(6.28)
$\mu_{A^*}(x) = \sqrt{\mu_A(x)}$	„etwas" engl. „somewhat",	(6.29)
$\mu_{A^*}(x) = \mu_A(x)^{1.3}$	„ein wenig" engl. „a little",	(6.30)
$\mu_{A^*}(x) = \mu_A(x)^{1.7}$	„leicht" engl. „slightly".	(6.31)

6.2.4 L-R-Fuzzy-Zahlen

Treten unscharfe Daten auf, so kann man sie durch die algebraischen Operationen bearbeiten. Zu diesem Zweck müssen die Zahlen aber einheitlich notiert werden. In der

Fuzzy-Algebra können die sog. L-R-Fuzzy-Zahlen (*Left-Right*-Fuzzy-Zahlen) in diesem Zusammenhang verwendet werden [21, 27]. Eine L-R-Fuzzy-Zahl A wird dabei anhand von Gl. (6.32) definiert:

$$\mu_A(x) = \begin{cases} L\left[\dfrac{m_A - x}{\alpha_A}\right] & \alpha_A > 0 \quad \exists x \leq m_A \\[2em] R\left[\dfrac{x - m_A}{\beta_A}\right] & \beta_A > 0 \quad \exists x \geq m_A \end{cases}. \tag{6.32}$$

Dabei steht L und R für linke bzw. rechte Referenzfunktion, m_A ist der Mittelwert von A, α_A und β_A ist linke bzw. rechte Spannweite. Mittels der Kurzform kann eine L-R-Fuzzy-Zahl A mit Gl. (6.33) dargestellt werden:

$$A = (m_A, \alpha_A, \beta_A). \tag{6.33}$$

Die grafische Darstellung einer L-R-Fuzzy-Zahl für arbiträr ausgewählte Referenzfunktionen L bzw. R kann Abb. 6.10 entnommen werden. Oft jedoch entsprechen die L-R-Fuzzy-Zahlen dem Dreieckstyp, bei dem die Referenzfunktionen L bzw. R als lineare Funktionen nachgebildet werden.

Die algebraischen Operationen zwischen L-R-Fuzzy-Zahlen sind nach Dubois und Prade [15, 21, 27] definiert und in Gl. (6.34) bis (6.39) dargestellt.

Addition ($A, B \in \mathfrak{R}$, beide Zahlen gleiche Referenzfunktion):

$$A + B = (m_A, \alpha_A, \beta_A) + (m_B, \alpha_B, \beta_B) = (m_A + m_B, \alpha_A + \alpha_B, \beta_A + \beta_B), \tag{6.34}$$

Subtraktion ($A, B \in \mathfrak{R}$, beide Zahlen gleiche Referenzfunktion):

$$A - B = (m_A, \alpha_A, \beta_A) - (m_B, \alpha_B, \beta_B) = (m_A - m_B, \alpha_A + \beta_B, \beta_A + \alpha_B), \tag{6.35}$$

Abb. 6.10 Schematische Darstellung einer L-R-Fuzzy-Zahl

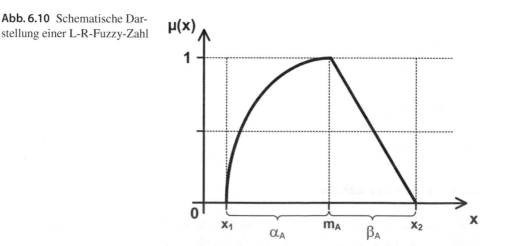

Multiplikation – Näherung 1 ($A, B \in \mathfrak{R}^+$, $\alpha_A \ll m_A$, $\alpha_B \ll m_B$, bzw. Zugehörigkeitswert ≈ 1):

$$A \cdot B = \left(m_A, \alpha_A, \beta_A\right) \cdot \left(m_B, \alpha_B, \beta_B\right) \approx \left(m_A m_B, m_A \alpha_B + m_B \alpha_A, m_A \beta_B + m_B \beta_A\right), \quad (6.36)$$

Multiplikation – Näherung 2 ($A, B \in \mathfrak{R}^+$ und Annahmen aus Gl. (6.36) nicht zutreffend):

$$A \cdot B = \left(m_A, \alpha_A, \beta_A\right) \cdot \left(m_B, \alpha_B, \beta_B\right) \approx (m_A m_B, m_A \alpha_B +$$
$$m_B \alpha_A - \alpha_A \alpha_B, m_A \beta_B + m_B \beta_A + \beta_A \beta_B), \quad (6.37)$$

Division $A, B \in \mathfrak{R}^+$:

$$\frac{A}{B} \cong \left(\frac{m_A}{m_B}, \frac{\alpha_A m_B + \beta_B m_A}{m_B^2}, \frac{\beta_A m_B + \alpha_B m_A}{m_B^2}\right), \quad (6.38)$$

Inversion für $A \in \mathfrak{R}^+$, $m_A \neq 0$:

$$\frac{1}{A} = \frac{1}{\left(m_A, \alpha_A, \beta_A\right)} \approx \left(\frac{1}{m_A}, \frac{\beta_A}{m_A^2}, \frac{\alpha_A}{m_A^2}\right). \quad (6.39)$$

Die o.g. Randbedingungen bei jeder Operation spielen eine wichtige Rolle. Insbesondere im Fall von Multiplikationsoperationen führt ein anderes als hier vorausgesetztes Vorzeichen der zu multiplizierenden Zahlen zu anderen Formeln, wie dies z. B. in [27] erläutert wird.

Der Einsatz der oben dargestellten algebraischen Grundoperationen wird am Beispiel der im Beispiel 6.5 genannten L-R-Fuzzy-Zahlen analysiert.

Beispiel 6.5

L-R Fuzzy-Zahlen

- N(1,1,1),
- M(2,1,1).

Die Ergebnisse werden numerisch in Tab. 6.3 zusammengefasst und in Abb. 6.11 bis 6.13 grafisch dargestellt.

Tab. 6.3 Ergebnisse der Grundoperationen für die L-R-Fuzzy-Zahlen N(1,1,1) und M(2,1,1)

	Addition	Subtraktion	Multiplikation *Näherung 1*	Multiplikation *Näherung 2*	Division
m	3	−1	2	2	0,5
α	2	2	3	2	0,75
β	2	2	3	4	0,75

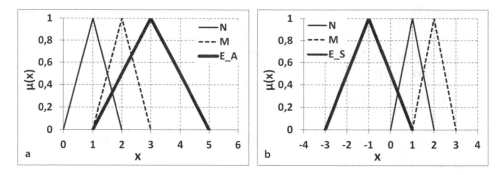

Abb. 6.11 Ergebnisse der algebraischen Grundoperationen für die Fuzzy-Zahlen M(2,1,1) und N(1,1,1). (a) Addition (E_A), (b) Subtraktion (E_S)

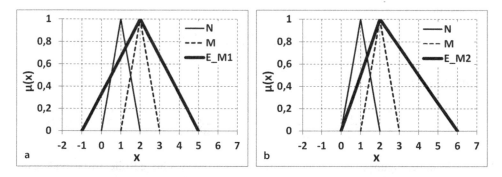

Abb. 6.12 Ergebnisse der algebraischen Grundoperationen für die Fuzzy-Zahlen M(2,1,1) und N(1,1,1). (a) Multiplikation Näherung 1 (E_M1), (b) Multiplikation Näherung 2 (E_M2)

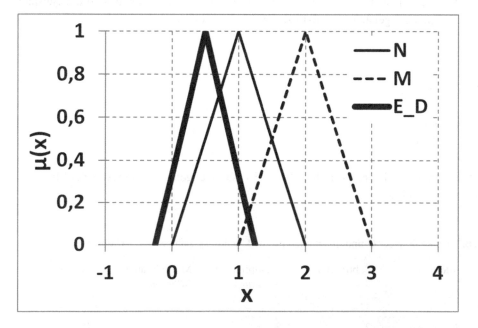

Abb. 6.13 Ergebnisse der algebraischen Grundoperationen für die Fuzzy-Zahlen M(2,1,1) und N(1,1,1). Division (E_D)

Additions- und Subtraktionsoperationen erfolgen anhand einer linearen Verrechnung der beiden betrachteten L-R-Fuzzy-Zahlen. Somit sind die Ergebnisse dieser Operationen exakt und beinhalten keine Fehler.

Im Fall der Multiplikation sieht die Situation anders aus. Dabei ergibt sich bei der Verrechnung der betrachteten Zahlen eine quadratische Gleichung. Die Auflösung dieser Gleichung führt zu einem Ausdruck, der keine L-R-Fuzzy-Zahl mehr ist [27]. Damit das Ergebnis aber trotzdem eine L-R-Fuzzy-Zahl darstellt, wird häufig eine Linearisierung der quadratischen Gleichung durchgeführt. Da jede Linearisierung grundsätzlich zu einem Fehler bei der Berechnung führen kann, handelt es sich bei der resultierenden Zahl um eine Näherung. Je weniger die Voraussetzungen bzw. Annahmen für die Linearisierung erfüllt sind, desto größer kann der resultierende Fehler sein. Abbildung 6.12 zeigt, dass die Ergebnisse der Multiplikation, die mit unterschiedlichen Näherungsfunktionen ermittelt worden sind, sich teilweise bezüglich der resultierenden Spannweiten unterscheiden.

Die Divisionsoperation kann als Multiplikation nachgebildet werden. Dazu muss die Zahl, die den Teiler darstellt, zunächst invertiert werden. Die Inversionsoperation wurde mit Gl. (6.39) gegeben. Wie man sehen kann, handelt es sich dabei auch um eine Näherung, die notwendig ist, um das Ergebnis der Inversion weiterhin als eine L-R-Fuzzy-Zahl darstellen zu können. Wenn die x-Werte in der Nähe des Gipfelwertes der invertierten L-R-Fuzzy-Zahl liegen, dann sind die Fehler gering, und die Näherung liefert gute Ergebnisse [27]. Somit ist die Divisionsoperation auch eine Näherung und kann mit einem Fehler behaftet werden.

Im Folgenden werden die eingeführten arithmetischen Grundoperationen nochmals betrachtet. Dabei wird die Fuzzy-Zahl N neu definiert, während M unverändert bleibt, wie im Beispiel 6.6 dargestellt.

Beispiel 6.6

L-R Fuzzy-Zahlen

- N(1,0,0),
- M(2,1,1).

Die Ergebnisse für diese Eingangsgrößen sind in Abb. 6.14 bis 6.16 dargestellt. Erkennbar ist hier, dass in diesem Fall die Ergebnisse der Multiplikation mit beiden Näherungsformeln gleich sind. Das zeigt, dass die Genauigkeit der Ergebnisse u. a. durch die Parameter der zu betrachtenden Zahlen beeinflusst wird.

Als weiteres Beispiel einer unscharfen Zahl in Bezug auf die praktische Anwendung wird hier die Definition der Wirkleistung vorgestellt. Dabei soll eine Aussage abgebildet werden, die häufig in der Realität in ähnlicher Form (auch in Bezug auf andere Parameter) verwendet wird. Man geht dabei von ungefähren Werten aus. In der Realität würde man dazu folgenden Ausdruck verwenden: „Die Leistung beträgt *ca. 160 kW*." Um einen solchen unscharfen Ausdruck nachbilden zu können, eignen sich die Fuzzy-Zahlen sehr

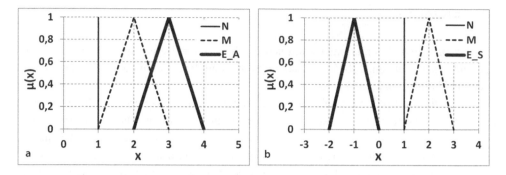

Abb. 6.14 Ergebnisse der algebraischen Grundoperationen für die Fuzzy-Zahlen M(2,1,1) und N(1,0,0). (**a**) Addition (E_A), (**b**) Subtraktion (E_S)

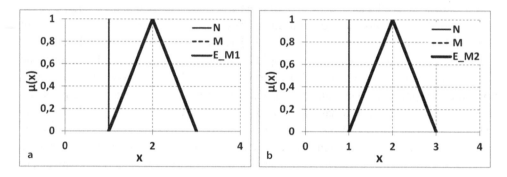

Abb. 6.15 Ergebnisse der algebraischen Grundoperationen für die Fuzzy-Zahlen M(2,1,1) und N(1,0,0). (**a**) Multiplikation Näherung 1 (E_M1), (**b**) Multiplikation Näherung 2 (E_M2)

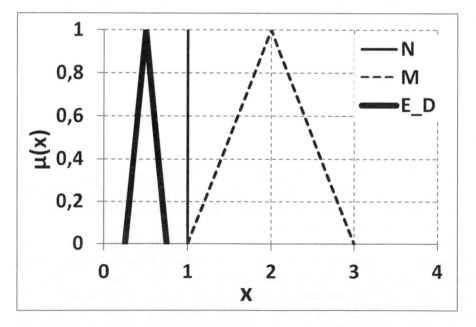

Abb. 6.16 Ergebnisse der algebraischen Grundoperationen für die Fuzzy-Zahlen M(2,1,1) und N(1,0,0). Division (E_D)

Abb. 6.17 Beschreibung einer Last mit einer L-R-Fuzzy-Zahl P(160, 10, 10)

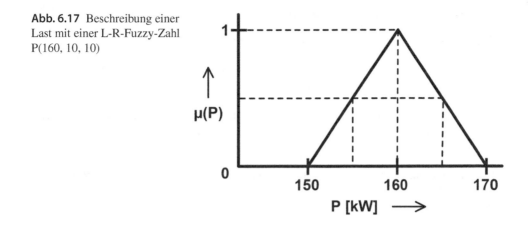

gut. Das Ergebnis der hier betrachteten Situation in Bezug auf die Wirkleistung ist in Abb. 6.17 dargestellt.

Wenn man die Wirkleistungen mittels L-R-Zahlen beschreiben möchte, so kann die gesamte Wirkleistung auf der Sammelschiene P_S einer Umspannstation, für das Beispielsystem wie in Abb. 6.18 dargestellt, anhand der Parameter der einzelnen Abgänge $P_1 - P_4$ mit der Additionsoperation (Gl. (6.34)) berechnet werden. Die Eingangsparameter sind in Tab. 6.4 zusammengefasst. Die letzte Spalte enthält dabei das Ergebnis dieser Operation.

Abb. 6.18 Struktur einer Beispiel-Netzstation mit den markierten Leistungswerten

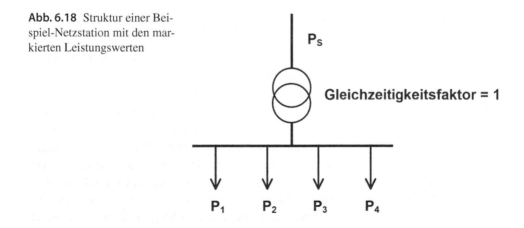

Tab. 6.4 Parameter der Leistungen für das Beispiel aus Abb. 6.18

	P_1[MW]	P_2[MW]	P_3[MW]	P_4[MW]	P_S[MW]
m	276	310	185	650	**1421**
α	30	62	12	22	**126**
β	50	62	12	51	**175**

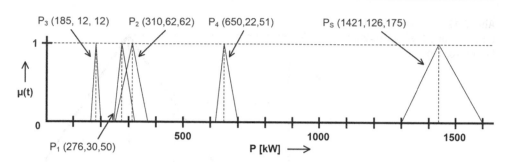

Abb. 6.19 Grafische Darstellung der Ergebnisse der Additionsoperation anhand der **L-R**- Fuzzy-Zahlen aus Tab. 6.4

Abbildung 6.19 stellt die grafische Interpretation dieser Rechnung dar. Eine große Herausforderung kann die Bewertung der Berechnungsergebnisse mit Fuzzy-Algebra sein. Insbesondere, wenn Multiplikation und Division in der Rechnung mit den Näherungsformeln zum Einsatz kommen, können dabei zum Teil große Fehler entstehen. Diese können sich in einem komplexen Berechnungsprozess zusätzlich aufaddieren, sodass am Ende die Interpretation von Fuzzy-Berechnungen wesentlich erschwert wird.

6.3 Anwendung der Fuzzy-Logik zur Problemlösung

6.3.1 Prinzip der Fuzzy-Logik – Bearbeitung der Information

Die Bearbeitung von Informationen mittels Fuzzy-Methoden kann ebenso wie die Bearbeitung von Daten mit herkömmlichen mathematischen Modellierungsverfahren dargestellt werden. Wie bei solchen Verfahren üblich, muss man zunächst ein reales Problem mit den Mitteln der entsprechenden Modellierungstechnik (z. B. lineare Gleichungen, Differenzialgleichungen, Prädikatenlogik oder aber Fuzzy-Sets) beschreiben und somit ein Modell erstellen. Dieses Modell wird dann in einem weiteren Schritt zur Bearbeitung der Daten (z. B. diverser künftiger Szenarien) und Gewinnung der Erkenntnisse eingesetzt, die dann im letzten Schritt als Grundlage zur Beantwortung der gestellten Fragen verwendet werden.

Für die Darstellung des Problems in der modellspezifischen Form sind häufig diverse Vereinfachungen bzw. Verallgemeinerungen der betrachteten Aufgabe notwendig. Dieser Prozess wird als Problemformulierung bezeichnet. Der Umfang der durchgeführten Vereinfachungen ist von unterschiedlichen Parametern abhängig, die u. a. folgende Punkte umfassen:

- zu beobachtende Phänomene,
- Anforderungen an die Genauigkeit der Ergebnisse,
- Umsetzbarkeit im vorhandenen Rechensystem (Rechenleistung),
- verfügbare Zeit und Mittel für die Entwicklung,

- Verfügbarkeit der Daten zur Parametrierung des Modells,
- Verifizierbarkeit der Modelle.

Nach der Bearbeitung der Daten durch die modellspezifischen Algorithmen erhält man die Simulations- bzw. Berechnungsergebnisse, die allerdings meistens in einer modellspezifischen Form (Rohdaten) gegeben sind. Diese sind häufig nicht ausreichend aufschlussreich und liefern keine direkten Informationen zu den betrachteten Schwerpunkten. Sie müssen daher meistens zunächst gemäß der Aufgabenstellung ausgewertet, also „verständlich" gemacht werden. Dieser Prozess der Rücktransformation wird als Interpretation bezeichnet. Die Struktur des gesamten Lösungsprozesses einer Aufgabe im Rahmen einer klassischen Modellbetrachtung ist in Abb. 6.20a dargestellt, in der alle drei Etappen,

- Formulierung,
- Lösung (mittels analytischer, iterativer etc. Algorithmen),
- Interpretierung,

wiedergegeben sind.

Eine Analogie zum vorgestellten Lösungsschema im klassischen Modellbereich kann man auch in Bezug auf die Fuzzy-Logik-basierte Problembetrachtung erkennen. Dementsprechend sind die drei Etappen der Lösungsmethodik auch vorhanden, wie in Abb. 6.20b dargestellt. Diese haben allerdings spezifische Bezeichnungen, nämlich:

- Fuzzyfizierung = Problemformulierung,
- Lösung (mittels Fuzzy-Entscheidungslogik),
- Defuzzyfizierung = Ergebnisinterpretation.

Anhand eines einfachen Beispiels wird der mögliche Einsatz einer Fuzzy-Logik-basierten Lösung in einem reellen System vorgestellt. Das Beispiel bezieht sich auf die Umsetzung eines Regelungssystems mittels Fuzzy-Logik zur Koordinierung eines thermischen Prozesses. Dabei soll die Energiezufuhr über die Temperatur und den Druck eines Kessels geregelt werden. Die Temperatur und der Druck können dabei exakt gemessen werden und

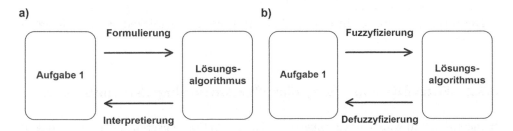

Abb. 6.20 Lösung einer Aufgabe (**a**) im klassischen Modellbereich, (**b**) mittels Fuzzy-Sets

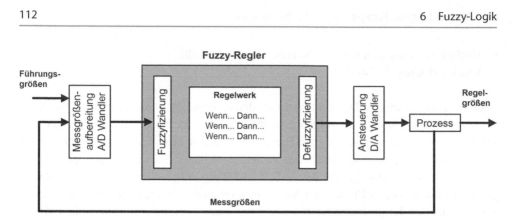

Abb. 6.21 Prinzipieller Aufbau eines Regelungssystems basierend auf Fuzzy-Logik

dienen als Eingangsgrößen. Die Energiezufuhr wird mittels Adaptierung des Öffnungs-winkels eines Ventils angepasst, welches als Sollwert ebenfalls einen scharfen Wert benö-tigt. Die Struktur des betrachteten Systems ist in Abb. 6.21 dargestellt.

Zur Nachbildung der Entscheidungslogik (Regelwerk) werden in diesem Beispiel zwei Regeln angenommen, die mit Gl. (6.40) und (6.41) definiert sind.

$$\text{WENN Temperatur } \textit{mittel} \quad \text{UND Druck } \textit{groß}, \quad \text{DANN} \\ \text{Energiezufuhr } \textit{klein},$$

(6.40)

$$\text{WENN Temperatur } \textit{klein} \quad \text{ODER Druck } \textit{mittel}, \quad \text{DANN} \\ \text{Energiezufuhr } \textit{mittel}.$$

(6.41)

Den betrachteten scharfen Eingangsgrößen (gemessene Temperatur, gemessener Druck) werden jeweils drei Fuzzy-Mengen zugeordnet, die durch folgende linguistische Variablen nachgebildet werden:

- klein,
- mittel,
- groß.

Die getroffenen Annahmen sowie die Parametrierung des Systems werden vertieft in den Abschn. 6.3.2 und 6.3.3 diskutiert. Darüber hinaus sollen einige weitere Beispiele den Prozess besser verdeutlichen.

Die Vorgehensweise bei der Lösung dieser Aufgabe kann in folgende Schritte unterteilt werden:

6.3.2 Fuzzyfizierung – Fuzzy-Klassifikation und linguistische Variablen

In diesem Schritt wird aus den gemessenen (scharfen) Eingangsgrößen die Zugehörigkeit zu einer bzw. mehreren unscharfen Mengen (klein, mittel, groß) bestimmt. Das heißt zum

Beispiel: Mit welcher Zugehörigkeit passt die gemessene Temperatur von 40 °C zum Fuzzy-Set „kleine Temperatur"? Dieses Vorgehen muss prinzipiell für alle betrachteten Fuzzy-Mengen wiederholt werden. Dieser allgemein als Fuzzyfizierung bezeichnete Vorgang wird für die hier im Beispiel betrachteten Größen Temperatur und Druck in Abb. 6.22 dargestellt. Dabei wurden bestimmte Werte der Temperatur und des Druckes als aktuell gemessene Werte angenommen, um den Fuzzyfizierungsprozess zu verdeutlichen. Man

Zugehörigkeit der gemessenen
Temperatur zum Fuzzy-Set „klein"

Zugehörigkeit des gemessenen
Drucks zum Fuzzy-Set „klein"

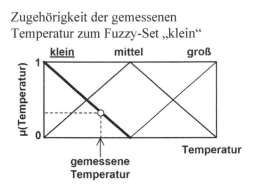

Zugehörigkeit der gemessenen
Temperatur zum Fuzzy-Set „mittel"

Zugehörigkeit des gemessenen
Drucks zum Fuzzy-Set „mittel"

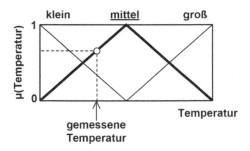
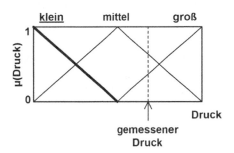

Zugehörigkeit der gemessenen
Temperatur zum Fuzzy-Set „groß"

Zugehörigkeit des gemessenen
Drucks zum Fuzzy-Set „groß"

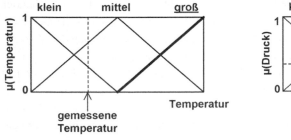
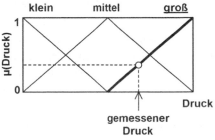

Abb. 6.22 Bestimmung der Zugehörigkeitsgrade zu den jeweiligen Fuzzy-Mengen-Fuzzyfizierungen

sucht dabei die Schnittpunkte zwischen der vertikalen Linie, die für den aktuellen (z. B. gemessenen) Wert der x-Achse (hier im Beispiel Temperatur bzw. Druck) eingezeichnet wird, mit den jeweiligen Zugehörigkeitsfunktionen, die die vordefinierten linguistischen Variablen (hier im Beispiel: „klein", „mittel", „groß") spezifizieren.

Das Konzept der linguistischen Variablen ist dabei eine zentrale Idee der Fuzzy-Logik-basierten Systeme. Die linguistischen Variablen sind unscharfe Mengen, die die physikalischen Eigenschaften eines Systems linguistisch beschreiben [3, 19]. Ihre Werte sind Worte oder Sätze, die dann auch als Labels für die dazugehörigen Fuzzy-Mengen fungieren. Die linguistischen Variablen werden häufig in Situationen eingesetzt, in denen eine quantitative Spezifikation eines Systems mit den numerischen Werten nicht möglich ist [16].

Aus einem solchen wie oben beschriebenen Schnittpunkt kann man auf der y-Achse die Zugehörigkeitswerte µ zu den jeweiligen Fuzzy-Mengen ermitteln. Dabei können sich für einen bestimmten Eingangswert (Punkt auf der x-Achse) Schnittpunkte mit mehreren Zugehörigkeitsfunktionen ergeben, die dann mit einem entsprechenden Zugehörigkeitswert spezifiziert werden. Im hier gezeigten Beispiel gibt es eine solche Situation z. B. im Falle der Temperatur, wo für den ausgewählten Punkt auf der x-Achse (gemessene Temperatur) sowohl ein Schnittpunkt mit der Zugehörigkeitsfunktion „klein" als auch mit der Zugehörigkeitsfunktion „mittel" entsteht. Erkennbar ist auch, dass kein Schnittpunkt mit der Zugehörigkeitsfunktion „groß" bei der Temperatur vorhanden ist, somit beträgt der Zugehörigkeitswert in diesem Fall null. Eine ähnliche Analyse kann man in dem betrachteten Beispiel auch für den Druck durchführen.

> Fuzzyfizierung bezeichnet eine Operation, bei welcher aus dem bekannten, scharfen Variableneingangswert die Zugehörigkeit zu einem bestimmten Fuzzy-Set ermittelt wird.

Zunächst muss aber die Anzahl der Fuzzy-Sets definiert werden und die Zuordnung der linguistischen Variablen erfolgen. Anschließend muss die Form von jeweiligen Fuzzy-Untermengen bestimmt werden. Das erfolgt durch die Verteilung des zu erwartenden Variablenbereichs (x-Achse) auf die einzelnen Fuzzy-Untermengen mit entsprechenden Formen der Zugehörigkeitsfunktionen. Die Auswahl dieser Form (Dreieck, Trapez etc.), die Bestimmung der Definitionsbereiche und der Zusammenhänge zwischen den Zugehörigkeitsfunktionen stellt hier eine schwierige Aufgabe dar. Es gibt nämlich in der Literatur keine klaren Regeln darüber, wie man diese Auswahl treffen soll. Man kann hier zwar, laut Literatur, selbstberechnende Mechanismen verwenden (s. Kap. 8), muss aber immer die erste Struktur des Fuzzy-Sets vorschlagen. Im Folgenden werden einige grundsätzliche Regeln genannt, die zu einem Entwurf der ersten Struktur des Fuzzy-Sets führen können:

• Wenn es keine klaren Vorzüge für bestimmte Bereiche der Variablen gibt, soll der Bereich regelmäßig geteilt werden.

- Die Untermengen sollen linguistisch benannt werden, es ist aber auch darauf zu achten, dass die linguistischen Variablen häufig mit Abkürzungen bezeichnet werden (z. B. Mittel → M, Groß → G etc.).
- Die Anzahl der Untermengen soll von Anfang an nicht zu klein sein (>3), sodass die Ergebnisse später gut voneinander zu unterscheiden sind. Man muss aber darauf achten, dass bei vielen Untermengen Interpretationsschwierigkeiten in den Zusammenhängen auftreten können. Die vernünftige Anzahl der Untermengen liegt bei Standardaufgaben zwischen 3 und 5.
- Als Zugehörigkeitsfunktionen sollen symmetrische Dreiecke gewählt werden. Die Vierecks- (Trapez-)Zugehörigkeitsfunktionen werden dann empfohlen, wenn der Wertebereich groß und die Anzahl der Untermengen bestimmt geringer ist, sodass für Dreiecke die Flanken sehr langsam steigen, oder wenn es als sicher gilt, dass in entsprechenden Zonen die Werte die gleiche Zugehörigkeit zur geplanten Untermenge besitzen.
- Die Zugehörigkeitsfunktionen sollen sich ineinander kreuzen, sodass tote Zonen möglichst vermieden werden. Wenn tote Zonen vorhanden sind, muss man sich mit einer vergrößerten Unlinearität der Ausgaben zufrieden geben.

Die nach diesen Prinzipien gebauten Fuzzy-Untermengen werden in Abb. 6.23 für den Beispielparameter „Spannungsabfall" dargestellt.

Die möglichen Abweichungen von dieser Standardlösung werden in Abb. 6.24 dargestellt. Dabei wird der Einfluss der Form von Zugehörigkeitsfunktionen verdeutlicht. Abbildung 6.24a zeigt die Konstruktion der Untermengen, wenn die Grenzwerte (linke und rechte Seite) die Ergebnisse stark beeinflussen. Das heißt, dass die Werte zwischen 10–12 % und 0–2 % des Spannungsabfalls mit einem Zugehörigkeitswert 1 den entsprechenden Untermengen zugeordnet werden. In Abb. 6.24b werden die Zugehörigkeitsfunktionen

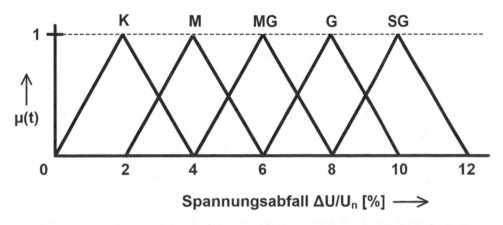

Abb. 6.23 Beispielsweise gebaute Fuzzy-Untermengen für den Parameter „Spannungsabfall"(K – klein, M – mittel, MG – mittelgroß, G – groß, SG – sehr groß)

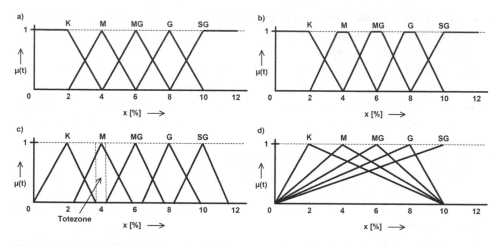

Abb. 6.24 Verschiedene Varianten der Fuzzy-Untermengen zur Charakterisierung des Spannungsabfalls

hingegen als Trapeze dargestellt. Abbildung 6.24c illustriert die Herstellung der Untermengen mit den toten Zonen, wobei nur einzelne Untermengen angesprochen werden. Das letzte Bild (Abb. 6.24d) zeigt eine Konstruktion der asymmetrischen Untermengen mit mehreren Kreuzungen (Überlappungen) der Untermengen.

Der Einfluss der Anzahl von Fuzzy-Mengen wird anhand des Beispiels aus Abb. 6.25 diskutiert. Dabei wird die Definition einer Last betrachtet. Die Klassifikation wurde einerseits mit fünf und andererseits mit drei linguistischen Variablen (LV) umgesetzt. Der Vergleich der Ergebnisse zeigt, dass im Fall von fünf linguistischen Variablen (Abb. 6.25a) mehr Informationen generiert werden können, was eine detailliertere Nachbildung innerhalb der Entscheidungslogik mit den Regeln ermöglicht. Dabei erhält man folgende Informationen für einen vorgegebenen Eingangswert der Leistung S = 466 kVA:

- bei fünf linguistischen Variablen: $S = 466\,kVA \rightarrow \left\{ K\left[0.43\right], MK\left[0.63\right] \right\}$,
- bei drei linguistischen Variablen: $S = 466\,kVA \rightarrow \left\{ K\left[0.43\right] \right\}$.

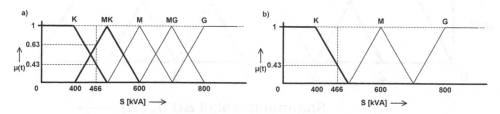

Abb. 6.25 Klassifikation und Fuzzyfizierung der Lasten (K – klein, MK – mittelklein, M – mittel, MG – mittelgroß, G – groß) **a**) bei fünf linguistischen Variablen, **b**) bei drei linguistischen Variablen

6.3.3   Entscheidungslogik – Fuzzy-Regeln

Nach der Ermittlung der Zugehörigkeitswerte der betrachteten Parameter zu den jeweiligen Fuzzy-Mengen werden die Regeln verarbeitet, die die Entscheidungslogik charakterisieren. Der Prozess der Regelverarbeitung heißt Fuzzy-Inferenz und hat als Ziel die Ermittlung von Ausgangswerten anhand der gegebenen Eingangswerte, basierend auf dem Konzept der Fuzzy-Mengen. Die Regeln haben prinzipiell eine ähnliche WENN-DANN-Struktur wie im Fall der klassischen Prädikatenlogik. Sie nutzen allerdings die linguistischen Variablen und basieren somit auf den unscharfen Mengen. Innerhalb der einzelnen Regeln werden oftmals unterschiedliche Parameter durch die logischen Operatoren miteinander gekoppelt. Dabei bezieht man sich häufig auf die Schnittmengenbildung (UND-Verknüpfung) und auf die Bildung der Vereinigung von Fuzzy-Mengen (ODER-Verknüpfung). Diese Operationen werden, wie in Gl. (6.13) und (6.14) dargestellt, durch min- bzw. max-Funktionen abgebildet. Eine allgemeine Syntax einer Fuzzy-Regel ist in Gl. (6.42) dargestellt.

WENN

$\qquad$ SVar_1 $\quad$ ist $\quad$ LVar_1

LOGISCHE VERKNÜPFUNG

$\qquad$ SVar_2 $\quad$ ist $\quad$ LVar_2

LOGISCHE VERKNÜPFUNG

$\qquad$ ...

DANN

$\qquad$ SVar_Aus $\quad$ ist $\quad$ LVar_Aus $\hfill$ (6.42)

Dabei bedeuten:

- SVar_1, SVar_2 – scharfe Eingangsvariablen (z. B. Temperatur, Druck, Spannung, Strom etc.), deren Werte z. B. in einem reellen System gemessen werden,
- SVar_Aus – Ausgangsvariable, die eine Größe bzw. einen Parameter bezeichnet, die durch das Fuzzy-System beeinflusst werden soll (z. B. Energiezufuhr, Ventilstellung, Transformatorstuffe etc.),
- LVar_1, LVar_2, LVar_Aus – linguistische Variablen (z. B. klein, groß, mittel etc.),
- logische Verknüpfungen – prinzipiell durch Fuzzy-UND- bzw. Fuzzy-ODER-Verknüpfungen nachgebildet.

In dem hier betrachteten Beispiel wird zunächst das Minimum der beiden Zugehörigkeitswerte entsprechend Gl. (6.40) gebildet. Der resultierende Wert dieser Verknüpfung wird anschließend der Fuzzy-Menge zugeordnet, die die entsprechende linguistische Variable in Bezug auf den Ausgangsparameter beschreibt. Dabei ist der Ausgangsparameter die Energiezufuhr, und dieser wird durch drei Variablen spezifiziert, nämlich „klein", „mittel",

„groß". Das Ergebnis des in Gl. (6.40) gebildeten Minimums wird somit auf die Fuzzy-Menge „klein" projiziert. Dieser Teil der Regelabarbeitung wird auch als Aggregation der Regelprämissen bezeichnet und erfolgt über alle in der Entscheidungslogik vorhandenen Regeln.

Falls mehr als eine Regel ein Fuzzy-Set beeinflusst, müssen die verschiedenen Schlussfolgerungen, d. h. die berechneten Zugehörigkeitswerte in den einzelnen Fuzzy-Sets, akkumuliert werden. Als Ergebnis erhält man am Ende der Regelabarbeitung, welche auch als Inferenz bezeichnet wird, die Ergebnis- oder Ausgangsvariable mit den Zugehörigkeitswerten ihrer unscharfen Untermengen. Dieser Prozess der Verarbeitung von jeweiligen Regeln ist in Abb. 6.26 dargestellt.

Nach der Abarbeitung aller Regeln innerhalb der Entscheidungslogik ergibt sich für jede Regel ein Zugehörigkeitswert zu den Fuzzy-Mengen, die die Eigenschaften des Ausgangsparameters charakterisieren. Jeder dieser Zugehörigkeitswerte definiert ein Niveau. Die Fläche unter jeder Niveaulinie, in Abb. 6.26 grau markiert, ist für die Ermittlung des Endergebnisses entscheidend. Jede dieser Flächen wird in einem gemeinsamen Bild zusammengeführt, und es entsteht eine finale Gesamtfläche, wie in Abb. 6.27 dargestellt.

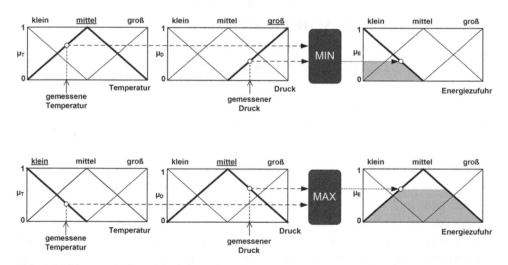

Abb. 6.26 Prozess der Regelabarbeitung innerhalb der Entscheidungslogik – Fuzzy-Inferenz

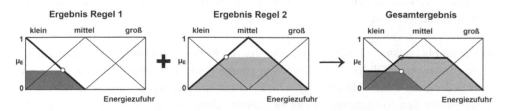

Abb. 6.27 Aggregation der Konklusionen der jeweiligen Regeln

Somit kann man zusammenfassen, dass die Entscheidungslogik, die für den Inferenz-prozess verantwortlich ist, den Kern eines Fuzzy-Logik-basierten Systems darstellt. In der Praxis wird die Bearbeitung des unscharfen Wissens mithilfe von mehreren Regelsätzen durchgeführt. Wenn bei zwei Eingangsvariablen die eine „m" linguistische Werte und die andere entsprechend „n" linguistische Werte hat, so können zwischen diesen Variablen $(n*m)$ Zusammenhänge *(WENN-DANN-Regeln)* entstehen. In Hinsicht auf den Fuzzy-Inferenzprozess gibt es folgende mögliche Inferenzmechanismen [16, 18, 19]:

- Mamdani-Inferenz,
- Sugeno-Inferenz,
- Tsukamoto-Inferenz.

Sehr häufig wird in der Praxis die Mamdani-Inferenz eingesetzt. Diese beruht auf der Bestimmung einer resultierenden Gesamtfläche. Für eine solche Fläche wird anschließend ein Schwerpunkt ermittelt, der dem Wert der scharfen Lösung entspricht.

6.3.4   Defuzzyfizierung

Die im vorherigen Schritt ermittelte Gesamtfläche für den Parameter „Energiezufuhr", die auch das Endergebnis der Operationen auf den Fuzzy-Sets darstellt, kann in den meisten Fällen nicht direkt für die Durchführung von weiteren Schritten eingesetzt werden. Um die gezielten Aktionen in dem reellen System durchführen zu können, braucht man einen scharfen Ausgangswert. Der Prozess, von einem Fuzzy-Ergebnis zu einem scharfen Ergebnis zu kommen, wird Defuzzyfizierung genannt und ist in Abb. 6.28 schematisch dargestellt.

Es gibt diverse Möglichkeiten für die Umsetzung des Defuzzyfizierungsprozesses, wie in [15, 16, 18, 19] erläutert. Eine häufig eingesetzte Defuzzyfizierungsmethode ist die

Abb. 6.28
Defuzzyfizierungsprozess

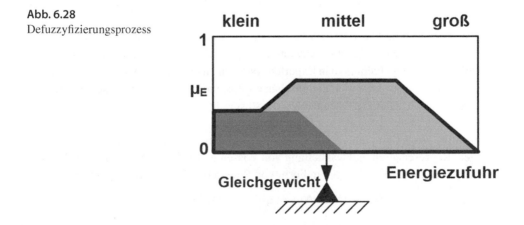

Schwerpunktmethode (*Centre of Gravity*). Bei dieser Methode wird der Flächenschwerpunkt aller resultierenden Fuzzy-Sets ermittelt.

Ein weiteres mögliches Verfahren zur Umsetzung des Defuzzyfizierungsprozesses ist *Center of Plausibility*. Bei dieser Defuzzyfizierungsmethode wird nicht der Flächenschwerpunkt verwendet, sondern es wird ein gewichtetes Mittel aus den x-Werten der einzelnen Fuzzy-Sets mit dem maximalen Zugehörigkeitswert ermittelt. Das heißt, zur Defuzzyfizierung werden die unscharfen Geraden nicht herangezogen. Da dieses Verfahren nur mit den maximalen Zugehörigkeitswerten rechnet, spricht man hier von der „plausibelsten Lösung". Die Zugehörigkeit und die Unsicherheit des Ergebnis-Fuzzy-Sets werden durch Produktakkumulation bestimmt. Das heißt, die einzelnen Zugehörigkeiten werden so akkumuliert, dass die Gesamtzugehörigkeit mit jedem weiteren Fuzzy-Set, das eine Zugehörigkeit größer null besitzt, zunimmt, ohne jedoch größer als 1 zu werden.

6.4   Fuzzy-Techniken in Expertensystemen

In diesem Abschnitt werden die vorher erwähnten Teilprobleme wie Fuzzyfizierung, Defuzzyfizierung, Erstellung von Regeln etc. in einem Konzept eines Expertensystems zusammengestellt. Eine der Hauptaufgaben eines wissensbasierten Systems ist das Ziehen von Schlussfolgerungen aus dem vorhandenen Wissen und den vorhandenen Fakten. Grundsätzlich lassen sich verschiedene Arten des menschlichen Schließens unterscheiden:

* *Deduktives Schließen* bedeutet, dass aus allgemeinen Sachverhalten und gespeicherten Fakten spezielle Aussagen abgeleitet werden. Dies ist Stand der Technik und wird in den meisten wissensbasierten Systemen mit Erfolg eingesetzt.
* *Induktives Schließen* bedeutet, dass aus beobachteten Einzelgegebenheiten allgemeine Gesetzmäßigkeiten abgeleitet werden. Induktives Schließen stellt damit eine spezielle Form des Lernens aus Beispielen dar. Neuronale Netze können hier eingeordnet werden.
* *Analoges Schließen* bedeutet, dass bei unbekannten Sachverhalten Schlüsse aufgrund von Analogien gezogen werden.
* *Unscharfes oder nicht exaktes Schließen* wird verwendet, wenn unsicheres oder vages Wissen vorliegt. Hierzu gibt es Anwendungen, welche versuchen, unscharfes Wissen mithilfe von Fuzzy-Techniken in Expertensystemen zu bearbeiten. Werden hierbei Inferenzmechanismen verwendet, die unscharfe Informationen in einer Weise verarbeiten, die ein Mensch „plausibel" nennen würde, so spricht man vom *plausiblen Schließen*.

Um mithilfe eines Computers Schlussfolgerungen ziehen zu können, ist zunächst eine geeignete Repräsentation und Darstellung von Wissen und Fakten notwendig. Das Wissen ist in einem Expertensystem meist in Form von Regeln der folgenden Art gegeben:

$$\text{Regel}: \textbf{\textit{WENN}}\ A = a, \qquad \textbf{\textit{DANN}}\ B = b.$$

Hierin sind *A* und *B* Variablen, a entspricht dem gegebenen Fakt und b der Schlussfolgerung. Die Unschärfe kann nun an zwei Stellen eintreten.

1. Der gegebene Fakt *a* ist unscharf. Dies lässt sich durch Darstellung von a als Fuzzy-Set beschreiben. A ist dann z. B. eine linguistische Variable. Die Schlussfolgerung *b* kann ebenfalls ein Fuzzy-Set sein und beschreibt dann den Grad der Zugehörigkeit zur linguistischen Variable *B* in Abhängigkeit davon, dass der Eingangsfakt zutrifft.
2. Die Regel selbst kann unsicher sein. Dies kann in einfacher Form durch einen Strengewert *[0...1]* oder auch einen Zugehörigkeitsgrad zur Menge der sicheren Regeln ausgedrückt werden oder ebenfalls durch einen linguistischen Wert wie z. B. „möglicherweise", „ziemlich sicher", „vielleicht", um nur einige zu nennen. Auf jeden Fall muss jedoch auch diese Unsicherheit mit in den Schlussfolgerungsmechanismus eingebunden werden und der Grad der Unsicherheit, neben dem Grad der Zugehörigkeit, in das Ergebnis der Schlussfolgerung einfließen.

Da in der Regel der aktuelle Fakt *a** nicht mit der Prämisse *a* übereinstimmt, ist nun ein Inferenzmechanismus gesucht, der eine Schlussfolgerung *b** liefert und folgende Eigenschaften besitzt:

- Wenn *A* = *a* genau gleich* a ist, dann sollte *B* = *b* genau gleich b* sein.
- Wenn *A* = *a* ungleich* a ist, dann sollte *B* = *b** unbekannt sein, da für diesen Fakt kein anderer Schluss gezogen werden kann.
- Wenn der Fakt *a** „*unschärfer*" als die Prämisse *A* ist, sollte die Schlussfolgerung *b** „*unschärfer*" als *b* sein.

Für den Fall, dass der aktuelle Fakt *a** „*schärfer*" als die Prämisse *a* in der Regel ist, gibt es zwei Alternativen:

1. Aus *A* = *a* gleich* „*sehr*" a folgt bestenfalls *B* = *b** = *b*, d. h., die Schlussfolgerung kann nicht „*schärfer*" sein als die Regel.
2. Aus *A* = *a** = „*sehr*" a folgt *B* = *b** = „*sehr*" *b*, dies hat aber einen Zusammenhang, welcher gar nicht in der Regel steht und der besagt: „*je mehr A, desto mehr B*".

Hierzu je ein Beispiel:

- Wenn das Eisen rot ist, dann ist es heiß.
- Wenn die Tomate rot ist, dann ist sie reif.

Für die Praxis heißt dies, dass man die zweite Alternative gewinnbringend einsetzen kann, wenn man die Zusammenhänge kennt, ansonsten ist die erste Alternative zu wählen.

Eine Darstellungsform, mit der alle genannten Eigenschaften zufriedenstellend gezeigt werden können, ist die trapezförmige Zugehörigkeitsfunktion, welche als untere Grenze den Wert y_{min} erhält. Dieser kann als Unsicherheitsmaß aufgefasst werden. Ein Wert

$y_{min} = 1$ entspricht dann einem unbekannten Fuzzy-Set. α und β können als Unschärfe interpretiert werden.

Ein weiterer Vorteil der trapezförmigen Zugehörigkeitsform ist, dass sie selbst wiederum als Eingangsfakt einer nächsten Regel verwendet werden kann (*chaining*).

Die Inferenz der Fuzzy-Regeln kann grundsätzlich in gleicher Art und Weise wie die Inferenz der Wissensbasis eines Expertensystems erfolgen.

6.5   Zusammenfassung

6.5.1   Fuzzy-Tools

In diesem Kapitel wurden ausgewählte Aspekte bezüglich der Fuzzy-Mengen-Theorie und der Fuzzy-Logik vorgestellt. In Wirklichkeit handelt es sich dabei um ein wesentlich breiteres und sehr komplexes Gebiet mit unterschiedlichen Facetten und Richtungen, die in diversen weiteren Theorien und Algebren münden [2, 8, 9, 28].

Unabhängig von der Form können Fuzzy-Mengen und die dazugehörige Fuzzy-Logik zur Lösung reeller Aufgaben in diversen Bereichen erfolgreich eingesetzt werden. Die häufigsten Einsatzbereiche der Fuzzy-Lösungen umfassen u. a. folgende Gebiete:

- Regelung,
- Mustererkennung,
- Spracherkennung,
- Entscheidungsfindung,
- Expertensysteme etc.

Eine Übersicht über die diversen Anwendungen sowohl im Bereich der elektrischen Energiesysteme als auch in anderen Bereichen gibt es u. a. in [1, 4–8, 10–13].

Bei den Anwendungen handelt es sich häufig um sehr komplexe Systeme. Daher spielt eine entsprechende Modellierung und Umsetzung solcher Systeme eine wesentliche Rolle. Dazu wird eine passende Rechen- bzw. Simulationsumgebung notwendig, bei der man einerseits die Modelle implementieren und andererseits die Analysen und Auswertungen durchführen kann. In den letzten Jahren wurden diverse Umgebungen bzw. Bibliotheken im Bereich Fuzzy- Logik entwickelt. Dabei handelt es sich sowohl um größere, kommerzielle Anwendungen als auch um kleinere, zum Teil frei verfügbare Projekte. Eine beispielhafte Übersicht über solche Lösungen zeigt die folgende Auflistung ohne Anspruch auf Vollständigkeit:

- MATLAB Fuzzy Logic Toolbox (https://de.mathworks.com/help/fuzzy/),
- LabView Fuzzy Logic Toolkit (National Instruments LabView Software, http://sine. ni.com/nips/cds/view/p/lang/de/nid/209054),
- fuzzyTech (http://www.fuzzytech.de/),
- FLT (C++ library, http://uhu.es/antonio.barragan/category/temas/fuzzy-logic-tools),
- Fuzzylite (C++ library, Java Library, http://www.fuzzylite.com/cpp/),

- XFuzzy3.0(Javalibrary,http://www2.imse-cnm.csic.es/Xfuzzy/Xfuzzy_3.0/download_ sp.html),
- Fuzzer (Java library, https://github.com/umeding/fuzzer),
- scikit-fuzzy 0.2 (python library, http://pythonhosted.org/scikit-fuzzy/overview.html),
- PyFuzzy (python library, http://pyfuzzy.sourceforge.net/),
- Gfuzzy (python library, https://code.google.com/archive/p/gfuzzy/),
- SCIFLT (Scilab, https://atoms.scilab.org/toolboxes/sciFLT),
- FISLAB (Scilab, https://arxiv.org/abs/0903.4307).

Die einzelnen Umgebungen bzw. Bibliotheken werden hier nicht weiter diskutiert. Im akademischen Umfeld ein verbreitetes Tool ist jedoch MATLAB[2] mit der Fuzzy Logic Toolbox[3]. Dieses wird im nachfolgenden Beispiel eingesetzt[4].

6.5.2 Beispiel – Anordnung der Abnehmer und Stationen

Um eine bessere Vorstellung über den Einsatz von Fuzzy-Logik-basierten Systemen zu ermöglichen, wird an dieser Stelle ein praktisches Beispiel vorgestellt und analysiert. Dabei handelt es sich um eine Netzplanungsaufgabe. Für die zehn elektrischen Lasten in einem Niederspannungsnetz, die in Abb. 6.29 in geografischen Koordinaten dargestellt sind, soll eine optimale Zuordnung zu den Ortsnetzstationen S1 und S2 erfolgen. Die Lasten, in kVA, und deren Entfernungen, in m, zu den jeweiligen Ortsnetzstationen sind in Tab. 6.5 gegeben.

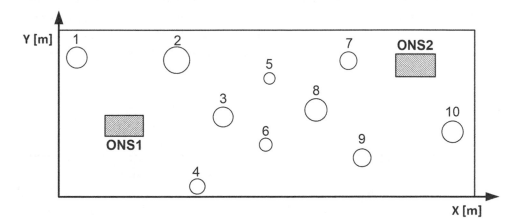

Abb. 6.29 Beispiel für die Anordnung der Abnehmer und Stationen

[2]MATLAB ist ein eingetragenes Warenzeichen der Firma MarhWorks, Inc.

[3]Fuzzy Logic Tollbox ist ein eingetragenes Warenzeichen der Firma MathWorks, Inc.

[4]Die im Buch präsentierten Screenshots wurden mit Erlaubnis von der Firma MathWorks, Inc. abgedruckt.

Tab. 6.5 Charakterisierung der Lasten aus dem Beispiel in Abschn. 6.5.2

Last Nr.	S, kVA	l_{ONS1}, m	l_{ONS2}, m
1	217	300	1200
2	530	350	900
3	370	350	850
4	235	360	920
5	220	500	500
6	170	510	620
7	265	700	250
8	440	630	410
9	226	910	540
10	620	1400	410

Für die Eingangsgrößen – die elektrischen Lasten „S" und die geometrischen Abstände der Lasten „l" von den Stationen – wurden jeweils fünf linguistische Variablen gebildet:

* K – Klein,
* MK – Mittelklein,
* M – Mittel,
* MG – Mittelgroß,
* G – Groß.

Zur Bewertung der jeweiligen Möglichkeiten wurde ein Endscheidungsfaktor „t" eingeführt, der als Ausgangsgröße eingesetzt wird. Dafür wurden die gleichen linguistischen Variablen definiert wie im Fall der oben diskutierten Eingangsgrößen. Die Form der Fuzzy-Mengen für die jeweiligen linguistischen Variablen wurde in Abb. 6.30 grafisch dargestellt.

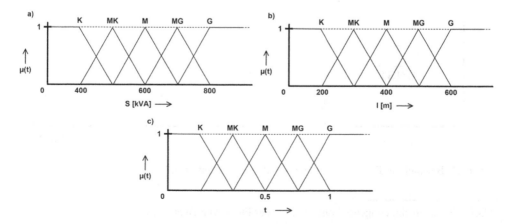

Abb. 6.30 Definition von Fuzzy-Sets für das Beispiel in Abschn. 6.5.2.(**a**) Eingangsgröße elektrische Last „S", (**b**) Eingangsgröße Entfernung Last – Station „l",(**c**) Ausgangsgröße Entscheidungsfaktor „t"

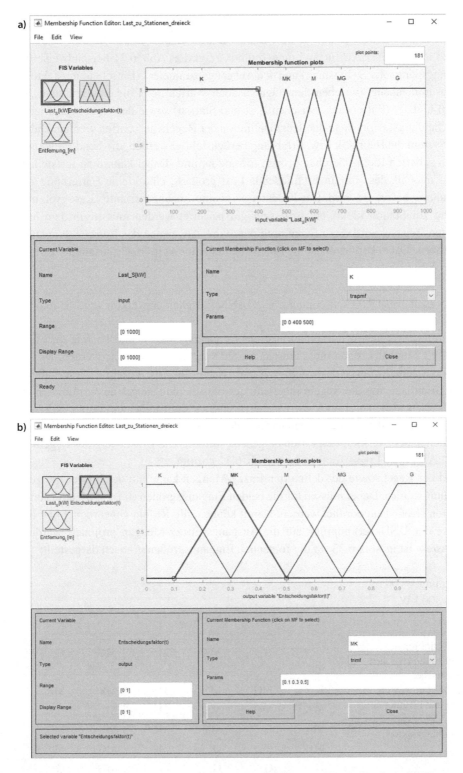

Abb. 6.31 Spezifikation der Fuzzy-Mengen in MATLAB Fuzzy Logic Toolbox. (**a**) Eingangsgröße Leistung (S), (**b**) Ausgangsgröße Entscheidungsfaktor (t)

Umgesetzt in der MATLAB Fuzzy Logic Toolbox zeigt dies Abb. 6.31 beispielweise für den Eingangsparameter S (Leistung) und den Ausgangsparameter t (Entscheidungsfaktor).

Der Zusammenhang zwischen den linguistischen Werten der Eingangsvariablen „S" (Leistung) und „l" (Entfernung zwischen Last und Station) sowie der Ausgangsvariable „t" (Entscheidungsfaktor) kann durch die Definition der Regeln geschaffen werden. Dabei kann im System die Heuristik bzw. Erfahrung berücksichtigt werden, die bei der Planung neben den scharfen Richtlinien häufig zum Einsatz kommt. Dabei kann man feststellen, dass z. B. im Fall, dass die anzuschließende Last groß ist, eine kleine Entfernung zur Ortsnetzstation bevorzugt wird. Das bedeutet, dass eine Lösungsvariante „Last groß und Entfernung zur Station klein" gut bzw. sehr gut bewertet werden müsste. In dem hier betrachteten Beispiel wird diese Bewertung durch die Zuweisung des Entscheidungsfaktors t realisiert. Dabei könnte man eine Regel ableiten, die in Gl. (6.43) zusammengefasst ist:

$$\text{WENN Last } \textit{groß} \text{ UND Entfernung } \textit{klein}, \text{DANN Entscheidungsfaktor } \textit{groß}. \qquad (6.43)$$

Wenn man alle möglichen Kombinationen der Eingangsgrößen S und l sowie der Ausgangsgröße t betrachtet, dann muss ein ganzes Set von Regeln definiert werden. Dieses kann in Form einer Matrix dargestellt werden, wie in Tab. 6.6 gezeigt. Diese Tabelle dient als Grundlage, um die Regeln innerhalb der Entscheidungslogik ausformulieren zu können. In diesem Beispiel wird vorausgesetzt, dass es sich immer um eine UND-Verknüpfung zwischen den beiden Eingangsvariablen handelt. In anderen Fragestellungen können auch andere Verknüpfungsarten eingesetzt werden. Die Umsetzung der Regeln in der MATLAB Fuzzy Logic Toolbox ist in Abb. 6.32 gezeigt.

Anhand der Regel sowie der definierten Fuzzy-Mengen kann nun der Inferenzprozess durchgeführt werden. Dabei müssen für die beiden Eingangsgrößen (Last und Entfernung) die scharfen Größen zugeordnet werden. Damit können alle Regeln abgearbeitet und die Ergebnisse der UND-Verknüpfung auf die Ausgangs-Fuzzy-Mengen projiziert werden. Dieser Prozess ist in Abb. 6.33 für die folgenden Eingangsgrößen grafisch dargestellt:

- Entfernung = 700 m,
- Last = 500 kW.

Tab. 6.6 Definition der Zusammenhänge zwischen den linguistischen Variablen der Eingangsparameter S (Leistung) und l (Entfernung) sowie des Ausgangsparameters t (Entscheidungsfaktor)

S \ l	K	MK	M	MG	G
K	MG	M	M	MK	MK
MK	MG	MG	M	M	MK
M	G	MG	MG	M	M
MG	G	G	MG	MG	M
G	G	G	G	MG	G

Abb. 6.32 Definition der
Regel für das betrachtete Bei-
spiel in der MATLAB Fuzzy
Logic Toolbox

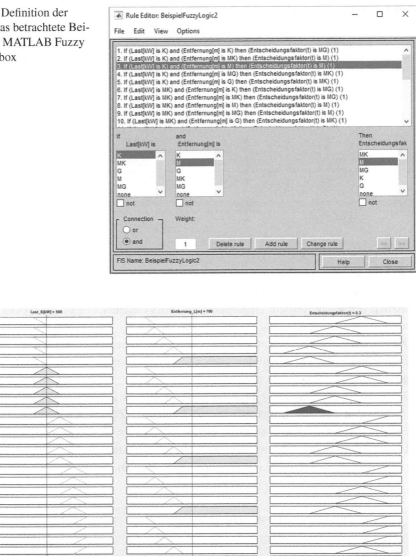

Abb. 6.33 Inferenzprozess für das betrachtete Beispiel in der MATLAB Fuzzy Logic Toolbox

Auf diesem Weg kann für jede Kombination der Eingangswerte der Ausgangswert ermittelt werden, der in diesem Beispiel durch den Entscheidungsfaktor t nachgebildet wird.
Die resultierenden Werte der Entscheidungsfaktoren für die Kombination der Eingangswerte aus Tab. 6.5 sind in Tab. 6.7 zusammengefasst.

Die Lasten *1, 2, 3, 4* werden Station ONS1 und die Lasten *7, 8* und *10* Station ONS2
zugeordnet. Für die Lasten *5, 6, 9* ergibt sich der gleiche Wert des Faktors „t", d. h., dass

Tab. 6.7 Resultierende Entscheidungsfaktoren: t_{ONS1} in Bezug auf Ortsnetzstation 1, t_{ONS2} in Bezug auf Ortsnetzstation 2

LastNr.	t_{ONS1}	t_{ONS2}
1	0,50	0,30
2	0,60	0,37
3	0,50	0,30
4	0,50	0,30
5	0,30	0,30
6	0,30	0,30
7	0,30	0,60
8	0,30	0,47
9	0,30	0,30
10	0,50	0,67

sie sowohl der Station ONS1 als auch der Station ONS2 zugeordnet werden können. Um in diesem Fall eine objektive Entscheidung treffen zu können, müssten weitere Kriterien zusätzlich betrachtet werden. Gegebenenfalls muss die Entscheidung subjektiv getroffen werden.

Die anhand der gegebenen Fuzzy-Regeln und angenommenen Fuzzy-Sets ermittelte Zuordnung der Lasten zu den beiden Ortsnetzstationen wird in Abb. 6.34 grafisch dargestellt.

Das Beispiel zeigt zunächst das Grundprinzip des auf Fuzzy-Regeln basierten Schließens. Man hat hier die Eingangsgröße als „scharfe" Zahlen eingegeben. Das könnte in einem nächsten Schritt erweitert werden dadurch, dass die Eingangswerte z. B. als L-R-Fuzzy-Zahlen definiert werden. Zum Beispiel würde die Leistung eines Abnehmers als eine L-R-Fuzzy-Zahl angegeben (226, 30, 70). Somit würden die Werte der

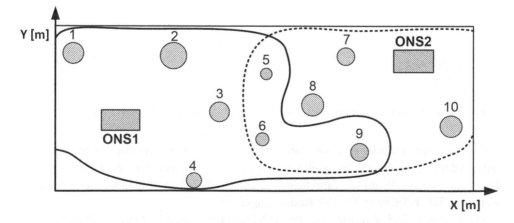

Abb. 6.34 Resultierende Zuordnung der Abnehmer zu den Ortsnetzstationen

Abb. 6.35 Resultierendes
Kennfeld in der MATLAB
Fuzzy Logic Toolbox für einen
Entscheidungsfaktor bei unter-
schiedlichen Kombinationen
der Eingangswerte

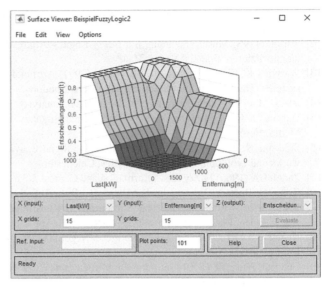

Entscheidungsfaktoren weiter beeinflusst und vielleicht die bestehenden unentschiedenen
Ergebnisse vermieden werden können.

Die Ergebnisse der Inferenz lassen sich auch in einer grafischen Form darstellen, wie
in Abb. 6.35 gezeigt.

Literatur

[1] Seising R, Trillas E, Kacprzyk J (Hrsg) (2016) Towards the future of fuzzy logic. Springer, Heidelberg
[2] Montagna F (Hrsg.) (2015) Petr Hájek on mathematical fuzzy logic. outstanding contributions to logic, Bd 6. Springer, Heidelberg
[3] Trillas E, Eciolaza L (2015) Fuzzy logic – an introductory course for engineering students. Springer, Heidelberg
[4] Melin M, Castillo O, Kacprzyk J (Hrsg) (2015) Design of intelligent systems based in fuzzy logic, neural networks and nature-inspired optimization. Springer, Hiedleberg
[5] Tamir DE, Rishe ND, Kandel A (Hrsg) (2015) Fifty years of fuzzy logic and its applications. Springer, Heidelberg
[6] Kahraman C, Kaymak U, Yazici A (Hrsg) (2016) Fuzzy logic in its 50th year – new developments, directions and challenges. Springer, Heidelberg
[7] Di Gesú, Masulli F, Petrosino A (Hrsg) (2006) Fuzzy logic and applications. Springer, Heidelberg
[8] Wang PP, Ruan D, Kerre EE (Hrsg) (2007) Fuzzy logic. A spectrum of theoretical & practical issues. Springer, Heidelberg
[9] Bede B (2013) Mathematics of fuzzy sets and fuzzy logic. Springer, Heidelberg
[10] Dimitrov V, Korotkich V (Hrsg) (2002) Fuzzy logic – a framework for the new millenium. Springer, Heidelberg

[11] Zimmermann HJ (1991) Fuzzy set theory and its applications, 2. Aufl. Kluwer Academic, Dordrecht

[12] Tilli T (1993) Mustererkennung mit Fuzzy-Logic – Analysieren, klassifizieren, erlernen und diagnostizieren. Franzis' Verlag, Haar

[13] Warwick K, Ekwue A, Aggarwal R (Hrsg) (1997) Artificial intelligence techniques in power systems. The Institution of Electrical Engineers, London

[14] Black M, (1937) Vagueness: an exercise in logical analysis. Philos Sci 4(4): 427–455

[15] Dubois D, Prade H (Hrsg) (2000) Fundamental of fuzzy sets. Springer Science+Bussiness Media, New York

[16] Siddique N, Adeli H (2013) Computational Intelligence: synergies of fuzzy logic, neural networks and evolutionary computing. Wiley, Chichester

[17] Zadeh LA (1965) Fuzzy sets. Information and Control 8(3): 338–353

[18] Kruse R, Borgelt C, Klawonn F, Moewes C, Ruß G, Steinbrecher M (2011) Computational Intelligence – Eine Methodische Einführung in Künstliche Neuronale Netze, Evolutionäre Algorithmen, Fuzzy-Systeme und Bayes-Netze. Vieweg+Teubner, Heidelberg

[19] Negnevitsky M (2005) Artificial intelligence: a guide to intelligent systems. Pearson Education Limited, Essex

[20] Chen G, Phan TT (2001) Introduction to fuzzy sets, fuzzy logic, and fuzzy control systems. CRC Press LLC, Boca Raton

[21] Dubois D, Prade H (1980) Fuzzy sets and systems: theory and applications. Academic Press, New York

[22] Yen J, Langari R (1999) Fuzzy logic. Intelligence, control, and information. Prentice Hall, Upper Saddle River

[23] Werro N (2015) Fuzzy classification of online customers. Springer, Heidelberg

[24] Klement EP, Mesiar R, Pap E (2000) Triangular norms. Springer, Heidelberg

[25] Ahmad K, Mesiarova-Zemankova A (2007) Choosing t-norms and t-conorms for fuzzy controllers. Fourth International Conference on Fuzzy Systems and Knowledge Discovery 24–27 August 2007, Haikou, Hainau, China

[26] Bonissone PP, Decker KS (1986) Selecting uncertainty calculi and granularity: an experiment in trading-off precision and complexity. In: Kanal LN, Lemmer JF (Hrsg) Uncertainty in artificial intelligence. Elsevier Science Publishers B.V., Amsterdam

[27] Böhme G (1993) Fuzzy-Logik. Einführung in die algebraischen und logischen Grundlagen. Springer, Heidelberg

[28] Di Nola A, Grigolia R, Turunen E (2016) Fuzzy logic of quasi-truth: an algebraic treatment. Springer International Publishing Switzerland

Künstliche Neuronale Netzwerke

7

Artificial intelligence will reach human levels by around 2029. Follow that out further to, say, 2045, we will have multiplied the intelligence, the human biological machine intelligence of our civilization a billion-fold.

(Künstliche Intelligenz wird das menschliche Niveau ca. im Jahr 2029 erreichen. Denkt man dies weiter, werden wir folglich im Jahr 2045 die menschliche, biologische geschaffene Intelligenz unserer Zivilisation um das milliardenfache vervielfacht haben.)
(Ray Kurzweil, http://www.kurzweilai.net/)

Zusammenfassung

Das Vorbild zur Entwicklung künstlicher Intelligenz ist das menschliche Gehirn. Ziel ist es, vergleichbare Strukturen innerhalb künstlicher neuronaler Netzwerke zu schaffen. Nach einer kurzen Einführung und einem historischen Rückblick auf die Entwicklung künstlicher neuronaler Netze geht Kap. 7 auf die grundlegende Funktion von Neuronen und daraus gebildeter neuronaler Netze ein. Durch die Festlegung neuronaler Parameter wie Verbindungsgewichte und Übertragungsfunktionen kann Wissen gespeichert werden. Für die verschiedenen Anwendungen eignen sich diverse Arten von künstlichen neuronalen Netzen mit ihren unterschiedlichen Trainingsmethoden. Sowohl die Netzarten als auch die Trainingsansätze werden vorgestellt. Eine Darstellung der Methodik für den Einsatz in der Praxis sowie reale Beispiele zeigen Möglichkeiten für den Einsatz künstlicher neuronaler Netze.

© Springer-Verlag GmbH Deutschland 2017
Z.A. Styczynski et al., *Einführung in Expertensysteme*,
DOI 10.1007/978-3-662-53172-3_7

7.1   Einführung

Das Funktionieren des menschlichen Gehirns unterscheidet sich grundlegend von der Arbeitsweise moderner elektronischer Rechner. Diese verarbeiten Informationen sequenziell und arbeiten prozedural eine Reihe von Anweisungen ab. Auch wenn in den letzten Jahren und Jahrzehnten mit der Weiterentwicklung von Prozessoren, Rechnerarchitekturen und Betriebssystemen die Parallelisierung bei der Befehlsabarbeitung stark zugenommen hat, sind Rechner derzeit weit entfernt, sowohl hinsichtlich der Leistungsfähigkeit als auch hinsichtlich der Art der Datenverarbeitung, ein menschliches Gehirn nachzubilden.

Im menschlichen Gehirn läuft kein fest vorgegebenes Programm ab, was durch einen oder mehrere Prozessoren zentral bearbeitet wird. Vielmehr ist, wie vergleichend in Abb. 7.1 vereinfacht dargestellt, eine Vielzahl dezentral organisierter, sehr einfacher Verarbeitungseinheiten, die sog. Neuronen, parallel aktiv und sehr stark miteinander verknüpft. Die Verknüpfung zwischen verschiedenen Neuronen ist hierbei ausschlaggebend für die Denkprozesse (quasi das ablaufende „Programm") und das Vorhandensein von Wissen (Erinnerungen, Erfahrung, Konditionierung). Mit einer ungefähren Anzahl von 85 Milliarden ($8{,}5 \cdot 10^{10}$) Nervenzellen bzw. Neuronen steht dem menschlichen Gehirn ein hohes Leistungspotenzial zur Verfügung, wobei insbesondere die hohe Anzahl der Verknüpfungen zwischen den Nervenzellen mittels Synapsen die Leistungsfähigkeit ausmacht. Aktuell gehen Schätzungen von ca. 100 Billionen (10^{14}) synaptischen Verknüpfungen im menschlichen Gehirn aus.

Das Fachgebiet der Künstlichen Neuronalen Netze (KNN) beschäftigt sich mit der Nachbildung und Informationsverarbeitung nach dem Vorbild des menschlichen Gehirns.

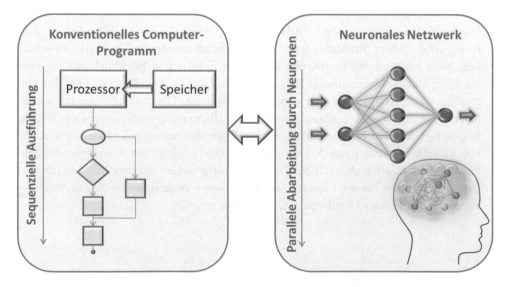

Abb. 7.1 Vergleich zwischen menschlichem Denken und konventionellen Computerprogrammen

Tab. 7.1 Vergleich von KNN und konventionellen Computerprogrammen

	Konventionelles Computer- programm	KNN
Taktgeber	Hohe Frequenz, 10^8 Hz, global für gesamten Rechner	Niedrige Frequenz, 100 Hz, z. T. asynchrone Ansteuerung der Neuronen
Parallelisierung	Sequenzielle Abarbeitung	Parallele Abarbeitung
Fehlertoleranz	Nicht möglich	Vorhanden
Lernfähigkeit	Vorgegebener Programmablauf	Lernen durch Training

Dies liegt darin begründet, dass konventionelle Computerprogramme nicht für alle Aufgaben gut geeignet sind, während das menschliche Denken diese problemlos lösen kann. Beispiele hierfür wären die Mustererkennung, Spracherkennung oder das Treffen von Prognosen. Entsprechend werden KNN nach dem Vorbild des menschlichen Gehirns entwickelt und trainiert, sodass diese die für sie vorgesehenen Aufgaben optimal lösen. Wie im menschlichen Gehirn spielen auch bei KNN das Neuron (s. Abschn. 7.3) und die Vernetzung von Neuronen untereinander eine entscheidende Rolle, sodass diese im Rahmen des Lernprozesses des KNN (s. Abschn. 7.4.2) entsprechend der zu lösenden Probleme trainiert werden.

Heutige Supercomputer umfassen etwa 10^8 Transistoren und verarbeiten das Wissen mit einer Taktfrequenz von 10^9 Hz, sind vom rein theoretisch betrachteten Leistungsvermögen stärker als das menschliche Gehirn, können jedoch nicht die komplexen Funktionalitäten des Gehirns, z. B. Lernen, nachbilden, sodass aktuell keine künstliche Intelligenz auf dem Niveau des menschlichen Denkens existiert. Die Ursache hierfür liegt in der massiven parallelen Abarbeitung, der starken Vernetzung der Neuronen untereinander (und somit der permanenten Aktualisierung des gesamten Wissensspeichers) und der Lernfähigkeit von neuronalen Netzen, die sich im Gehirn befinden. Eine vergleichende Darstellung unterschiedlicher Eigenschaften von KNN und konventionellen Computerprogrammen ist in Tab. 7.1 aufgeführt [1].

7.2 Historischer Rückblick

Die Untersuchung und die Entwicklung von künstlichen KNN gehen so weit zurück, wie der Mensch versucht, das menschliche Gehirn zu verstehen und nachzubilden. In früheren Zeiten fehlten geeignete Mittel zur detaillierten Untersuchung der Funktion des Gehirns. Insbesondere technische Möglichkeiten zur Nachbildung und Modellierung von KNN sind erst seit dem 20. Jahrhundert bekannt. Dementsprechend liegen die Anfänge der KNN erst in den 1940er-Jahren. Insbesondere die Arbeiten von Warren McCulloch und Walter Pitts können als eine der Startpunkte zur Erlangung des Verständnisses der KNN angesehen werden. In ihren Arbeiten nutzen sie Neuronen und daraus gebaute KNN, um Schwellwertschalter nachzubilden und logische und arithmetische Probleme zu lösen [1]. Ebenso befassen sie sich mit der Erkennung von Mustern durch KNN. Ein weiterer wichtiger Meilenstein wurde Ende der 1940er-Jahre durch Donald O. Hebb geschaffen, nach dem auch die Hebb'sche Lernregel benannt ist (s. Abschn. 7.4.2), auch wenn er diese Lernregel in der Praxis aufgrund fehlender Technik zu dieser Zeit nicht nachweisen konnte [1]. Zur gleichen Zeit entwickelte Karl Lashley das Modell der Informationsspeicherung im Gehirn durch die starke Parallelisierung vieler Neuronen und begründete damit eines der Grundprinzipien der KNN.

Mit Beginn der 1950er-Jahre fing auch die Hochphase und Zeit der Euphorie für KNN an. Mit der Umsetzung erster Mikroprozessoren und dem Glauben, KNN aufgrund jüngster Entdeckungen weitgehend verstanden zu haben, ist man zu dieser Zeit der Überzeugung, dass man in naher Zukunft intelligente Systeme schaffen kann, die dem Menschen viel Arbeit abnehmen, wenn nicht sogar seine Intelligenz übertreffen können. In dieser Phase wurden die Grundlagen der KNN weiter ausgebaut, viele praktische Systeme geschaffen, die mittels KNN funktionieren, und geeignete Anwendungen für KNN gefunden. Beispielhafte prototypische Anwendungen waren erste Programme für die Schrifterkennung, aber auch ein System zur Echounterdrückung, welches in vielen Analogtelefonen zu dieser Zeit eingesetzt wurde. Bedeutende Forscher, die an der Weiterentwicklung der KNN zu dieser Zeit beitrugen, waren u. a.:

- Marvin Minsky (automatische Verstärkung oder Abschwächung der Verbindung zwischen Neuronen),
- Frank Rosenblatt (Weiterentwicklung des Perzeptrons) und Charles Wightman (Perzeptron-basierte Schrifterkennung),
- Marcian E. Hoff und Bernard Widrow (schnell lernende adaptive Systeme, adaptive Echounterdrückung in Analogtelefonen),
- Seymour Papert (zusammen mit Marvin Minsky, mathematische Untersuchungen zu Perzeptronen).

Das Ende dieser Hochphase wurde in den späten 1960er-Jahren eingeläutet. Unter anderem aufgrund der theoretischen Arbeiten von Marvin Minsky und Seymour Papert stellte sich in den Expertenkreisen die Meinung ein, dass die Fähigkeiten der KNN weit überschätzt wurden und das Fachgebiet eine Sackgasse in der Forschung ist. Entsprechend wurden nachfolgend die Forschungsgelder für die Thematik der KNN fast gänzlich gestrichen, sodass Weiterentwicklungen auf dem Gebiet in den Jahren darauf kaum stattfanden [1]. In der Folge gab es hauptsächlich kleinere Weiterentwicklungen, welche in unterschiedliche Richtungen führten, da viele Wissenschaftler relativ isoliert für sich allein forschten. Einige dieser Forscher, welche trotz der Unpopularität weiter auf diesem Gebiet aktiv waren, sind:

- Christoph von der Malsburg (Einsatz nichtlinearer Übertragungsfunktionen zur besseren Nachbildung biologischer KNN),

- Paul Werbos (Schaffung der Grundlagen für das fehlerbasierte Backpropagation-Lernverfahren),
- Teuvo Kohonen (Entwicklung selbstorganisierender Karten, welche nach ihm auch Kohonen-Netzwerke genannt werden),
- John Hopfield (Entwicklung der nach ihm benannten Hopfield-Netzwerke).

In der Mitte der 1980er-Jahre bekam das Forschungsfeld langsam neuen Schwung, was insbesondere durch verstärkte Publikationen und den persönlichen Einfluss der auf diesem Gebiet aktiveren Forscher (bspw. John Hopfield) gelang. Durch die Bemühungen der aktiven Forscher konnte gezeigt werden, dass die ursprünglich pessimistisch getroffenen Annahmen zur Weiterentwicklung der KNN zu Ende der 1960er-Jahre nicht zutreffend sind. Viele ursprüngliche negative Annahmen konnten durch aktuelle Ergebnisse der Forscher widerlegt werden, sodass das Interesse an den KNN wieder zunahm. Zusätzlich ermöglichten auch die Weiterentwicklungen in der Mikroprozessortechnik und Elektronik und die damit verbundene höhere Rechenleistung den breiteren Einsatz und eine höhere Komplexität des KNN-Lösungsansatzes.

Seit dieser Zeit, Mitte der 1980er-Jahre, entwickelt sich das Gebiet der KNN kontinuierlich weiter – nicht zuletzt durch die Fortschritte in unterschiedlichen computerbasierten Anwendungen und die stets steigende Leistungsfähigkeit der modernen Rechentechnik. Die zunehmende Komplexität aktueller Systeme aus unterschiedlichen Bereichen lässt ebenfalls neue Anwendungsfelder für KNN entstehen. Im Bereich der elektrischen Energieversorgung steigt die Anzahl dezentraler, zu koordinierender Anlagen (bspw. Windenergieanlagen, Fotovoltaik) und somit der variablen Systemparameter mit großer Geschwindigkeit, sodass deren Verarbeitung auch mittels KNN durchgeführt wird. Ein weiteres Feld, durch das KNN schnell weiterentwickelt wurden und werden, ist die globale Informationsvernetzung. So werden durch große Suchmaschinenanbieter die enormen Datenmengen u. a. durch KNN analysiert und ausgewertet. In sozialen Netzen werden ebenfalls Algorithmen durch KNN ausgeführt, die bspw. für die automatische Gesichtserkennung und die Analyse von sozialen Vernetzungen und Nutzerverhalten eingesetzt werden. In aktuellen Smartphones, Tablets und PCs gehören Funktionen wie Spracherkennung, Schrifterkennung oder Bildererkennung heute zur Standardfunktionalität, sodass bereits (mehr oder weniger gut funktionierende) Softwarelösungen zur Simultanübersetzung der menschlichen Sprache existieren. Auch Teile dieser Funktionen werden durch KNN realisiert.

Mit der zukünftigen weiterhin zunehmenden Vernetzung (sowohl zwischen technischen Geräten als auch zwischen sozialen Individuen) und auch durch die stets leistungsfähiger werdende Rechentechnik werden KNN auch in Zukunft eine bedeutende Rolle spielen. Insbesondere die selbstlernenden Eigenschaften sind hierbei von großer Bedeutung, da diese nicht nur helfen, die Analyse von Nutzerverhalten in sozialen Netzen stetig zu verbessern, sondern es auch in komplexer werdenden Systemen wie der elektrischen Energieversorgung erlauben, aus vergangenen Situationen zu lernen und schneller auf kritische Situationen zu reagieren. Nicht zuletzt die Vision von Assistenzsystemen, welche mit ihren kognitiven Fähigkeiten dem Menschen fast ebenbürtig sind und somit in vielen Bereichen eine Arbeitserleichterung darstellen, treibt die stetige Entwicklung von KNN voran.

7.3   Das Neuron und seine Funktionen

Das Neuron, welches das Grundelement von KNN und somit auch des menschlichen Gehirns darstellt, entspräche in der konventionellen Rechentechnik dem Prozessor eines Computers, wobei innerhalb von KNN die Anzahl der Neuronen (etwa 10^{14}) die Anzahl der Prozessoren in der konventionellen Rechentechnik (etwa 10^8) bei Weitem übersteigt. Ähnlich wie in der digitalen Technik kann ein Neuron zwei Zustände haben: aktiv oder inaktiv. Dieser Zustand stellt quasi das Ausgangssignal des einzelnen Neurons dar und ist in Abb. 7.2 als Ausgangssignal y bezeichnet. Die Eingangssignale eines Neurons werden durch Reize repräsentiert, die entweder von anderen Neuronen stammen oder als System-eingangssignale zum Neuron geführt werden. Diese Eingangssignale sind in Abb. 7.2 als x_i bezeichnet. Jedes dieser Eingangssignale wird entsprechend der eingestellten Gewichte w_i modifiziert, bevor die Summe aus allen gewichteten Eingangssignalen innerhalb des Neurons gebildet wird. Dieser kumulierte Eingangswert wird entsprechend einer Aktivierungsfunktion umgerechnet, sodass bei der Überschreitung eines innerhalb der Aktivierungsfunktion definierten Schwellwertes das Neuron einen aktiven Zustand erhält. Wird der Schwellwert δ durch die gewichteten kumulierten Eingangssignale nicht überschritten, ist das Neuron im Zustand inaktiv. In Abb. 7.3 ist die entsprechende vereinfachte formale Darstellung eines Neurons gezeigt.

Eine mathematische Beschreibung eines Neurons kann über eine nichtlineare Abbildung Ne (auch Ne-Mapping genannt) eines Eingangsvektors $X(t) \in \mathbb{R}^n$ auf einen skalaren Ausgang $y(t) \in \mathbb{R}^1$ stattfinden, wie in Gl. (7.1) gezeigt:

$$y(t) = Ne[X(t) \in \mathbb{R}^n] \in \mathbb{R}^1. \tag{7.1}$$

Schematisch ist dieser Abbildungsprozess in Abb. 7.3 dargestellt.

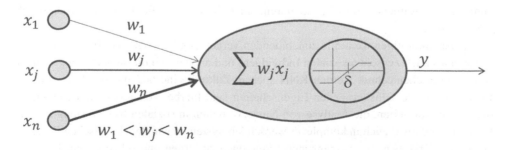

Abb. 7.2 Eingangs- und Ausgangssignale eines Neurons

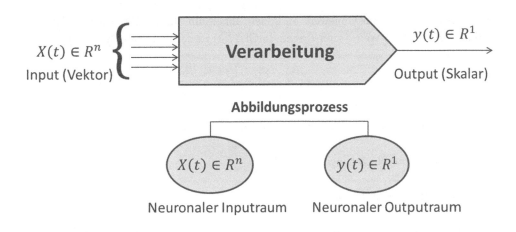

Abb. 7.3 Aktivierung eines Neurons durch Eingangsinformationen als Abbildungsprozess

In einem künstlichen Neuron wird das Wissen durch die Parametrierung von Gewichtsfaktoren und die Festlegung von Schwellwerten und Verschiebungswerten der nichtlinearen Aktivierungsfunktion (auch Bias genannt) definiert. Die schematische Wiedergabe dieses Vorgangs mit der Darstellung der Eingangswerte x_i, der Gewichte w_i sowie der Aktivierungsfunktion Y ist in Abb. 7.4 gezeigt.

Entsprechend Abb. 7.4 lässt sich dieser Abbildungsprozess in zwei Teilschritte zerlegen, die mittels mathematischer Funktionen nachgebildet werden können.

Im Schritt 1 entsteht die Gewichtung und Aufsummierung der Eingangssignale. In Gl. (7.2) ist dieser mathematische Zusammenhang dargestellt:

$$u(t) = \sum_{i=1}^{n} w_i \cdot x_i(t) = \sum_{i=1}^{n} Z_i(t). \tag{7.2}$$

Der zweite Schritt des Abbildungsprozesses besteht in der Anwendung einer Übertragungsfunktion, welche aus der zuvor ermittelten gewichteten Summe *u(t)* entsprechend

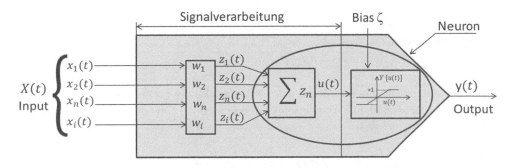

Abb. 7.4 Schematischer Signalverarbeitungsprozess in einem Neuron

der Funktion einen Ausgangswert zuordnet. Innerhalb dieser Übertragungsfunktion kommt auch der Bias-Wert ζ zum Tragen. In Gl. (7.3) ist der Zusammenhang dargestellt:

$$y(t) = Y[u(t), \zeta]. \tag{7.3}$$

Aus dem oben gezeigten Zusammenhang erkennt man, dass es prinzipiell mehrere Parameter gibt, über die man das Verhalten eines einzelnen Neurons beeinflussen kann:

- Gewichte der einzelnen Eingangssignale w_i,
- Bias-Wert ζ,
- Eigenschaften der Aktivierungsfunktion.

Das Wissen eines einzelnen Neurons und somit auch eines komplexen KNN, das aus einer Vielzahl von Neuronen besteht, ist primär in den Gewichten der Eingangssignale „gespeichert". Über eine Veränderung der Gewichte lässt sich ein verändertes Verhalten des Neurons erzeugen und somit auch ein anderes Ergebnis am Ausgang des Neurons. Im Rahmen des Trainings- bzw. Lernprozesses von KNN werden diese Gewichte gemäß eines entsprechenden Algorithmus verändert, bis das Neuron bzw. das KNN das gewünschte Verhalten aufweist (s. Abschn. 7.4). Zusätzlich zu den Gewichten kann auch der Bias-Wert im Rahmen des Trainingsprozesses angepasst werden. Die Eigenschaften der Aktivierungsfunktionen werden für gewöhnlich bei der Entwicklung eines KNN definiert. Hier wird entsprechend der gegebenen Problemstellung, die das KNN lösen soll, eine Funktion mit passender Charakteristik gewählt. So kann für manche Probleme eine Funktion sinnvoll sein, die entweder nur einen Wert von *0* oder von *1* ausgibt, während es bei anderen Problemstellungen auf die Stetigkeit der Funktion ankommt, da kontinuierlich definierte Prozesse abgebildet werden sollen. Eine Übersicht gängiger Aktivierungsfunktionen für Neuronen zeigt Tab. 7.2.

Zum besseren Verständnis der Funktionalität eines Neurons wird nachfolgend ein einfaches binäres KNN analysiert. Binär bedeutet hierbei, dass die Ausgabe bzw. der Zustand des Neurons entweder 0 bzw. inaktiv oder 1 bzw. aktiv sein kann.

Hierbei werden folgende Größen definiert:

- Eingangswerte: $x_1, x_2, \ldots, x_n$ $x_n \in \{0,1\}$,
- Gewichtsfaktoren: $w_1, w_2, \ldots, w_n$, $w_n \in \mathbb{R}$,
- Ausgabewert des Neurons: $y = f(u - \beta)$.

Weiterhin soll gelten, dass der Ausgang des Neurons aktiv ($y = 1$) ist, falls die gewichtete Summe u größer als δ ist. Die Aktivierungsfunktion wird wie folgt definiert (s. hierzu auch Tab. 7.2):

$$\Psi(x) = \begin{cases} 1 & \forall\, x > 0 \\ 0 & \forall\, x \leq 0 \end{cases}. \tag{7.4}$$

Tab. 7.2 Häufige Aktivierungsfunktionen von Neuronen

Art des Operators	Gl.	Form
1. Linear	$\Psi\big[u(t)\big] = g \cdot u$ Mit Anstieg $g > 0$, je größer g, desto stärkere Übertragung	
2. Teilweise linear	$\Psi\big[u(t)\big] = \begin{cases} +1\, if\ g \cdot u > 1 \\ g \cdot u\, if\ \lvert g \cdot u \rvert < 1 \\ -1\, if\ g \cdot u < -1 \end{cases}$ Mit Anstieg $g > 0$, je größer g, desto stärkere Übertragung	
3. Starke Begrenzung	$\Psi\big[u(t)\big] = sgn\big[u\big]$	
4. Unipolar sigmoidal	$\Psi\big[u(t)\big] = \dfrac{1}{1 + \exp(-g \cdot u)}$ Mit Anstieg $g > 0$ je größer g, desto stärkere Übertragung	
5. Bipolar sigmoidal	$\Psi\big[u(t)\big] = tanh\big[u(t)\big]$	
6. Unipolar multimode sigmoidal	$\Psi\big[u(t)\big] = \dfrac{1}{2}\left[1 + \dfrac{1}{M}\sum_{i=1}^{M} \tanh\big(g'\,(u - w_0')\big)\right]$ Mit Anstieg $g > 0$ je größer g, desto stärkere Übertragung	

Tab. 7.2 (Fortsetzung)

Art des Operators	Gl.	Form
7. Radial Basis Funktion (RBF)	$\Psi\big[u(t)\big] = \exp\big(u(t)\big)$ $$u(t) = \left[\frac{-\sum_{i=0}^{N}\big(w_i(t) - x_i(t)\big)^2}{2\sigma^2}\right]$$	
8. Maximum	$\Psi\big[u(t)\big] = \begin{cases} 1 \; if \; x_i(t) = MAX\{x_n(t) \\ 0 \qquad\qquad anderst \end{cases}$	

Unter den angegebenen Randbedingungen können nun Neuronen parametriert werden, die die UND-Funktion (Konjunktion) bzw. die ODER-Funktion (Disjunktion) nachbilden. Diese beispielhaften Neuronen sowie deren Parameter sind in Abb. 7.5 gezeigt. In Abb. 7.5a bildet das Neuron durch die entsprechende Parametrierung der Gewichte und des Bias-Werts die UND-Funktion nach, während durch eine Parametrierung dieser Werte im Neuron in Abb. 7.5b eine ODER-Funktion erzielt werden kann. In beiden Neuronen wird die Aktivierungsfunktion gemäß Gl. (7.4) eingesetzt.

Die zugehörige Wahrheitstafel für die UND- bzw. die ODER-Funktion ist in Tab. 7.3 gezeigt. Entsprechend dieser vorliegenden Eingangswerte x_1 und x_2 sollen mit den festgelegten Parametern der Neuronen die jeweiligen Ausgangswerte y_1 (UND-Funktion) bzw. y_2 (ODER-Funktion) durch das Neuron ausgegeben werden. Wird nun mit den in Abb. 7.5 angegebenen Werten für die Gewichte sowie für den Bias die Berechnung der Ausgangswerte durchgeführt, sind die jeweiligen Eingangswerte x_1 und x_2 in den Gleichungen einzusetzen, und die Ergebnisse entsprechend der Wahrheitstabelle für y1 und y2 sollen

Abb. 7.5 Nachbildung der Boole'schen UND- bzw. ODER-Funktion mittels einzelner Neuronen

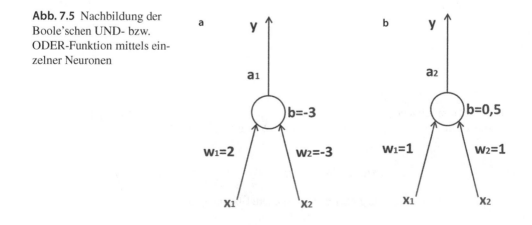

Tab. 7.3 Wahrheitstabelle für UND- und ODER-Funktion

Muster	Eingang x_1	Eingang x_2	Ausgang y_1 UND-Funktion	Ausgang y_2 ODER-Funktion
1	0	0	0	0
2	1	0	0	1
3	0	1	0	1
4	1	1	1	1

das Resultat sein. In Beispiel 7.1 bzw. Gleichung (7.5) bis (7.8) sind die zugehörigen Berechnungsvorschriften gezeigt, wobei Gl. (7.5) und (7.6) die Berechnung für die UND-Funktion darstellen und Gl. (7.7) und (7.8) für die ODER-Funktion. Wird für die Aktivierungsfunktion f(x) die Vorschrift gemäß Gl. (7.4) angewendet, erhält man die Ergebnisse entsprechend der gezeigten Wahrheitstabelle,

---

Beispiel 7.1

Bestimmung des Ausgangswert für die UND- bzw. ODER-Funktion

$$u_{UND} = w_1 \cdot x_1 + w_2 \cdot x_2 = 2 \cdot x_1 + 2 \cdot x_2, \tag{7.5}$$

$$y_{UND} = f\left(u_{UND} - \beta\right) = f\left(u_{UND} - 3\right), \tag{7.6}$$

$$u_{ODER} = w_1 \cdot x_1 + w_2 \cdot x_2 = x_1 + x_2, \tag{7.7}$$

$$y_{ODER} = f\left(u_{ODER} - \beta\right) = f\left(u_{ODER} + 0,5\right). \tag{7.8}$$

Die Abbildungen der beiden Eingangsvariablen auf den Ausgangswert des Neurons lassen sich für die gewählten Beispiele grafisch darstellen. Abbildung 7.6 zeigt dies für die zuvor untersuchte UND- (a) bzw. ODER- (b) Funktion. Innerhalb der Diagramme sind auf der horizontalen Achse die Werte für die Eingangsvariable x_1 angetragen, während die vertikale Achse die Werte für Eingangsvariable x_2 repräsentiert. Abhängig von diesen Werten ist in der Ebene der jeweilige Ausgangswert y dargestellt. In der Halbebene, in der y = 1 beträgt, ist die Fläche kariert, in Bereichen mit y = 0 gestreift gezeichnet. Es ist zu erkennen, dass sowohl für die UND- als auch für die ODER-Funktion eine Trennung der jeweiligen Bereiche durch eine Gerade stattfindet, diese allerdings in Abhängigkeit der Gewichte w_i und des Bias ζ entsprechend Gl. (7.5) bis (7.8) verschoben ist. Entsprechend ergeben sich hieraus auch die Punkte gemäß der Wahrheitstabelle Tab. 7.3, welche in Form von „X" und „O" als 0 und 1 in die Diagramme eingezeichnet sind.

Aus den Grafiken lässt sich zum einen erkennen, wie viel Information innerhalb eines Neurons gespeichert werden kann. Genauer gesagt, zeigt sich, dass mittels eines Neurons eine Ebene (bzw. Gerade) innerhalb eines n-dimensionalen Raums aufgespannt werden

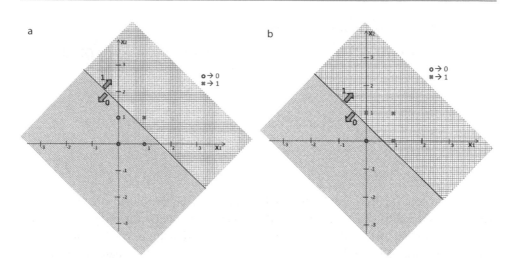

Abb. 7.6 Zwei Eingangsvariablen auf den Ausgangswert für (**a**) UND-Funktion und (**b**) ODER-Funktion

kann, wobei n die Anzahl der Eingänge des Neurons darstellt. Zum anderen lässt sich aber auch erkennen, dass mittels eines Neurons andere Probleme nicht gelöst werden können. Das klassische Beispiel hierfür ist die EXKLUSIV-ODER-Verknüpfung (XOR). Die Wahrheitstabelle der XOR-Funktion ist in Tab. 7.4 gezeigt. Trägt man diese Funktion analog zur Darstellung in Abb. 7.6 in ein Diagramm ein, ergibt sich eine Darstellung gemäß Abb. 7.7. In diesem Diagramm ist es nicht möglich, eine Linie einzuzeichnen, mit der eine Trennung zwischen den „X" und den „O" stattfinden kann. Hierfür wäre mindestens eine zweite Linie oder eine komplexere Funktion erforderlich. Diese Problemstellung trifft entsprechend auch für höherdimensionale Verknüpfungen zu, wenn das Neuron mehr als zwei Eingänge hat. Aus dieser Überlegung heraus entsteht die entsprechende Notwendigkeit für komplexere KNN aus mehreren Neuronen, welche in mehreren Schichten hintereinander organisiert sind. In Abschn. 7.4 wird entsprechend auf die unterschiedlichen Arten von KNN eingegangen und deren Eigenschaften dargestellt.

Tab. 7.4 Wahrheitstabelle der XOR-Funktion

Muster	Eingang x_1	Eingang x_2	Ausgang y XOR-Funktion
1	0	0	0
2	1	0	1
3	0	1	1
4	1	1	0

Abb. 7.7 XOR-Funktion in
zweidimensionaler Ebene

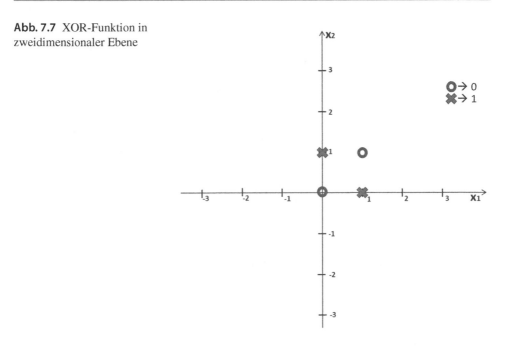

7.4   Neuronale Netzwerke und deren Trainingsmethoden

7.4.1   Überblick über die Netzarten

Künstliche KNN bestehen gewöhnlich aus mehr als nur einem einzelnen Neuron, damit diese zur Lösung komplexer Problemstellungen eingesetzt werden können. Je nach Struktur und Informationsflussrichtung innerhalb der KNN können diese kategorisiert werden. Hauptsächlich unterscheidet man hierbei zwischen KNN, welche reine *Feed-Forward*-Netze sind, und KNN mit Rückkopplung. Bei Feed-Forward-KNN (KNN ohne Rückkopplung) findet der Informationsfluss, wie der Name andeutet, nur in die Richtung von Eingangsneuronen zu Ausgangsneuronen statt. Im Gegensatz dazu findet bei KNN mit Rückkopplung kein strikter Informationsfluss vom Eingang zum Ausgang statt, sodass eine Rückkopplung von Informationen zu Neuronen stattfindet, die bereits die Eingangsdaten verarbeitet haben, nun allerdings aufgrund der Rückkopplung zusätzliche Informationen erhalten. Des Weiteren existieren kombinierte Netztypen, die sowohl Eigenschaften von KNN mit als auch ohne Rückkopplung haben. Abbildung 7.8 zeigt die Kategorisierung unterschiedlicher KNN und zeigt ebenfalls, welche KNN in die jeweilige Kategorie einzuordnen sind. Im Folgenden werden kurz die wichtigsten Eigenschaften der unterschiedlichen Netzarten erläutert und in den nachfolgenden Abschn. 7.4.2 bis 7.4.5 die detaillierten Informationen zu den KNN sowie deren Trainingsmethoden dargestellt [2].

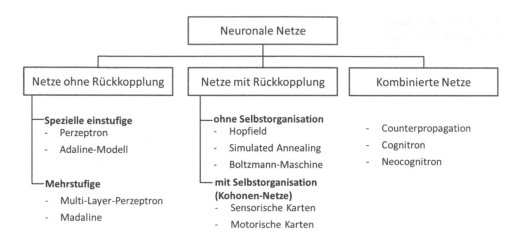

Abb. 7.8 Unterschiedliche Arten von KNN und deren Kategorisierung

Perzeptron

Das Perzeptron ist ein sehr einfaches Modell und entspricht im Wesentlichen dem in Abschn. 7.3 gezeigten Modell eines Neurons. Es besteht in seiner einfachsten Form aus nur einem Neuron, kann aber auch aus einer Schicht mit mehreren Neuronen mit ausreichender Anzahl von Eingängen bestehen, um die Eingangssignale zu verarbeiten. Innerhalb dieses KNN gibt es keine Rückkopplung, sodass die Information nur in eine Richtung, vom Eingang über das Neuron, zum Ausgang fließt. Das Verhalten des Perzeptrons wird über die Gewichte und die Aktivierungsfunktion bestimmt, wobei während des Lernprozesses des Neurons die Gewichte angepasst werden. Bei den einschichtigen Perzeptronen existiert nur eine Schicht von Gewichten, die während des Trainings angepasst werden können.

Adaline-Modell

Der Name Adaline stammt von ADAptive LInear Neuron bzw. ADAptive LINear Element. Das ADALINE ist hinsichtlich seiner Funktion vergleichbar mit dem Perzeptron, allerdings ist der Lernalgorithmus hier verändert. Während beim Perzeptron der Trainingsalgorithmus die Gewichtsveränderungen auf Basis der Ausgangswerte nach der Aktivierungsfunktion bestimmt, wird bei Adaline die gewichtete Summe vor der Aktivierungsfunktion beim Training zugrunde gelegt.

Multi-Layer-Perzeptron

Das Multi-Layer-Perzeptron basiert auf dem einfachen Perzeptron, erweitert dieses jedoch um den Einsatz mehrerer hintereinander liegender Schichten, sodass auch komplexere Probleme durch das KNN gelöst werden können. Die Informationen fließen auch hier von der Eingangsschicht über mögliche versteckte Schichten zur Ausgabeschicht. Ein Informationsrückfluss in Form einer Rückkopplung findet nicht statt. Zusätzlich sind sog. *Short*

Cuts möglich, was bedeutet, dass Neuronen aus einer weiter vorne liegenden Schicht eine direkte Verbindung zu weiter hinten liegenden Neuronen haben und dabei der Informationsfluss Schichten überspringt.

Die Problemlösefähigkeit von Multi-Layer-Perzeptronen sowie auch anderer mehrschichtiger KNN ist denen von einschichtigen bei Weitem überlegen. So kann ein einfaches Neuron, wie in Abschn. 7.3 gezeigt, eine multidimensionale Ebene bzw. eine Gerade im Wertebereich der Eingangsdaten aufspannen. Ist jedoch die Abbildung einer komplexeren Struktur erforderlich, werden weitere Schichten benötigt. Mit zwei Ebenen lässt sich bereits ein konvexes Polygon innerhalb des Eingangswertebereiches aufspannen, während mit drei und mehr Schichten theoretisch jede beliebige Menge innerhalb des Eingangswertebereichs definiert werden kann.

Madaline

Madaline steht für „Many Adaline" und besteht, wie der Name andeutet, aus mehreren in Form von mehreren Schichten verknüpften Adalinen. Wie bei den Multi-Layer-Perzeptronen fließt die Information nur in eine Richtung, von der Eingabeschicht über die versteckten Schichten zu den Ausgabeneuronen. Wie beim Adaline-Modell wird die Signum-Funktion (starke Begrenzung, s. Tab. 7.2) als Aktivierungsfunktion eingesetzt, sodass der Trainingsalgorithmus die gewichtete Summe der Eingangssignale zur Bestimmung der erforderlichen Gewichtsanpassung verwendet. Es existieren auch alternative Madaline-Modelle, welche bspw. als Aktivierungsfunktion die Sigmoidal-Funktion einsetzen, da diese stetig ist und somit bessere Trainingsmethoden zum Einsatz kommen können.

Hopfield-Netz

Bei den Hopfield-Netzen sind die sich binär verhaltenden Neuronen so miteinander verknüpft, dass auch eine Rückkopplung stattfinden kann. Strukturell sind diese KNN so aufgebaut, dass nur eine Schicht existiert, die sowohl Eingabe- als auch Ausgabeschicht darstellt. Innerhalb dieser Schicht ist jedes Neuron mit jedem verbunden, allerdings findet keine Rückkopplung von Neuronen auf sich selbst statt (das KNN ist nicht selbstrekurrent). Ausgangsvektor und Eingangsvektor haben die gleichen Dimensionen (Autoassoziationsnetz), sodass mithilfe von Hopfield-Netzen bestimmte Abbildungsprozesse und Filtertechniken realisiert werden können. Das Haupteinsatzgebiet von Hopfield-Netzen war die Erkennung von Mustern, bspw. von Handschriften, da die KNN in der Lage sind, ähnliche Muster in Muster zu überführen, die ihnen während des Trainings beigebracht wurden.

Simulated Annealing

Das *Simulated Annealing* (simulierte Abkühlung) beschreibt ein Lernverfahren, welches für KNN mit Rückkopplung zum Einsatz kommen kann. Prinzipiell handelt es sich hierbei um einen Optimierungsalgorithmus, welcher aber auch dafür verwendet werden kann, ein KNN unter Anwendung vorgegebener Trainingsmuster zielgerichtet zu trainieren. Dieses Verfahren basiert vom Prinzip her auf dem Abkühlungsprozess von bestimmten

Werkstoffen, welche während der Abkühlung eine geordnete Struktur herausbilden (Kristalle) und somit ein energetisches Optimum einnehmen. Entsprechend lässt sich auch für ein KNN ein Optimum für die zu definierenden Gewichte der Verknüpfungen zwischen den Neuronen mit dieser Optimierungsmethodik bestimmen.

Boltzmann-Maschine

Die Boltzmann-Maschine ist abgeleitet vom Hopfield-Netz, ein ebenfalls einschichtiges KNN, welches sowohl Eingabe- und Ausgabeschicht innerhalb der einen Schicht abbildet und eine Rückkopplung zwischen den Neuronen zulässt. Im Gegensatz zum Hopfield-Netz haben die binären Neuronen einen stochastischen Charakter, welcher auf der Boltzmann-Verteilung basiert.

Sensorische Karten

Sensorische Karten gehören zu den selbstorganisierenden KNN, auch selbstorganisierende Karten (*self-organizing feature maps*) oder nach ihrem Erfinder Kohonen[1] -Netzwerke genannt. Sensorische Karten enthalten eine Eingabeschicht, mittels welcher ein vieldimensionaler Eingangsdatensatz einer verknüpften Menge von Neuronen (mit weniger Dimensionen, für gewöhnlich zwei Dimensionen) für die Verarbeitung zur Verfügung gestellt wird. Innerhalb dieser Neuronenmenge gibt es direkte Nachbarschaftsbeziehungen zwischen den Neuronen, welche Einfluss darauf haben, wie stark ein Neuron beeinflusst wird, wenn ein Nachbarneuron aktiviert wird. Die Menge der Neuronen verhält sich während des Trainings so, dass sie versucht, den höherdimensionalen Eingangsdatensatz entsprechend innerhalb der zwei Dimensionen abzubilden. Hierzu verändert sich die „Position" der Neuronen, und gemäß dem definierten Verhalten werden ebenfalls Nachbarneuronen und entferntere Neuronen in ihrer „Position" verändert. Da es sich um ein selbstorganisierendes KNN handelt, findet hierbei keine überwachte Trainingsprozedur statt. Das KNN ist aufgrund der Verknüpfung zwischen den Neuronen und der Rückkopplung in der Lage, innerhalb mehrerer Iterationen die zur Verfügung gestellten Muster abzubilden. Als Grundlage für dieses Konzept orientierte sich Kohonen am menschlichen Gehirn, welches in der Lage ist, ohne überwachtes Lernen Zusammenhänge und Muster zu erkennen. So wird beispielsweise bei der visuellen Wahrnehmung des Menschen eine Menge von optischen Impulsen dem Nervensystem zugeführt, welches auf dieser Grundlage und auch auf Basis der Selbstorganisation in der Lage ist, eine entsprechende Mustererkennung durchzuführen.

Motorische Karten

Motorische Karten sind ähnlich aufgebaut wie sensorische Karten, erweitern diese allerdings noch um eine spezifische Ausgangsschicht. Auch hier dient das natürliche Nervensystem als Vorbild, da die Ansteuerung von Muskeln nicht allein durch eine Muster- und

---

[1] Teuvo Kohonen ist ein finnischer Ingenieur mit dem Forschungsschwerpunkt selbstorganisierende Netze und künstliche Intelligenz.

Zusammenhangserkennung stattfindet, sondern zusätzlich noch weitere Neuronen aktiviert werden, welche motorische Aktionen auslösen. Dieses Konzept wird für bestimmte Anwendungen auch für künstliche KNN übernommen.

Counterpropagation

Counterpropagation-KNN werden eingesetzt, um zu verhindern, dass während des Trainings die optimale Zuordnung der Gewichte in einem lokalen Optimum „feststeckt", und dafür zu sorgen, dass das globale Optimum gefunden wird. Hierzu verknüpft das Counterpropagation- KNN normale Feed-Forward-KNN mit Kohonen-Netzen. Das zentrale Netz, welches sich in einer versteckten Schicht zwischen Ein- und Ausgabeschicht befindet, ist ein Kohonen-KNN, welches entsprechend des Trainingsverfahrens von selbstorganisierenden Karten zuerst parametriert werden muss. Ist das Kohonen-KNN trainiert, um entsprechend der Anwendung die geforderten Muster zuordnen zu können, wird das Ausgabenetz trainiert, welches ein Feed-Forward-KNN darstellt.

Cognitron

Das Cognitron ist ein KNN, welches aus mehreren Schichten selbstorganisierender Netze besteht. Entsprechend wird dieses KNN nicht überwacht trainiert. Aufgrund der hohen Verknüpfungsdichte innerhalb dieses KNN hat jede Eingangsinformation mit zunehmender Tiefe komplexere Auswirkungen, sodass eine abschließende Ausgangsschicht eine entsprechend aggregierende Wirkung auf die zuvor verarbeiteten Informationen hat.

Neocognitron

Das Neocognitron ist ein kombiniertes KNN, welches hierarchisch aufgebaut aus mehreren Schichten besteht. Die Grundidee basiert auf der visuellen Wahrnehmung im menschlichen Gehirn, wobei unterschiedliche Arten von Neuronen zum Einsatz kommen: zum einen relativ einfache Neuronen, welche visuelle Reize in einfacher Weise verarbeiten, zum anderen komplexere Neuronen, welche die vorverarbeiteten Reize aus den einfachen Neuronen aggregieren und in der Lage sind, mit gewisser Unschärfe umzugehen. Entsprechend dieser Struktur wird in den hierarchisch organisierten Schichten des Neocognitrons die Verarbeitung der Eingangssignale vorgenommen. Eingesetzt werden Neocognitrone vor allem zur Mustererkennung, wobei bestimmte Typen in der Lage sind, aus gleichen Eingangsdatensätzen unterschiedliche Muster zu erkennen (selektive Wahrnehmung), abhängig davon, ob sie eine bestimmte Art von Rückkoppelsignal erhalten.

7.4.2   Grundlagen des KNN-Trainings

Für das Training von KNN, das zur optimalen Anpassung des KKN-Verhaltens an die zu lösende Aufgabe dienen soll, stehen prinzipiell, wie schon früher erwähnt, unterschiedliche KNN-Parameter zur Verfügung, die unter Anwendung von Trainingsalgorithmen optimiert werden können. Diese sind:

- Veränderungen der Verknüpfung zwischen den Neuronen: Dies wird durch die Einstellung der Gewichte realisiert. Durch eine entsprechende Veränderung der Gewichte auf null kann hierdurch auch das Löschen einer Verbindung realisiert werden. Das Erstellen neuer Verbindungen kann nachgebildet werden, indem das KNN vollständig vernetzt initialisiert, allerdings ausgewählte Gewichte auf null gesetzt werden. Im Trainingsverlauf können diese Gewichte verändert werden, was einer Verbindungsherstellung gleichkommt,
- Veränderung der Schwellwerte zur Aktivierung der Neuronen,
- Veränderung der Aktivierungsfunktion des Neurons,
- Schaffung neuer oder Löschen vorhandener Neurone.

In der Praxis sind die Veränderung von Gewichten und die Anpassung von Schwellwerten innerhalb von automatischen Lernalgorithmen am besten umsetzbar. Eine Veränderung der Aktivierungsfunktion im Rahmen des Trainings gestaltet sich schwierig, da die Entscheidungsfindung, inwiefern die Aktivierungsfunktion verändert werden soll, nur relativ aufwendig gefunden werden kann. Das Erstellen neuer Neuronen bzw. Löschen vorhandener Neuronen wird in der Praxis auch eingesetzt, ist allerdings etwas aufwendiger in der Umsetzung als die Veränderung der Gewichte zwischen Neuronen.

Die Grundlage für die Trainingsabläufe für KNN stellt die Hebb'sche Lernregel dar. Diese besagt, dass die Verbindung zwischen zwei künstlichen Neuronen stärker sein soll, wenn die Neuronen vor und hinter der Verbindung gleichzeitig aktiv sind. Dies basiert auf der identischen Eigenschaft im Gehirn, bei der die synaptische Verbindung zwischen zwei Neuronen ebenfalls verstärkt wird, wenn die beteiligten Neuronen gleichzeitig aktiv sind. Entsprechend soll sich die synaptische Eigenschaft, sowohl hemmend als auch verstärkend, proportional zum Produkt der Aktivität vor und hinter der Synapse verändern. Formeller ausgedrückt, lässt sich die Hebb'sche Lernregel wie folgt beschreiben:

Die Veränderung des Gewichtes w_{ij} zwischen den Neuronen i und j ist entsprechend des Wertes

$$\Delta w_{ij} = \eta \cdot y_i \cdot a_j \qquad (7.9)$$

anzupassen, mit
  η – definierte Lernrate des Trainingsalgorithmus,
  y_i – Ausgangssignal des Neurons i,
  a_j – Aktivierung des Neurons j und somit Eingangswert für das folgende Neuron.

Für das Training von KNN existieren unterschiedliche Trainingsmethoden, die je nach Anwendungsfall und Art des zu trainierenden KNN eingesetzt werden und die Hebb'sche Lernregel in unterschiedlicher Form anwenden. Der Trainingsalgorithmus kann überwacht oder unüberwacht ablaufen, bzw. es kann ein fehlerbasierter Lernalgorithmus eingesetzt werden oder ein ausgabebasierter Algorithmus. In Abb. 7.9 ist die Unterteilung unterschiedlicher Trainingsmethoden schematisch dargestellt.

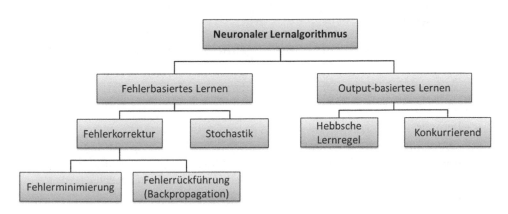

Abb. 7.9 Einteilung von Lernalgorithmen für KNN

Beim fehlerbasierten Lernen, dem sog. überwachten Lernen, werden die Werte der Gewichtsfaktoren bzw. der Bias-Werte während des Lernprozesses derart geändert, dass der Fehler, der zwischen dem Ausgangssignal *y(t)* und dem erwarteten Signal *y_d(t)* entsteht, auf ein Minimum reduziert werden kann. Die erwarteten Signale stammen dabei aus dem Trainingsdatensatz, von dem Eingangsdaten und erwartete Ausgangsdaten bekannt sind. Abbildung 7.10 stellt diesen Ablauf schematisch dar.

In Form von Gleichungen kann der Prozess des überwachten Lernens gemäß Gl. (7.10) beschrieben werden:

$$w_i(t+1) = w_i(t) + \Delta w_i(t). \tag{7.10}$$

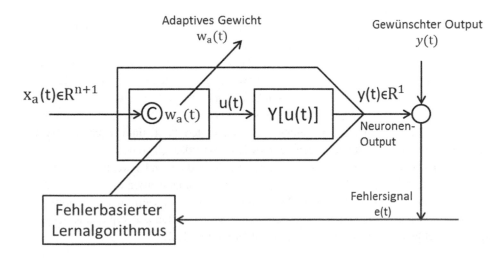

Abb. 7.10 Lernprozess unter Berücksichtigung von Lernfehlern (überwachtes Lernen)

Hierbei gilt wiederum

$$\Delta w_i(t) = \eta \cdot \left(y_d(t) - y(t) \right) \cdot x_i(t) = \eta \cdot e(t) \cdot x_i(t) \qquad (7.11)$$

mit

w_i – Gewicht des Eingangs i,

η – Lernrate,

x_i – Signal am Eingang i,

y – Ausgangssignal des Neurons,

y_d – erwartetes Ausgangssignal des Neurons (entsprechend Trainingsdatensatz),

e – Fehlersignal,

t – Zyklusschritt des Trainingsalgorithmus.

Aus Gl. (7.10) und (7.11) lässt sich erkennen, dass das Gewicht w_i für jedes Eingangssignal am Eingang des Neurons in jedem Schritt t, um den Wert Δw_i verändert wird, und sich daraus der neue Wert für w_i für den folgenden Zyklus (t+1) ergibt. Die Gewichtsveränderung Δw_i wiederum ergibt sich basierend auf der Hebb'schen Lernregel aus dem Produkt des Eingangssignals x_i und dem Fehlersignal e. Das Fehlersignal gibt dabei an, wie weit der tatsächliche Ausgangswert des Neurons y vom erwarteten Ausgangswert y_d entfernt ist, indem die Differenz aus beiden Werten gebildet wird. Hierbei zeigt sich bereits, dass das Training und somit auch die spätere Funktion des KNN stark abhängig sind vom zur Verfügung stehenden Trainingsdatensatz.

Der Parameter für die Lernrate η legt fest, wie „schnell" das Neuron lernt. Je größer dieser Parameter ist, desto größeren Einfluss hat das Fehlersignal auf den Lernprozess, was bewirkt, dass die entsprechenden Gewichte stärker angepasst werden. Wird die Lernrate η sehr klein gewählt, verläuft der Trainingsprozess sehr langsam, sodass mehr Trainingszyklen erforderlich sind. Auf der anderen Seite kann eine zu groß gewählte Lernrate Ursache dafür sein, dass keine optimalen Gewichte gefunden werden, da das Optimum mit jedem neuen Zyklus „übersprungen" wird und der Wert für w_i um dieses Optimum herum pendelt, ohne es zu erreichen. Die geeignete Wahl der Lernrate erweist sich in der Praxis als schwierig und bedarf oft einer gewissen Erfahrung. Des Weiteren werden zur Optimierung der Lernrate auch adaptive Verfahren eingesetzt, die zu Beginn des Trainings eine relativ große Lernrate aufweisen, welche mit Fortschreiten des Trainings geringer wird, da hier nur noch geringe Veränderungen der Gewichte erforderlich sind.

Dem Lernen ohne Berücksichtigung von Lernfehlern, dem unüberwachten Lernen, liegt kein Vergleich mit einem Fehlersignal zugrunde, sondern es werden direkt aus dem Eingangsdatensatz der Trainingsdaten die Anpassungen der Gewichte ermittelt. Abbildung 7.11 zeigt diesen Prozess schematisch. Die Berechnungsvorschriften zur Anpassung der jeweiligen Gewichte an den Neuroneneingängen stellt Gl. (7.12) dar:

$$\Delta w_i(t) = \eta \cdot y(t) \cdot x_i(t). \qquad (7.12)$$

Abb. 7.11 Lernprozess
ohne Berücksichtigung von
Lernfehlern (unüberwachtes
Lernen)

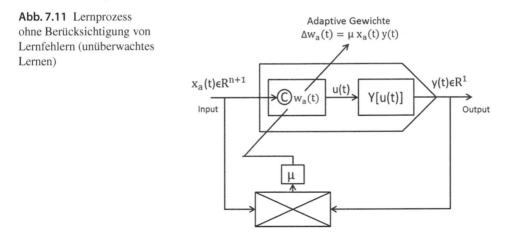

Dem Lernprozess aller KNN ist gemein, dass das Training und somit die Einstellung der Gewichte auf Grundlage von Trainingsdatensätzen geschieht. Entsprechend der Qualität der Trainingsdatensätze ist das trainierte KNN am Ende in der Lage, die gestellten Probleme zu lösen. Die Trainingsdatensätze sollten, um eine entsprechende Qualität zu gewährleisten, möglichst ein großes Spektrum des zu lösenden Problems abbilden und in ausreichender Menge vorhanden sein, um sicherzustellen, dass das KNN später in der Lage ist, die vollständige Breite des Problems korrekt behandeln zu können. Bilden die Trainingsdatensätze einen Sonderfall ab, besteht die Gefahr des „Auswendiglernens", was bedeutet, dass das KNN zwar auf das auswendig gelernte Muster korrekt reagiert, allerdings bei leichten Abweichungen des Eingangsdatensatzes ein unerwünschtes Verhalten aufweist. Zudem kann ein übermäßiges Trainieren mit einem zu kleinen Trainingsdatensatz den Effekt des Auswendiglernens noch verstärken, da die Gewichte sehr genau auf die speziellen Probleme hin trainiert wurden, jedoch keine ausreichende Unschärfe mehr vorhanden ist, um abweichende Eingangsdaten korrekt zu behandeln.

Es zeigt sich, dass eine ausreichende Menge von Trainingsdatensätzen ein wichtiges Kriterium für das erfolgreiche Training von KNN ist. Hierbei ist es sinnvoll, die vorhandenen Trainingsdatensätze in zwei bis drei Unterdatensätze aufzuteilen. Der erste Teildatensatz wird für das Training der KNN verwendet, während der zweite zum Verifizieren des Trainingserfolgs genutzt wird und um somit sicherzustellen, dass das KNN nicht zu speziell trainiert wurde. Zeigt sich im Verlauf der Verifikation, dass das Training noch nicht ausreichende Ergebnisse liefert, kann der zweite Teildatensatz für ein weiteres Training eingesetzt werden. Für die nachfolgende Verifikation kommt nun der dritte Teildatensatz zum Einsatz. Sollte weiterhin kein ausreichender Trainingserfolg vorhanden sein, müssen ggf. weitere Trainingsdaten generiert bzw. die Struktur des KNN oder die Parameter des Lernalgorithmus geprüft und variiert werden. In Abschn. 7.5 wird auf die Methodik für das Training und den Einsatz von KNN näher eingegangen und gezeigt, nach welchen Kriterien Parameter von KNN definiert werden können.

7.4.3 Training von Multi-Layer-Perzeptron-KNN

Bei technischen Anwendungen findet häufig die Netzstruktur ohne Rückkopplung (sog. vorwärts gerichtete KNN) Anwendung. Das charakteristische Merkmal dieser Struktur ist zum einen die Schichtenteilung und zum anderen, dass das Signal von einer Eingangsschicht über eine oder mehrere versteckte Schichten[2] bis in die Ausgangsschicht mehrfach verarbeitet und weitergeleitet wird [3]. Dieser Signalfluss ist schematisch als Blockdiagramm in Abb. 7.12 gezeigt, wobei hier nur eine versteckte Schicht zwischen Eingangs- und Ausgangsschicht zum Einsatz kommt. Der Eingangsvektor x(t) wird durch Verarbeitung und Weiterleitung auf den Ausgangsvektor y(t) abgebildet.

In einem Multi-Layer-Perzeptron ist jedes Neuron der Eingangsschicht über entsprechend gewichtete Verbindungen mit jedem Neuron der nachfolgenden (versteckten) Schicht verbunden. Die primäre Aufgabe der versteckten Schichten besteht darin, die Anzahl der Neuronen im KNN zu vergrößern und dadurch die Fähigkeit des KNN zu verbessern, Informationen zu speichern und Probleme zu lösen. Würde man auf die versteckten Schichten verzichten, würde die Anzahl der Neuronen allein durch die Anzahl der Eingangsvariablen sowie der gewünschten Ausgangsvariablen bestimmt werden. Allerdings kann hierdurch nicht jedes geforderte Problem gelöst werden, sodass zusätzliche Neuronen innerhalb der versteckten Schichten die Problemlösefähigkeit des Multi-Layer-Perzeptrons erweitern.

Die Struktur eines dreistufigen Multi-Layer-Perzeptrons mit einer versteckten Schicht ist in Abb. 7.13 gezeigt. Die Eingangsschicht mit n Neuronen für n Eingangssignale befindet sich in dieser Darstellung oben. Darunter liegt die versteckte Schicht mit i Neuronen, welche von der Ausgangsschicht mit m Neuronen für m Ausgangssignalen gefolgt wird. Jedes Neuron der Eingangsschicht hat j Verknüpfungen zur folgenden Schicht, sodass jedes Neuron der Eingangsschicht mit jedem Neuron der versteckten Schicht verknüpft ist. Gleiches gilt für die versteckte Schicht, in der jedes Neuron m Verknüpfungen zur folgenden Ausgangsschicht hat.

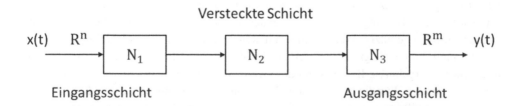

Abb. 7.12 Signalfluss in einem Multi-Layer-Perzeptron mit einer versteckten Schicht

[2] Es können eine oder mehrere versteckte Schichten zum Einsatz kommen, welche eine unterschiedliche Anzahl von Neuronen haben.

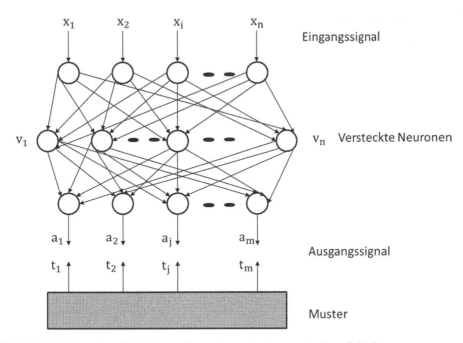

Abb. 7.13 Struktur eines Multi-Layer-Perzeptrons mit einer versteckten Schicht

Im Folgenden soll die Anwendung und das Training eines einfachen Multi-Layer-Perzeptrons zur Abbildung der Boole'schen UND-Funktion gezeigt werden. Ein solches KNN samt dessen Gewichten und Bias-Werten ist in Abb 7.14 gezeigt. Ausgehend von diesem KNN wird gezeigt, wie Informationen für ein solches KNN angepasst und überarbeitet werden. Als Aktivierungsfunktion wird für die Neuronen die Sigmoid-Funktion eingesetzt (s. Tab. 7.2), sodass ein stetiger Verlauf der Ausgangssignale gegeben ist. Zusätzlich wird zur Vereinfachung angenommen, dass für die Eingangsneuronen keine Aktivierungsfunktion vorhanden ist. Somit werden die Eingangssignale ohne Veränderung durch die erste Schicht durchgeleitet und der versteckten Schicht zugeführt. Das in Abb. 7.14 gezeigte KNN ist ein auf Grundlage dieser Annahmen bereits fertig trainiertes KNN.

Die Funktion dieses fertig trainierten KNN lässt sich verifizieren, indem die vier möglichen Eingangssignale mit den zu erwartenden Ausgangssignalen verglichen werden, wobei die Berechnungen des Ausgangssignals im Folgenden einzeln wiedergegeben werden. Die zusammenfassende Darstellung mit den erwarteten Ergebnissen und den tatsächlich erhaltenen Ergebnissen ist weiter unten in Tab. 7.5 gezeigt.

Für alle betrachteten Muster gelten Gl. (7.13) bis (7.18) zur Bestimmung der jeweiligen Werte am Ausgang der einzelnen Neuronen:

$$u_1 = w_1 \cdot e_1 + w_2 \cdot e_2 + b_1, \tag{7.13}$$

$$y_1 = \frac{1}{1 + e^{-u_1}}, \tag{7.14}$$

Abb. 7.14 Trainiertes Multi-Layer-Perzeptron zur Umsetzung der Boole'schen UND-Funktion

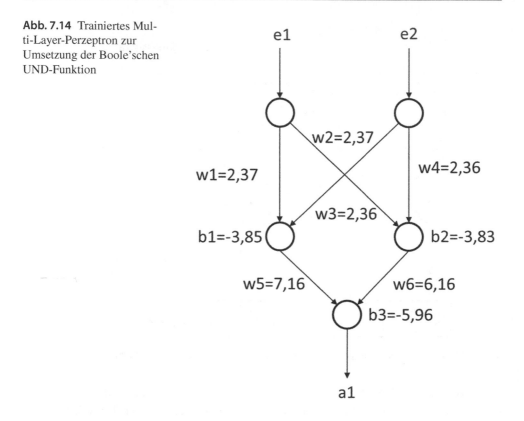

Tab. 7.5 Wahrheitstabelle mit erwartetem und tatsächlichem Ergebnis des KNN

Eingang e_1	Eingang e_2	Erwartetes Ergebnis a	Tatsächliches Ergebnis a_1	Abweichung (%)
1	1	1	0,970	3
1	0	0	0,030	3
0	1	0	0,030	3
0	0	0	0,003	0,3

$$u_2 = w_3 \cdot e_1 + w_4 \cdot e_2 + b_2, \qquad (7.15)$$

$$y_2 = \frac{1}{1 + e^{-u_2}}, \qquad (7.16)$$

$$u_3 = w_5 \cdot y_1 + w_6 \cdot y_2 + b_3, \qquad (7.17)$$

$$y_3 = a_1 = \frac{1}{1 + e^{-u_3}}. \qquad (7.18)$$

Die Berechnung für den Fall, dass beide Eingangssignale einen Wert von 1 haben ($e_1 = 1$, $e_2 = 1$), ergibt die Werte in Beispiel 7.2, die aufgrund von Gl. (7.19) bis (7.24) errechnet worden sind:

Beispiel 7.2

Berechnung der Ausgabe für UND-Funktion, Fall 1

$$u_1 = 2,37 \cdot 1 + 2,37 \cdot 1 - 3,85 = 0,88, \tag{7.19}$$

$$y_1 = \frac{1}{1 + e^{-0,88}} = 0,707, \tag{7.20}$$

$$u_2 = 2,36 \cdot 1 + 2,37 \cdot 1 - 3,83 = 0,9, \tag{7.21}$$

$$y_2 = \frac{1}{1 + e^{-0,9}} = 0,711, \tag{7.22}$$

$$u_3 = 7,16 \cdot 0,707 + 6,16 \cdot 0,711 - 5,96 = 3,480, \tag{7.23}$$

$$y_3 = a_1 = \frac{1}{1 + e^{-3,480}} = 0,970. \tag{7.24}$$

Die Berechnung für den Fall, dass die Eingangssignale die Werte $e_1 = 1$ und $e_2 = 0$ haben, ergibt die Werte in Beispiel 7.3, die aufgrund von Gl. (7.25) bis (7.30) errechnet worden sind:

Beispiel 7.3

Berechnung der Ausgabe für UND-Funktion, Fall 2

$$u_1 = 2,37 \cdot 1 + 2,37 \cdot 0 - 3,85 = -1,48, \tag{7.25}$$

$$y_1 = \frac{1}{1 + e^{-1,48}} = 0,185, \tag{7.26}$$

$$u_2 = 2,36 \cdot 1 + 2,37 \cdot 0 - 3,83 = -1,47, \tag{7.27}$$

$$y_2 = \frac{1}{1 + e^{-1,47}} = 0,187, \tag{7.28}$$

$$u_3 = 7,16 \cdot 0,185 + 6,16 \cdot 0,187 - 5,96 = -3,481, \tag{7.29}$$

$$y_3 = a_1 = \frac{1}{1 + e^{3,480}} = 0,030. \tag{7.30}$$

Die Berechnung für den Fall, dass die Eingangssignale die Werte $e_1 = 0$ und $e_2 = 1$ haben, ergibt die Werte in Beispiel 7.4, die aufgrund von Gl. (7.31) bis (7.36) errechnet worden sind:

Beispiel 7.4

Berechnung der Ausgabe für UND-Funktion, Fall 3

$$u_1 = 2,37 \cdot 1 + 2,37 \cdot 0 - 3,85 = -1,49, \tag{7.31}$$

$$y_1 = \frac{1}{1 + e^{-1,48}} = 0,184, \tag{7.32}$$

$$u_2 = 2,36 \cdot 1 + 2,37 \cdot 0 - 3,83 = -1,46, \tag{7.33}$$

$$y_2 = \frac{1}{1 + e^{-1,47}} = 0,188, \tag{7.34}$$

$$u_3 = 7,16 \cdot 0,185 + 6,16 \cdot 0,187 - 5,96 = -3,482, \tag{7.35}$$

$$y_3 = a_1 = \frac{1}{1 + e^{3,480}} = 0,030. \tag{7.36}$$

Die Berechnung für den Fall, dass die Eingangssignale die Werte $e_1 = 0$ und $e_2 = 0$ haben, ergibt die Werte in Beispiel 7.5, die aufgrund von Gl. (7.37) bis (7.42) errechnet worden sind:

Beispiel 7.5

Berechnung der Ausgabe für UND-Funktion, Fall 4

$$u_1 = 2,37 \cdot 1 + 2,37 \cdot 0 - 3,85 = -3,85, \tag{7.37}$$

$$y_1 = \frac{1}{1 + e^{-1,48}} = 0,021, \tag{7.38}$$

$$u_2 = 2,36 \cdot 1 + 2,37 \cdot 0 - 3,83 = -3,83, \tag{7.39}$$

$$y_2 = \frac{1}{1 + e^{-1,47}} = 0,021, \tag{7.40}$$

$$u_3 = 7,16 \cdot 0,185 + 6,16 \cdot 0,187 - 5,96 = -5,68, \tag{7.41}$$

$$y_3 = a_1 = \frac{1}{1 + e^{3,480}} = 0,003. \tag{7.42}$$

Es ist zu erkennen, dass die maximale Abweichung des trainierten KNN 3 % beträgt. Die Hauptursache für diese Abweichung ist die hier verwendete Sigmoid-Funktion. Unter Anwendung einer anderen Aktivierungsfunktion kann diese Abweichung prinzipiell

weiter reduziert werden, allerdings bietet die Sigmoid-Funktion den Vorteil eines stetigen Funktionsverlaufs, sodass auch kontinuierliche Eingangsgrößen verarbeitet werden
können und die Funktion des Trainingsalgorithmus gewährleistet werden kann. Die Verarbeitung eines solchen kontinuierlichen Signalverlaufs ist in Abb. 7.15 gezeigt. Die Eingangswerte e1 und e2 sind auf den horizontalen Achsen aufgetragen und das resultierende
Ausgangssignal auf der vertikalen Achse. Es zeigt sich, dass dieses KNN auch in der Lage
ist, mit nichtbinären Eingangssignalen im Wertebereich zwischen 0 und 1 ein entsprechendes Ausgangssignal zu berechnen, welches die gewünschte UND-Charakteristik mit
kontinuierlichen Werten nachbildet.

Die im obigen Beispiel verwendeten Werte für die Gewichte wurden mithilfe des Trainingsverfahrens generiert, welches auf Basis der Delta-Regel gradientenbasiert die Einstellung der Gewichte vornimmt. Die Delta-Regel stellt hierbei eine spezielle Form des
Lernverfahrens dar, welche für einschichtige Perzeptrone angewendet wird. Um auch
mehrschichtige Perzeptrone zu trainieren, wird die Delta-Regel verallgemeinert und in
Form des Trainingsverfahrens *Backpropagation* eingesetzt. Für die Anwendung der Delta-
Regel und das verallgemeinerte Verfahren der Backpropagation ist ein kontinuierlicher Sig-
nalverlauf erforderlich, sodass die Wahl der Sigmoid-Funktion als Aktivierungsfunktion

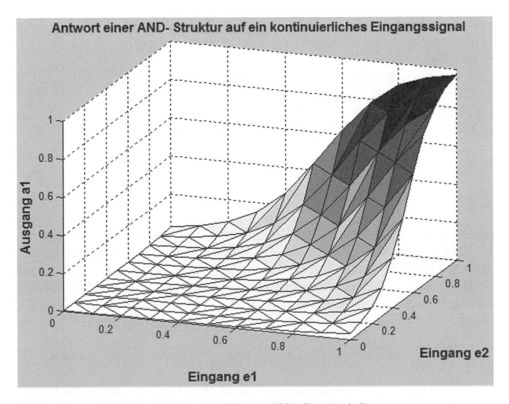

Abb. 7.15 Kontinuierliches Verhalten des KNN mit UND-Charakteristik

nicht unbegründet ist und diese auch in den weiteren Betrachtungen beibehalten wird. Zum Verständnis des Verfahrens wird zunächst näher auf die Delta-Regel eingegangen und vereinfacht dargestellt, auf welcher Grundlage die Anwendung basiert. Im zweiten Schritt wird dann die verallgemeinerte Form zur Anwendung auf Multi-Layer-Perzeptrone erklärt.

Delta-Regel

Die Delta-Regel ist der am häufigsten eingesetzte Algorithmus für das Training von künstlichen KNN. Zur Anwendung muss eine Menge von Trainingsdatensätzen vorliegen, die aus den Werten sowohl der Inputvektoren als auch der zugehörigen, erwarteten Ausgabevektoren (Teaching-Outputvektor) besteht. Am Anfang des Trainings werden oft zufällig initialisierte Werte der Gewichte an den Synapsen der Neuronen des KNN festgelegt (untrainiertes KNN). In einer solchen Situation ist zu erwarten, dass die tatsächlichen Werte der Ausgänge von den korrespondierenden Werten des Teaching-Outputvektors abweichen. Ziel der Anwendung des Trainingsalgorithmus ist es nun, diese Abweichung zu minimieren. Damit wird der Lernfehler, die Differenz zwischen tatsächlichem Ausgang und Teaching-Output, minimal. Im Folgenden wird der auf der Delta-Regel basierende Algorithmus erklärt. In Gl. (7.43) bis (7.54) werden folgende Symbole verwendet:

- Ausgabeneuron Ω als Teil der Gesamtmenge aller Ausgabeneurone A,
- Inputvektor x mit den Elementen x_i aus dem Gesamtdatensatz I,
- tatsächlicher Outputvektor y mit den Elementen y_n,
- Index für ein aus den gesamten Trainingsdaten M selektiertes Trainingsmuster m,
- Teaching Outputvektor t mit den Elementen t_m,
- Fehlervektor E als Differenz der Vektoren $t - y$,
- Vektor der neuronalen Gewichte W mit den Elementen $w_{i,\Omega}$

Das Lernziel kann wie in Gl. (7.43) definiert werden:

$$\min E = \min (t - y) \rightarrow 0. \tag{7.43}$$

Eine Grundüberlegung für den Einsatz der Delta-Regel besteht darin, den Gesamtfehler des KNN, der eine Summe einzelner Ausgangsfehler darstellt, in Abhängigkeit der tatsächlichen Werte der Gewichte zu betrachten. Darauf aufbauend kann der Gewichtsvektor in Abhängigkeit des Fehlervektors gemäß Gl. (7.44) modifiziert werden, was dazu führt, dass die Veränderung der Gewichte ΔW in jedem einzelnen Schritt des Lernprozesses gemäß Gl. (7.44) in Abhängigkeit des Fehlervektors $E(W)$ vorgenommen wird,

$$\Delta W = f(E(W)). \tag{7.44}$$

Die entscheidende Frage ist nun, welcher Zusammenhang zwischen ΔW und dem Fehlervektor $E(W)$ besteht. Um den Fehler $E(W)$ zu minimieren, werden die einzelnen Elemente des Gewichtsvektors W systematisch verändert. Inwieweit die Veränderung einzelner

Gewichte Einfluss auf die Minimierung des Gesamtfehlers hat, lässt sich mithilfe der entsprechenden partiellen Ableitung bestimmen, wie in Gl. (7.45) gezeigt ist. Die äquivalente Darstellung mithilfe des Nabla-Operators ist in Gl. (7.46) gegeben. Die Veränderung der Gewichte ΔW ist dabei proportional zum Gradienten des Fehlers E entlang des Gewichtsvektors W. Entsprechend kann hier mittels eines Proportionalitätsfaktors aus der linearen Abhängigkeit gemäß Gl. (7.46) eine Formel gemäß Gl. (7.47) geschrieben werden. Hierbei wird der Wert von η als Proportionalitätsfaktor verwendet, welcher später noch als sog. Lernrate Einfluss auf die Anzahl erforderlicher Iterationen im Lernprozess haben wird,

$$\Delta w_{i,\Omega} \sim \frac{\partial E\left(W\right)}{\partial w_{i,\Omega}}, \tag{7.45}$$

$$\Delta W \sim \nabla E\left(W\right), \tag{7.46}$$

$$\Delta W = \eta \cdot \nabla E\left(W\right). \tag{7.47}$$

Was zur Bestimmung der Gewichtsveränderung jetzt noch fehlt, ist die Definition der Fehlerfunktion E(W). Prinzipiell lassen sich hier unterschiedliche Fehlerfunktionen definieren, dabei soll jedoch auf den sog. quadratischen Abstand nach Gl. (7.48) zurückgegriffen werden, welcher auch in der Praxis weite Anwendung findet. Hierbei wird die Summe der quadrierten Differenz zwischen tatsächlichen und erwarteten Werten der Ausgangssignale (Trainingsdaten) gebildet. Der Vorteil des quadratischen Abstandes liegt darin, dass große Abweichungen vom gewünschten Ergebnis auch große Auswirkungen auf das Ergebnis der Fehlerfunktion haben, während kleine Abweichungen nicht so sehr ins Gewicht fallen. Zu beachten ist, dass der quadratische Fehler zum einen über die Summe aller Ausgabewerte eines Trainingsdatensatzes gebildet wird (indiziert durch den Index m, Gl. (7.48)) und zum anderen über die Menge aller Trainingsdatensätze (indiziert durch den Index m, Gl. (7.49)),

$$E_m\left(W\right) = \frac{1}{2}\sum_{\Omega \in A}\left(t_{m.\Omega} - y_{m,\Omega}\right)^2, \tag{7.48}$$

$$E\left(W\right) = \frac{1}{2}\sum_{m \in M}\left(\sum_{\Omega \in A}\left(t_{m.\Omega} - y_{m,\Omega}\right)^2\right). \tag{7.49}$$

Um nun die partielle Ableitung des Ausdrucks aus Gl. (7.49) zu erhalten, wie es zur Lösung der Gl. (7.47) erforderlich ist, muss diese Gleichung noch um einen Term erweitert werden, wie in Gl. (7.50) gezeigt. Damit kann der Ausdruck innerhalb der Summe aus Gl. (7.49) partiell nach $y_{m,\Omega}$ abgeleitet werden, sodass sich der Ausdruck nach Gl. (7.51) ergibt,

$$\Delta W = \eta \cdot \nabla E\left(W\right) = \eta \cdot \frac{\partial E\left(W\right)}{\partial w_{i,\Omega}} = \eta \cdot \frac{\partial E\left(W\right)}{\partial y_{m,\Omega}} \cdot \frac{\partial y_{m,\Omega}}{\partial w_{i,\Omega}}, \tag{7.50}$$

$$\frac{\partial\left(t_{m.\Omega} - y_{m,\Omega}\right)^2}{\partial y_{m,\Omega}} = 2 \cdot \left(t_{m,\Omega} - y_{m,\Omega}\right). \tag{7.51}$$

Aus Gl. (7.51) zeigt sich nun der praktische Vorteil des quadratischen Abstandes: Durch die partielle Ableitung ergibt sich eine einfache lineare Funktion, wobei der Faktor 2 in dieser Gleichung sich im Weiteren mit dem Faktor 0,5 aus Gl. (7.49) kürzt. Hieraus ergibt sich aktuell der Gesamtausdruck nach Gl. (7.52). Für den zweiten Term des Produktes auf der rechten Seite der Gleichung, welche noch partiell abgeleitet werden muss, besteht der Zusammenhang, dass das Ausgangssignal $y_{\mu,\Omega}$ sich als Summe aus den Produkten der Eingangsneuronen multipliziert mit den entsprechenden Verbindungsgewichten ergibt, woraus sich der Ausdruck gemäß Gl. (7.53) schlussfolgern lässt,

$$\Delta \mathrm{w}_{i,\Omega} = \eta \cdot \sum_{m \in M} \left(t_{m,\Omega} - y_{m,\Omega} \right) \cdot \frac{\partial y_{m,\Omega}}{\partial w_{i,\Omega}}, \qquad (7.52)$$

$$\frac{\partial y_{m,\Omega}}{\partial w_{i,\Omega}} = \frac{\partial \sum_{i \varepsilon I} \left(y_{m,i} \cdot w_{i,\Omega} \right)}{\partial w_{i,\Omega}} = y_{m,i}. \qquad (7.53)$$

Werden die Teile der Gleichung nun zusammengeführt, erhält man Gl. (7.54). Im letzten Schritt wird der Klammerausdruck noch zusammengefasst und die Differenz zwischen Trainingswert und tatsächlich ausgegebenem Wert als Delta (Δ) definiert, auf dessen Grundlage die Delta-Regel auch ihren Namen hat, sodass sich Gl. (7.55) ergibt. Diese Gleichung kann noch weiter vereinfacht werden, wenn man nur die Veränderung der Gewichte für jedes einzelne Muster betrachtet und nicht über den aufsummierten kompletten Trainingsdatensatz entsprechend Gl. (7.56). Auch wenn dies methodisch nicht ganz korrekt ist, lässt sich dieser Ansatz in der Praxis besser umsetzen, sodass auch in der computerbasierten Nachbildung von KNN diese Methode eingesetzt wird,

$$\Delta \mathrm{w}_{i,\Omega} = \eta \cdot \sum_{m \in M} \left(t_{m,\Omega} - y_{m,\Omega} \right) \cdot y_{m,i}, \qquad (7.54)$$

$$\Delta \mathrm{w}_{i,\Omega} = \eta \cdot \sum_{m \in M} \delta_{m,\Omega} \cdot y_{m,i}, \qquad (7.55)$$

$$\Delta \mathrm{w}_{i,\Omega} = \eta \cdot \delta_{\Omega} \cdot y_i. \qquad (7.56)$$

Aus der Betrachtung der oben dargestellten Gleichungen lassen sich zwei Schlüsse ziehen:

- Die Delta-Regel ist nur für kontinuierliche Signale geeignet, da partielle Ableitungen eingesetzt werden. Dementsprechend muss eine geeignete Aktivierungsfunktion gewählt werden.
- Die gezeigten Gleichungen sind nur gültig für Single-Layer-Perzeptrone, da bei jeder Berechnung die Trainingsdatensätze Verwendung finden, welche natürlich nur für die Ausgabeschicht existieren. Entsprechend kann für die Neuronen in den versteckten Schichten keine Gewichtsveränderung bestimmt werden.

Backpropagation of Error

Um einen vergleichbaren Lernalgorithmus für mehrschichtige Perzeptrone (Multi-Layer-Perzeptron, MLP) einsetzen zu können, muss die Schwierigkeit des fehlenden Trainingsmusters für die inneren Neuronenschichten umgangen werden. Dies geschieht im Lernalgorithmus „Backpropagation of Error", in dem das δ und somit auch die Delta-Regel verallgemeinert wird.

Zur Verallgemeinerung der Delta-Regel wird folgende Überlegung zugrunde gelegt. Bei den zuvor betrachteten Single-Layer-Perzeptronen wurde das δ aus dem Vergleich des Trainingsmusters mit den Werten der Ausgabe des KNN bestimmt. Da in einem MLP allerdings nicht nur die Ausgangsneuronen betrachtet werden sollen, sondern auch die innen liegenden Neuronen, wird anstelle der Ausgabewerte die gewichtete Summe jedes einzelnen Neurons verwendet. Da jedes Neuron in einem künstlichen KNN diesen Wert bereitstellt, kann unabhängig von der Lage des Neurons eine Gewichtsveränderung bestimmt werden. Auf Grundlage dieser Überlegung wird die zuvor für SLP verwendete Gl. (7.50) zu (7.57) umgewandelt. Da jetzt mehrere Schichten von Neuronen vorhanden sind, verändert sich auch die Bedeutung der Indizes i und Ω, und es gilt im Weiteren:

- Ω ist der Index des jeweiligen betrachteten Neurons, zu dem die neuronale Verbindung hinführt.
- Ein Vorgängerneuron eines beliebigen Neurons mit Index Ω erhält den Index i aus der Menge der Vorgängerneurone I.
- u_Ω ist die gewichtete Summe für das Neuron mit dem Index Ω, gemäß Gl. (7.58).
- y_i ist die Ausgabe des Neurons mit dem Index i.
- $w_{i,\Omega}$ ist das Gewicht der Verbindung von Neuron i zu Neuron Ω,

$$\Delta W = \eta \cdot \nabla E(W) = \eta \cdot \frac{\partial E(W)}{\partial w_{i,\Omega}} = \eta \cdot \frac{\partial E(W)}{\partial u_\Omega} \cdot \frac{\partial u_\Omega}{\partial w_{i,\Omega}}, \qquad (7.57)$$

$$u_\Omega = \sum_{i \varepsilon I} y_i \cdot w_{i,\Omega}. \qquad (7.58)$$

Bei der Lösung von Gl. (7.57) sind zwei Fälle zu unterscheiden. Zum einen der Fall, in dem Ω die Neuronen der Ausgabeschicht indiziert, und zum anderen der Fall, in dem Ω die inneren Neurone indiziert. Dementsprechend ergibt sich der mittlere Faktor $\frac{\partial E(W)}{\partial u_\Omega}$ aus Gl. (7.57) und kann mit Gl. (7.59) beschrieben werden:

$$\delta_\Omega = \frac{\partial E(W)}{\partial u_\Omega}. \qquad (7.59)$$

Für die Neuronen der Ausgabeschicht ist logischerweise die Veränderung der Gewichte zu den Vorgängerneuronen direkt abhängig von den Trainingsmustern, die mit den Werten der Ausgabeneuronen verglichen werden können. Die Veränderung der Gewichte für die

davor liegenden Neuronen ist wiederum abhängig von δ und den Gewichten zu den Nach-
folgeneuronen, wobei das δ natürlich erst bekannt ist, wenn dies zuvor für die Nach-
folgeschicht berechnet wurde. Dies bedeutet, dass der Fehler zwischen Trainingsmuster
und Ausgabemuster bildlich gesprochen, beginnend von der Ausgabeschicht, durch das
gesamte KNN in Rückwärtsrichtung durchgereicht wird, wobei von Schicht zu Schicht
entsprechend der Bestimmung der δ-Werte sich die Anpassung der inneren Schichten
ergibt. Auf der Grundlage dieser Methodik basiert auch der Name Backpropagation, da
der Fehler sich entsprechend rückwärts durch alle Schichten fortpflanzt und zur Anpassung der Gewichte genutzt wird.

Auf eine exakte Herleitung, wie sich die beiden Fälle zur Lösung des Ausdrucks in
Gl. (7.59) mathematisch begründen lassen, soll hier verzichtet werden (s. hierzu [1]). Die
Definition des δ-Wertes für die beiden Fälle ist in Gl. (7.60) gezeigt. Dabei bedeuten die
innerhalb der Gleichungen zusätzlich verwendeten Symbole Folgendes:

- t ist der erwartete Wert aus dem Trainingsdatensatz,
- f_{Trans} ist die Aktivierungsfunktion des Neurons,

$$\delta_\Omega = \begin{cases} f \dfrac{\partial f_{Trans}(u_\Omega)}{\partial u_\Omega} \cdot (t_\Omega - y_\Omega) & \text{für Neuronen der Ausgabeschicht} \\[3mm] f \dfrac{\partial f_{Trans}(u_\Omega)}{\partial u_\Omega} \cdot \sum_{i \in I} (\delta_i \cdot w_{\Omega,i}) & \text{für innere Neuronen} \end{cases} . \quad (7.60)$$

Wie Gl. (7.60) zeigt, wird zur Bestimmung des δ die partielle Ableitung der Aktivierungsfunktion benötigt. Dies wiederum zeigt, dass der genutzte Trainingsalgorithmus nur für
stetig definierte bzw. ableitbare Aktivierungsfunktionen angewendet werden kann. Die
Verwendung von binären Aktivierungsfunktionen wie bspw. die Signum-Funktion führt
während des Trainings zu keinen sinnvollen Ergebnissen.

Zur vollständigen Lösung von Gl. (7.57) muss nun noch der rechte Faktor umgeformt
werden. Da sich die gewichtete Summe aus der Summe der Produkte aller Eingangssignale mit deren Gewicht ergibt, erhält man hierzu folgende Gl. (7.61). Aus der dargestellten
partiellen Ableitung nach dem jeweiligen Gewicht ergibt sich als Lösung der Ausgabewert
y des Vorgängerneurons i,

$$\frac{\partial u_\Omega}{\partial w_{i,\Omega}} = \frac{\partial \sum_{i \in I} y_i \cdot w_{i,\Omega}}{\partial w_{i,\Omega}} = y_i. \quad (7.61)$$

Das Einsetzen der Ausdrücke aus Gl. (7.59) und (7.61) in Gl. (7.57) führt zu folgender
Gl. (7.62), wobei der Wert für δ sich gemäß Gl. (7.60) ergibt,

$$\Delta w_{i,\Omega} = \eta \cdot \delta_\Omega \cdot y_i. \quad (7.62)$$

Somit ist mittels Gl. (7.62) definiert, wie die Gewichte der einzelnen neuronalen Verbindungen anzupassen sind. Dieses Verfahren kann sowohl für Multi- als für Single-Layer-

Perzeptrone angewendet werden, wobei für die Anwendung aus SLP die allgemeine Form wieder reduziert wird zur Delta-Regel. (Hierzu wird insbesondere Gl. (7.60) vereinfacht.) Neben diesem Trainingsverfahren existieren auch noch weitere Verfahren, welche für Multi-Layer-Perzeptrone eingesetzt werden können, jedoch ist das Backpropagation of Error ein effizientes Verfahren, welches sich in Computersimulationen praktisch einsetzen lässt.

Beispielhafter Trainingsablauf

Zum Verständnis der zuvor erläuterten Vorgehensweise beim Training von KNN mittels Back-propagation-Algorithmus wird im Folgenden der Ablauf dieses Trainings an einem KNN bestehend aus fünf Neuronen gezeigt. Aufgabe dieses KNN soll es sein, eine logische ODER-Verknüpfung nachbilden zu können. Das KNN sowie dessen willkürlich festgelegte Parameter für die Verbindungsgewichte und die Bias-Werte sind in Abb. 7.16 gezeigt.

Jeder Trainingsdatensatz für den Lernprozess dieses KNN besteht aus zwei Eingangswerten und dem zugehörigen Ausgabewert, welche entsprechend der logischen ODER-Funktion gestaltet sind. Die entsprechende Wahrheitstabelle ist in Tab. 7.3 in Abschn. 7.3 gezeigt.

Der erste Schritt beim Training des ersten Datensatzes hat als Eingangsparameter für jeden Eingang ein Signal von 1, sodass als korrektes Ausgangssignal ebenfalls eine 1

Abb. 7.16 Zu trainierendes KNN zur Nachbildung der ODER-Funktion

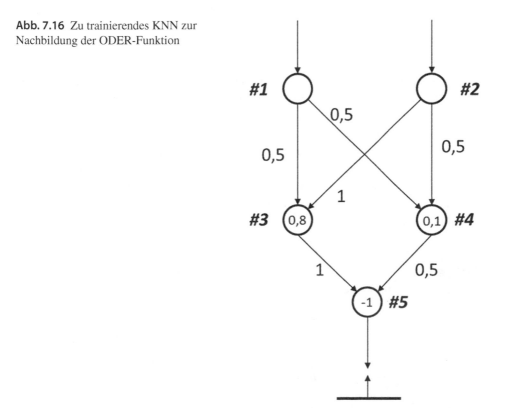

Abb. 7.17 Trainingsschritt zur
Umsetzung der ODER-Funk-
tion in einem KNN

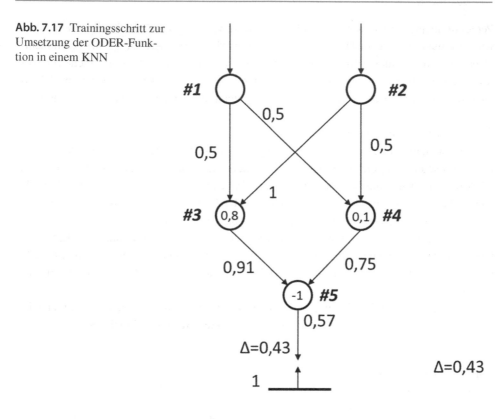

erwartet wird. Das Ergebnis und die Zwischenergebnisse an den einzelnen Neuronen für
das untrainierte KNN sind in Abb 7.17 dargestellt, die auch die Abweichung des erhaltenen
Ergebnisses vom erwarteten Ergebnis zeigt. Diese Werte ergeben sich entsprechend Beispiel 7.6 bzw. Gleichung (7.63) bis (7.70). Beispiel 7.7 bzw. Gleichung (7.71) bis (7.86)
zeigen die Berechnungsschritte und die Ergebnisse für den ersten Trainingsschritt. Hieraus
ergibt sich, inwiefern die Gewichte der einzelnen Verbindungen angepasst werden müssen.

Zusätzlich werden auch die Bias-Werte der Aktivierungsfunktion in jedem Schritt angepasst. Für den Trainingsprozess wurde hierbei eine Lernrate von 0,9 angenommen, wie in
Gl. (7.71) definiert ist,

Beispiel 7.6

Ausgangswerte für KNN, ODER-Funktion

$$u_3 = x_1 \cdot w_{1,3} + x_2 \cdot w_{2,3}, \tag{7.63}$$

$$u_3 = 0,5 \cdot 1 + 1 \cdot 1 = 1,5, \tag{7.64}$$

$$u_4 = x_2 \cdot w_{2,4} + x_1 \cdot w_{1,4}, \tag{7.65}$$

$$u_4 = 0,5 \cdot 1 + 0,5 \cdot 1 = 1, \tag{7.66}$$

$$y_3 = \frac{1}{1 + e^{-(0.8+1.5)}} = \frac{1}{1 + e^{-2.3}} = \frac{1}{1 + 0,1} = 0,91, \tag{7.67}$$

$$y_4 = \frac{1}{1 + e^{-(0,1+1,5)}} = \frac{1}{1 + e^{-2,3}} = \frac{1}{1 + 0,1} = 0,75, \tag{7.68}$$

$$u_5 = 0,91 \cdot 1 + 0,5 \cdot 0,75 = 0,91 + 0,38 = 1,29, \tag{7.69}$$

$$y_5 = \frac{1}{1 + e^{-(1+1,29)}} = \frac{1}{1 + e^{-0,29}} = \frac{1}{1 + 0,75} = 0,57, \tag{7.70}$$

Beispiel 7.7

Trainingsschritt für KNN, ODER-Funktion

$$\eta = 0,9, \tag{7.71}$$

$$\delta_5 = (1 - 0,57) \cdot 0,57 \cdot (1 - 0,57) = 0,105, \tag{7.72}$$

$$\Delta w_5 = 0,9 \cdot 0,105 \cdot 0,91 = 0,086, \tag{7.73}$$

$$\Delta w_6 = 0,9 \cdot 0,105 \cdot 0,75 = 0,071, \tag{7.74}$$

$$\delta_3 = 0,91(1 - 0,91) \cdot 0,086 \cdot 0,91 = 0,0064, \tag{7.75}$$

$$\delta_4 = 0,75(1 - 0,75) \cdot 0,071 \cdot 0,75 = 0,01, \tag{7.76}$$

$$\Delta w_1 = 0,9 \cdot 0,064 \cdot 0,5 = 0,0029, \tag{7.77}$$

$$\Delta w_3 = 0,9 \cdot 0,064 \cdot 1 = 0,0058, \tag{7.78}$$

$$\Delta w_2 = 0,9 \cdot 0,01 \cdot 0,5 = 0,0045, \tag{7.79}$$

$$\Delta w_4 = 0,9 \cdot 0.01 \cdot 0,5 = 0,0045, \tag{7.80}$$

$$\Delta b_5 = 0,9 \cdot 0,105 = 0,095, \tag{7.81}$$

$$\Delta b_3 = 0,9 \cdot 0,0064 = 0,009, \tag{7.82}$$

$$\Delta b_4 = -1 + 0,095 = -0,905, \tag{7.83}$$

$$b_5 = -1 + 0,095 = -0,905, \tag{7.84}$$

$$b_3 = 0,80042, \tag{7.85}$$

$$b_3 = 0,101. \tag{7.86}$$

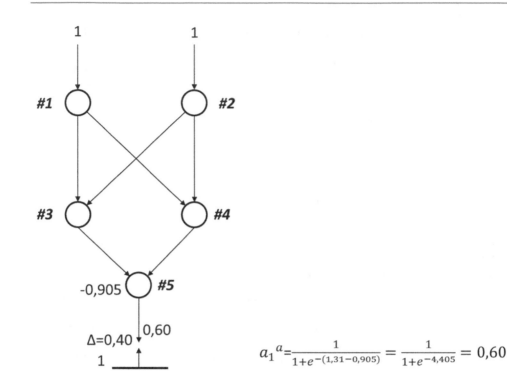

$$a_1{}^a = \frac{1}{1+e^{-(1,31-0,905)}} = \frac{1}{1+e^{-4,405}} = 0{,}60$$

Abb. 7.18 Ergebnis des KNN nach dem ersten Trainingsschritt

Wird mit den nun angepassten Werten des KNN die Berechnung erneut mit den Eingangs-werten von 1 durchgeführt, zeigt sich, dass es immer noch eine große Differenz zwischen erhaltenem und gewünschtem Ergebnis gibt, wie in Abb. 7.18 dargestellt ist. Es zeigt sich aber auch, dass die Differenz zwischen den beiden Werten im Vergleich zum untrainierten KNN kleiner geworden ist. Dieser Prozess wird im gleichen Muster so lange fortgeführt, bis die gewünschte Fehlerschwelle unterschritten wird. Hierbei wird die Fehlerschwelle meist bei ε = 3 % gewählt.

Ist das Training mit diesem einen Datensatz abgeschlossen, werden nun in den nächsten Trainingsschritten die anderen Kombinationen gemäß der Wahrheitstabelle der ODER-Funktion als Trainingsdaten verwendet, und das KNN wird ebenfalls so weit trainiert, dass die gewünschte Fehlerschwelle unterschritten wird.

Da das Training mit unterschiedlichen Mustern die bereits durch die anderen Trainings-datensätze angepassten Gewichte wieder verändert, wird im nächsten Schritt wieder mit dem ersten Trainingsdatensatz begonnen, sodass eine komplette Trainingsperiode immer aus vier Datensätzen besteht. Diese vier Datensätze werden dem neuronalen KNN kon-tinuierlich zum Training zur Verfügung gestellt, bis die Abweichung des Ergebnisses bei allen vier Kombinationen unterhalb der gewünschten Fehlerschwelle liegt.

Die kontinuierliche Veränderung der Werte für die Gewichte und den Bias-Wert sowie der Verlauf der erforderlichen Iterationen, die pro Trainingsschritt erforderlich, sind

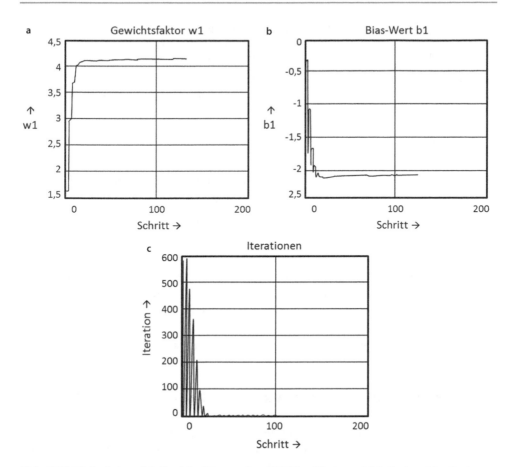

Abb. 7.19 Verlauf eines (**a**) Gewichtsfaktors, eines (**b**) Bias-Wertes und (**c**) die Anzahl erforderlicher Iterationen pro Trainingsschritt im Verlauf eines Trainingsprozesses

exemplarisch in Abb. 7.19 gezeigt. Es ist zu erkennen, dass anfänglich relativ große Veränderungen der Werte auftreten, diese sich aber im späteren Verlauf des Trainings asymptotisch einem Endwert annähern. Auch die anfänglich große Anzahl erforderlicher Iterationen wird im Verlauf des Trainings reduziert, da nur noch kleine Anpassungen der Werte erforderlich sind.

Die für das Training gezeigten exemplarischen Verläufe sind abhängig von den initialen Werten für die Gewichte und die Bias-Werte. Eine gute Auswahl für initiale Gewichte und Bias-Werte kann die Anzahl erforderlicher Iterationen im Verlauf des Trainings reduzieren. Für einfache KNN wie dem hier gezeigten zur Umsetzung der ODER-Funktion ist dieses Kriterium eher nebensächlich, da die heutige Rechentechnik ausreichend stark ist, um das Training in kurzer Zeit durchzuführen. Für komplexere KNN zur Lösung aufwendigerer Probleme kann eine gute Auswahl von Initialbedingungen allerdings einen enormen Zeitvorteil bei der Durchführung des Trainingsprozesses mit sich bringen. Zur Verdeutlichung ist in Tab. 7.6 für unterschiedliche Startbedingungen gezeigt, wie viele Iterationen

Tab. 7.6 Erforderliche Iterationszahl in Abhängigkeit von unterschiedlichen Initialbedingungen

Nr.	w1	w2	w3	w4	w5	w6	b1	b2	b3	Iterationen
1 Start	1	1	1	1	2	1	−1	−2	−2	34
Ende	4,22	4,22	3,32	3,32	5,52	4,51	−2,13	−2,12	−4,55	
2 Start	2	0	2	1	2	3	−3	−2	−2	7
Ende	3,98	1,98	5,67	4,67	5,76	6,76	−2,79	−2,54	−4,30	
3 Start	0	1	0	1	0	1	0	1	0	29
Ende	1,01	1,01	5,92	6,93	6,75	7,75	−1,65	−2,62	−5,09	
4 Start	2	2	2	2	2	2	2	2	2	61
Ende	4,18	4,18	4,18	4,18	4,72	4,72	−1,84	−1,84	−4,77	

pro Trainingsschritt im Mittel erforderlich waren, um dem KNN die Funktionalität der ODER-Verknüpfung beizubringen. Ebenfalls dargestellt sind die Werte für die Gewichte und Bias-Werte, die unter den gegebenen Startbedingungen am Ende resultierten. Man erkennt, dass große Unterschiede zwischen den einzelnen Fällen für die gleichen Werten auftreten können und trotzdem die gewünschte Funktionalität erreicht werden kann.

7.4.4 Training von KNN mit Rückkopplung: Das Hopfield-Modell

Die Topologie eines Hopfield-Netzes unterscheidet sich strukturell von den in den vorigen Abschnitten betrachteten Single- und Multi-Layer-Perzeptronen von KNN. Innerhalb eines Hopfield-Netzes sind alle Neuronen miteinander verbunden, wobei keine dedizierten Ein- oder Ausgabeneuronen existieren. Vielmehr stellt jedes Neuron in einem Hopfield-Netz sowohl Ausgabe- als auch Eingabeneurone dar.

Wird ein zu analysierendes Muster dem Hopfield-Netz übergeben, wird ein entsprechender Selbstoptimierungsalgorithmus durchlaufen, bis alle Neuronen einen stabilen Zustand erreicht haben. Dieser Zustand stellt gleichzeitig das Ausgabemuster dar. Diese Herangehensweise erklärt auch, warum Hopfield-Netze insbesondere für Schrifterkennung oder andere Mustererkennungsverfahren geeignet sind: Aus einem unscharfen, nicht eindeutig zuzuordnenden Muster wird ein eindeutiges Muster generiert (Beispiel: Aus einer schwer leserlichen, undeutlichen Handschrift werden klar erkennbare Buchstaben generiert). Ein einfaches Exemplar eines Hopfield-Netzes mit fünf Neuronen zeigt Abb. 7.20.

Die Verbindungen zwischen den Neuronen können wie in jedem KNN entsprechend der Stärke der Verbindung mit Gewichtsfaktoren beschrieben werden. Für die Betrachtung eines Hopfield-Netzes sollen folgende Konventionen gelten:

- Ein betrachtetes Neuron wird mit dem Index i gekennzeichnet.
- Mit dem Neuron i verbundene Neurone werden mit dem Index j aus der Menge J gekennzeichnet.

Abb. 7.20 Hopfield-Netz
bestehend aus fünf Neuronen

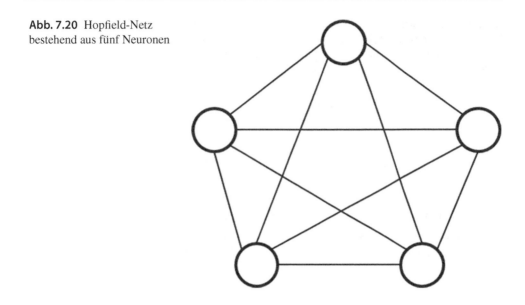

- Der Gewichtsfaktor der Verbindung zwischen zwei Neuronen wird mit w_{ij} bezeichnet.
- Der Zustand nach einem Berechnungszyklus für ein Neuron i wird mit y_i bezeichnet.
- Der Zustand vor einem Berechnungszyklus für ein Neuron i wird mit x_i bezeichnet.

Der Zustand eines Neurons in einem solchen KNN ist entweder 1 oder − 1 und ergibt sich aus der Summe der eingehenden gewichteten Signale aller verbundenen Neuronen, wobei diese noch mittels einer Aktivierungsfunktion abgebildet wird. Für die Verbindungen zwischen den Neuronen gilt, dass diese in beide Richtungen die gleiche Gewichtung haben. Das Gewicht einer Verbindung eines Neurons zu sich selbst ist immer 0, d. h., es existiert keine Selbstrückkopplung [7]. Die genannten Zusammenhänge sind in Gl. (7.87) bis (7.91) dargestellt,

$$y_i = f_{Akt}\left(\sum_{j\varepsilon J} w_{ij} \cdot x_j\right), \tag{7.87}$$

$$w_{ii} = 0 \quad \forall i, \tag{7.88}$$

$$w_{ij} = w_{ji}, \tag{7.89}$$

$$y_i(t) = x_i(t+1), \tag{7.90}$$

$$f_{Akt}(u) = \begin{cases} 1 & \forall\, u > 0 \\ -1 & \forall\, u \le 0 \end{cases}. \tag{7.91}$$

Anhand eines einfachen Beispiels bestehend aus drei Neuronen sollen im Folgenden die Eigenschaften von Hopfield-Netzen erläutert werden. Im betrachteten Beispiel-KNN sind die Verbindungen zwischen allen drei Neuronen mit 1 gewichtet, wie Abb. 7.21

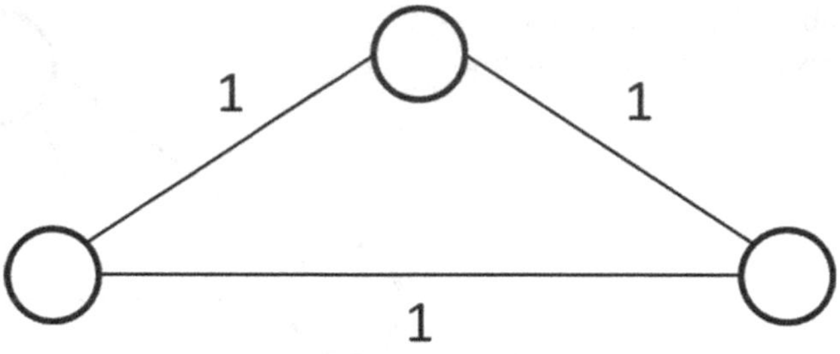

Abb. 7.21 Exemplarisches
Hopfield-Netz, bestehend aus
drei Neuronen und Gewichtsfaktoren von 1

veranschaulicht. Die sich hieraus ergebenden Gewichtsfaktoren sind gemäß Beispiel 7.8
bzw. Gleichung (7.92) bzw. (7.93) definiert. Über die sog. Netzmatrix gemäß Gl. (7.94)
können die Verbindungen zwischen den einzelnen Neuronen in formaler Form dargestellt
werden,

Beispiel 7.8

Gewichtsmatrix eines Hopfield-Netzes mit drei Neuronen

$$w_{12} = w_{21} = w_{13} = w_{31} = w_{23} = w_{32} = 1, \tag{7.92}$$

$$w_{11} = w_{22} = w_{33} = 0, \tag{7.93}$$

$$W = \begin{bmatrix} 0 & 1 & 1 \\ 1 & 0 & 1 \\ 1 & 1 & 0 \end{bmatrix}. \tag{7.94}$$

Als initialer Eingangsvektor des KNN wird folgender Vektor gemäß Beispiel 7.9 bzw.
Gleichung (7.95) angenommen:

Beispiel 7.9

Eingangsvektor für ein Hopfield-Netzes mit drei Neuronen

$$x(t = 1) = \begin{bmatrix} 1 \\ -1 \\ 1 \end{bmatrix}. \tag{7.95}$$

Die Antwort des KNN unter Annahme der zuvor genannten Gewichte (Gl. (7.94)), Eingangsdaten (Gl. (7.95)) bzw. der Aktivierungsfunktion (Gl. (7.91)) lässt sich entsprechend
Gl. (7.96) in Beispiel 7.10 bestimmen:

Beispiel 7.10

Antwort des Hopfield Netzes nach der ersten Iteration

$$y(t=1) = f\left(W \cdot x(t=1)\right) = f\left(\begin{bmatrix} 0 & 1 & 1 \\ 1 & 0 & 1 \\ 1 & 1 & 0 \end{bmatrix} \cdot \begin{bmatrix} 1 \\ -1 \\ 1 \end{bmatrix}\right) = f\begin{pmatrix} 0-1+1 \\ 1+0+1 \\ 1-1+0 \end{pmatrix}$$

$$= f\begin{pmatrix} 0 \\ 2 \\ 0 \end{pmatrix} = \begin{bmatrix} -1 \\ 1 \\ -1 \end{bmatrix}. \tag{7.96}$$

Führt man eine weitere Iteration mit dem nun erhaltenen Ausgangsvektor als neuen Eingangsvektor für das KNN durch, erhält man das Ergebnis in Beispiel 7.11 nach Gl. (7.97):

Beispiel 7.11

Antwort des Hopfield Netzes nach der zweiten Iteration

$$y(t=2) = f\left(W \cdot x(t=2)\right) = f\left(W \cdot y(t=1)\right) = \begin{bmatrix} -1 \\ -1 \\ -1 \end{bmatrix}. \tag{7.97}$$

Mit einer weiteren Iteration ergibt sich der Ausgangsvektor gemäß Beispiel 7.12 bzw. Gleichung (7.98). Es ist festzustellen, dass dieser identisch mit dem Ausgangsvektor aus Gl. (7.97) ist. Das KNN und somit auch das Erkennungsmuster haben sich stabilisiert, und weitere Iterationen würden keine weitere Veränderung des KNN verursachen,

Beispiel 7.12

Antwort des Hopfield Netzes nach der dritten Iteration

$$y(t=3) = f\left(W \cdot x(t=3)\right) = f\left(W \cdot y(t=2)\right) = \begin{bmatrix} -1 \\ -1 \\ -1 \end{bmatrix}. \tag{7.98}$$

Aus dem oben gezeigten Beispiel lässt sich erkennen, wie ein Hopfield-Netz funktioniert und wie Muster mithilfe eines solches KNN erkannt werden können. Was noch nicht geklärt wurde, ist die Fragestellung, wie die Gewichte zwischen den Neuronen eines solchen KNN bestimmt werden und wie der dazu passende Lernalgorithmus funktioniert.

Zur Erläuterung des Algorithmus soll ein Beispiel mit vier Neuronen verwendet werden, welches zur Mustererkennung eines einfachen Bildes bestehend aus vier Pixeln eingesetzt

Abb. 7.22 Anwendungsbeispiel Minibild: Abbildung von vier Pixeln auf den Mustervektor a

wird. In Abb. 7.22 ist dieses Minibild dargestellt, in dem zwei Pixel aktiv sind und welches dem gewünschten stabilen Zustand entspricht. Dieses Bild wird entsprechend in Zahlenwerte umgewandelt und diese wiederum entsprechend Beispiel 7.13 in einem Vektor a abgebildet (Gl. (7.99)), welcher das Muster repräsentiert,

---

Beispiel 7.13

Eingangsvektor für Hopfield-Netz

$$a = \begin{bmatrix} 1 \\ -1 \\ -1 \\ 1 \end{bmatrix}. \tag{7.99}$$

Die Werte der Gewichtsfaktoren und der daraus gebildeten Gewichtsmatrix werden in einem nächsten Schritt initialisiert wie in Beispiel 7.14 gezeigt. Hierbei wird die Bildungsvorschrift nach Gl. (7.100) angewendet, durch welche die Gewichte so gestaltet werden, dass das gewünschte Ausgabemuster verstärkt wird, während andere Muster iterativ verändert werden. Die sich daraus ergebende Gewichtsmatrix des stationären Hopfield-Netzes wird daraus entsprechend Gl. (7.101) gebildet:

Beispiel 7.14

Intialisierung von Gewichtsfaktoren für ein Hopfield-Netz

$$w_{ij} = \begin{cases} 0 & \text{für } i = j \\ a_i \cdot a_j & \text{für } i \neq j \end{cases}, \tag{7.100}$$

$$W = \begin{bmatrix} 0 & -1 & -1 & 1 \\ -1 & 0 & 1 & -1 \\ -1 & 1 & 0 & -1 \\ 1 & -1 & -1 & 0 \end{bmatrix}. \tag{7.101}$$

Abb. 7.23 Anwendungsbeispiel Minibild: Eingabe eines leicht verrauschten Bildes

Bei der Anwendung des iterativen Algorithmus zur Musterausgabe stellt man bereits nach einer Iteration fest, dass mit dieser Gewichtsmatrix der Ausgabevektor bestätigt wird. Wie sich das KNN verhält, wenn anstelle des gewünschten Ausgabemusters ein verändertes, leicht verrauschtes Muster dem KNN als Eingabe übergeben wird, zeigt folgendes Beispiel. Abbildung 7.23 zeigt das leicht verrauschte Bild, in dem ein weiteres Pixel aktiv ist, sowie die zugehörigen Zahlenwerte, aus denen sich der Mustervektor a gemäß Beispiel 7.15 bzw. Gleichung (7.102) ergibt,

Beispiel 7.15

Eingangsvektor für ein leicht verrauschtes Bild

$$a = \begin{bmatrix} 1 \\ 1 \\ -1 \\ 1 \end{bmatrix}. \tag{7.102}$$

Die Berechnung des Ausgabevektors ergibt bereits nach nur einer Iteration das gewünschte Muster als Ausgabe, wie Beispiel 7.16 bzw. Gleichung (7.103) zeigt:

Beispiel 7.16

Ausgabe für ein leicht verrauschtes Bild

$$y(t = 1) = f\left(\begin{bmatrix} 0 & -1 & -1 & 1 \\ -1 & 0 & 1 & -1 \\ -1 & 1 & 0 & -1 \\ 1 & -1 & -1 & 0 \end{bmatrix} \cdot \begin{bmatrix} 1 \\ 1 \\ -1 \\ 1 \end{bmatrix}\right) = f\left(\begin{bmatrix} 1 \\ -3 \\ -1 \\ 1 \end{bmatrix}\right) = \begin{bmatrix} 1 \\ -1 \\ -1 \\ 1 \end{bmatrix}. \tag{7.103}$$

Da die Aufgabe von KNN nach dem Hopfield-Prinzip die Erkennung von Mustern ist, kann natürlich nicht jedes beliebige Eingangsmuster zum gewünschten Ausgangsmuster führen. Dies wird anhand des folgenden Beispiels verdeutlicht, in dem das Muster, wie in Abb. 7.24 dargestellt, zu stark verrauscht ist, d. h., es weicht zu stark vom trainierten Ausgabemuster ab, sodass das neuronale KNN keine „Ähnlichkeit" mehr feststellen kann.

Abb. 7.24 Anwendungsbeispiel Minibild: Eingabe eines stark verrauschten Bildes

Mit dem zugehörigen Vektor a aus Beispiel 7.17 entsprechend Gl. (7.104) zeigt sich nach der ersten Iteration des Ausgabealgorithmus ein Ergebnis gemäß Gl. (7.105), in dem die Ausgabe dem Eingabevektor mit negativem Vorzeichen entspricht. In der darauf folgenden Iteration entsprechend Gl. (7.106) ist der Ausgabevektor wiederum der ursprüngliche Eingabevektor a. Dies zeigt, dass es hier im Verlauf der weiteren Iterationen zu einer Oszillation zwischen diesen beiden Zuständen kommen wird und das KNN keinen stabilen Zustand erreicht. Somit konnte aus diesem Eingabemuster kein trainiertes Muster erkannt werden,

---

Beispiel 7.17

Eingabe und Ausgabe für ein stark verrauschtes Bild

$$a = \begin{bmatrix} 1 \\ 1 \\ -1 \\ -1 \end{bmatrix}, \tag{7.104}$$

$$y(t=1) = f\left(\begin{bmatrix} 0 & -1 & -1 & 1 \\ -1 & 0 & 1 & -1 \\ -1 & 1 & 0 & -1 \\ 1 & -1 & -1 & 0 \end{bmatrix} \cdot \begin{bmatrix} 1 \\ 1 \\ -1 \\ -1 \end{bmatrix} \right) = f\left(\begin{bmatrix} -1 \\ -1 \\ 1 \\ 1 \end{bmatrix} \right) = \begin{bmatrix} -1 \\ -1 \\ 1 \\ 1 \end{bmatrix}, \tag{7.105}$$

$$y(t=2) = f\left(\begin{bmatrix} 0 & -1 & -1 & 1 \\ -1 & 0 & 1 & -1 \\ -1 & 1 & 0 & -1 \\ 1 & -1 & -1 & 0 \end{bmatrix} \cdot \begin{bmatrix} -1 \\ -1 \\ 1 \\ 1 \end{bmatrix} \right) = f\left(\begin{bmatrix} 1 \\ 1 \\ -1 \\ -1 \end{bmatrix} \right) = \begin{bmatrix} 1 \\ 1 \\ -1 \\ -1 \end{bmatrix}. \tag{7.106}$$

In der Praxis ist der Einsatz von Hopfield-Netzen zur Mustererkennung gewöhnlich für mehr als nur ein einziges zu erkennendes Muster ausgelegt. In der Handschriftenerkennung bspw. sind mindestens 26 grundlegende Zeichen als Muster einzusetzen, welche noch durch Umlaute, Ziffern oder andere Zeichen ergänzt werden können. Entsprechend werden Hopfield-Netze mit mehreren Mustern wie folgt dargestellt:

Es sei eine Anzahl n zu trainierende Muster a^1, a^2 ... a^j gegeben, wobei diese sich aus den Einzelwerten entsprechend Gl. (7.107) ergeben,

$$a^j = \begin{pmatrix} a_1^j \\ a_2^j \\ \vdots \\ a_n^j \end{pmatrix}. \tag{7.107}$$

Für jedes der zu trainierenden Muster wird eine entsprechende Gewichtsmatrix W^j gebildet, deren Elemente entsprechend der Bildungsvorschrift nach Gl. (7.100) definiert sind, sodass sich die musterspezifische Gewichtsmatrix wie folgt ergibt:

$$W^j = \begin{bmatrix} w_{11}^j & \cdots & w_{1k}^j \\ \vdots & \ddots & \vdots \\ w_{k1}^j & \cdots & w_{ik}^j \end{bmatrix}. \tag{7.108}$$

Aus der Gesamtmenge dieser einzelnen, musterspezifischen Matrizen lässt sich die Gesamtmatrix W bilden, indem für jedes verbindungsspezifische Gewicht über alle Muster die Summe gebildet wird, wie Gl. (7.109) verdeutlicht:

$$W = \sum_{j=1}^{n} W^j. \tag{7.109}$$

Zu beachten ist hierbei, dass das Speichervermögen von Hopfield-Netzen nicht unbegrenzt ist. Das Verhältnis zwischen zu erlernenden Mustern und Neuronen sollte den Wert 0,139 nicht überschreiten. Gilt es beispielsweise, 14 verschiedene Muster einem KNN beizubringen, sollte das KNN aus mehr als 100 Neuronen bestehen. In der konkreten Anwendung könnte damit eine Bilderkennung erfolgen, wobei die Bilder aus jeweils 100 Pixeln bestehen und 14 unterschiedliche Bilder erkannt werden können. Wird der Verhältniswert von 0,139 überschritten, wird das KNN bei der Mustererkennung eine höhere Fehlerquote aufweisen, bzw. es wird in keinem stabilen Zustand bei der Durchführung von Iterationen zur Mustererkennung enden. Die Herleitung des Wertes von 0,139 ist relativ aufwendig, sodass hier darauf verzichtet werden soll. Sie kann bspw. mittels Durchführung einer hohen Zahl von Simulationen nachgewiesen werden und wurde in diversen Abhandlungen begründet [2].

7.4.5   Lernverfahren für selbstorganisierte KNN

Die Kohonen-Netzwerke sind hinsichtlich ihrer Struktur so organisiert, dass sie der Struktur des KNN des menschlichen Gehirns am nächsten kommen. Das menschliche Gehirn stellt ein selbstorganisiertes KNN dar, welches in der Lage ist, aufgrund gemachter Erfahrungen die Verbindungen zwischen den Neuronen zu verstärken oder zu reduzieren. Hierbei wird nicht wie bei den Perzeptronen das erwartete Ergebnis mit dem tatsächlichen verglichen und die ermittelte Differenz als Fehler zurückgeführt, sondern die Organisation des KNN geschieht selbstständig durch die zugeführten Eingangsmuster, ähnlich dem menschlichen Lernprozess.

Die grundlegende Struktur von Kohonen-Netzwerken besteht aus einer Eingangsschicht von Neuronen, welche die Eingangssignale aufnehmen und somit bereits vorverarbeiten und dann über neuronale Verbindungen der eigentlichen Verarbeitungsschicht, der sog. Kohonen-Schicht, zuführen. Diese Struktur wird aufgrund der vorhandenen Eingangs-schicht auch sensorische Karte genannt, da hiermit quasi sensorische Wahrnehmungen verarbeitet werden können. Wird diese Netzstruktur um eine weitere Schicht für die Sig-nalausgabe erweitert, spricht man auch von motorischen Karten.

Motorische Karten sind vereinfacht entsprechend der natürlichen Reiz-Signal-Kette nachempfunden, in der sensorische Reize vorverarbeitet werden, darauf aufbauend Ent-scheidungen getroffen und über die Ausgabeschicht motorische Aktionen durchgeführt werden. Über die Gewichte von der Kohonen-Schicht zur Ausgabeschicht kann eingestellt werden, welche Ausgabeaktion bei welchem erkannten Muster erfolgen soll. Mithilfe des strukturellen Aufbaus von Kohonen-Netzen wird es möglich, Eingaben aus einem vieldi-mensionalen Raum in einen niederdimensionalen Raum abzubilden. So werden Eingangs-muster, die Ähnlichkeiten aufweisen, auch im Kohonen-Netzwerk benachbarte Neuronen aktivieren, sodass sich beispielsweise mithilfe von Kohonen-Netzen Zustände bewerten lassen oder Aufgaben der Bild- bzw. Audioerkennung realisiert werden können [6].

Schematisch ist die Struktur eines Kohonen-Netzwerkes in Abb. 7.25 gezeigt, wobei hier der Übersicht halber nur jeweils ein Neuron für die Eingangs- und die

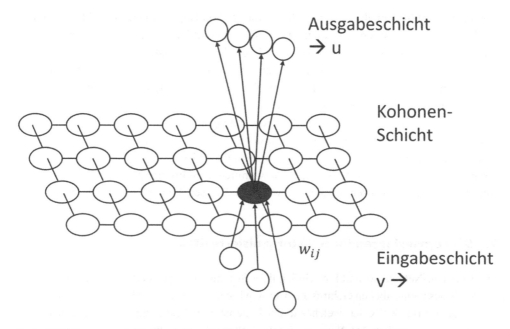

Abb. 7.25 Struktur von Kohonen-Netzwerken

Ausgangsschicht dargestellt ist. Da jedes einzelne Neuron der Eingabeschicht mit jedem Neuron der Kohonen-Schicht über gewichtete Verbindungen verknüpft ist, wird hierdurch ein vieldimensionaler Eingaberaum definiert, dessen Anzahl an Dimensionen der Anzahl an Eingabeneuronen und somit der einzelner Eingangssignalwerte entspricht. Die Abbildung auf eine niederdimensionale Struktur geschieht über die Struktur der jeweiligen Kohonen-Schicht.

Die Kohonen-Schicht kann prinzipiell nahezu beliebig gewählt werden, wobei eine ein- bzw. zweidimensionale Struktur sinnvoll ist. In der Praxis werden ebenfalls dreidimensionale Strukturen der Kohonen-Schicht eingesetzt. Abbildung 7.26 zeigt schematisch die unterschiedlich dimensionalen Strukturen von exemplarischen Kohonen-Schichten. Hier ist auch zu erkennen, dass innerhalb der Kohonen-Schicht jedes Neuron eine eindeutig definierte Anzahl von Nachbarneuronen hat, woraus sich die Struktur der Kohonen-Schicht ergibt. Die Anzahl der direkten Nachbarneuronen kann unabhängig von der Dimensionszahl unterschiedlich definiert werden. Dies ist exemplarisch in Abb. 7.27 gezeigt, wo innerhalb einer zweidimensionalen Kohonen-Schicht jedes Neuron entweder vier, drei oder sechs direkte Nachbarneuronen hat.

Die Information innerhalb eines Kohonen-Netzwerks ist durch die Gewichte der Verbindungen der Eingangsschicht zu den Neuronen der Kohonen-Schicht gespeichert. Ein untrainiertes KNN hat beliebig parametrierte Gewichte zwischen den Neuronen der Eingangsschicht und der Kohonen-Schicht. Das Ziel des Lernalgorithmus ist es nun, die

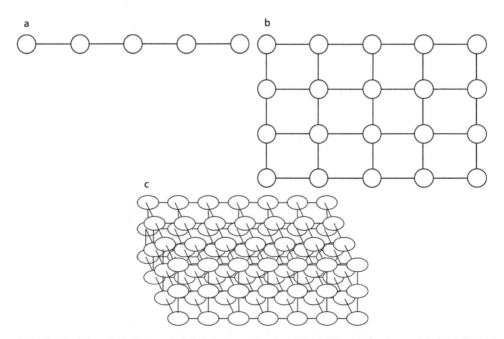

Abb. 7.26 Kohonen-Schichten mit (**a**) eindimensionaler (**b**) zweidimensionaler und (**c**) dreidimensionaler Struktur

Gewichte so zu parametrieren, dass ähnliche Eingangsmuster möglichst die gleichen Neuronen innerhalb der Kohonen-Schicht aktivieren. Auf die genaue mathematische Herleitung und Anwendung des Algorithmus soll an dieser Stelle verzichtet werden (s. hierzu [3, 4]). Stattdessen soll hier das Konzept des Trainings von Kohonen-Netzwerken vereinfacht, weitestgehend grafisch basiert dargestellt und anhand eines einfachen prinzipiellen Beispiels erläutert werden.

Es wird davon ausgegangen, dass ein Kohonen-Netzwerk bestehend aus 100 zweidimensional organisierten Neuronen verwendet wird, welche gemäß Abb. 7.27a organisiert sind, sodass jedes Neuron (bis auf die Randneuronen) vier Nachbarneuronen hat. Diesem KNN soll über die Eingangsschicht ein (der Einfachheit halber) zweidimensionaler Input zugeführt werden. Dies bedeutet, die Eingangsschicht besteht aus zwei Neuronen, welche jeweils 100 Verbindungen zu den dahinter liegenden Neuronen der Kohonen-Schicht haben. Dementsprechend kann man jedem Neuron der Kohonen-Schicht zwei Zahlenwerte zuweisen, welche diese Gewichte repräsentieren. In einer grafischen Darstellung können diese beiden Werte als Koordinaten verwendet werden, sodass jedes Neuron eine exakte Position in einem Koordinatensystem hat, welches die Gewichte repräsentiert. Zusätzlich weist jedes Neuron die Verbindungen zu seinen Nachbarneuronen auf, welche als

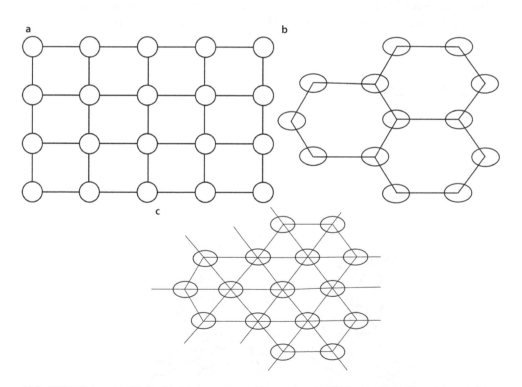

Abb. 7.27 Unterschiedliche Strukturen von zweidimensionalen Kohonen-Schichten, (**a**) vier, (**b**) drei, (**c**) sechs Nachbarneuronen

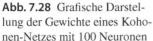

Abb. 7.28 Grafische Darstellung der Gewichte eines Kohonen-Netzes mit 100 Neuronen

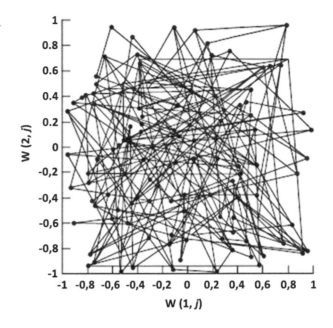

Linien zwischen den Punkten in diesem Koordinatensystem dargestellt sind. In Abb. 7.28 ist der initiale Zustand eines solchen Kohonen-Netzwerkes gezeigt.

Die Aufgabe ist nun, die Gewichte dieser Verbindungen iterativ so anzupassen, dass ähnliche Eingangssignale das gleiche Neuron bzw. das benachbarte Neuron aktivieren. Für die grafische Darstellung bedeutet dies, dass die initiale „chaotische" Struktur sich zu einer gitterartigen Netzstruktur entfalten soll, sodass benachbarte Neuronen ebenfalls ähnliche Gewichtsparameter zu den Eingangsneuronen haben. Die Zwischenstufen dieses Prozesses, der exemplarisch über 10.000 Iterationen mit dem 100-Neuronen-Netz durchgeführt hat, sind in Abb. 7.29 wiedergegeben. Abbildung 7.29a zeigt die Gewichtsanpassung nach den ersten 100 Iterationen. Hier ist noch keine richtige Entfaltung zu erkennen, sodass das KNN hier noch nicht ausreichend trainiert ist. Der Zustand nach 10.000 Iterationen in Abb. 7.29c lässt deutlich die Gitterstruktur erkennen, sodass davon ausgegangen werden kann, dass die jeweiligen Eingangswerte das jeweilige richtige Neuron aktivieren lassen.

Das oben dargestellte Beispiel soll das prinzipielle Verfahren beim Training von Kohonen-Netzen verdeutlichen. Für komplexe Anwendungen, welche für gewöhnlich mehr als zwei Eingangssignale haben, bietet sich diese grafische Darstellung nicht an, das Vorgehen ist aber dasselbe. Innerhalb des n-dimensionalen Raums, welcher die Gewichte der Eingangsneuronen zu den Neuronen der Kohonen-Schicht repräsentiert (n entspricht der Anzahl der Eingangssignale) werden die Gewichte so angepasst, dass sich das Kohonen-Netzwerk entfaltet und benachbarte Neuronen auch innerhalb dieser gewichtsbasierten Repräsentation nebeneinander liegen.

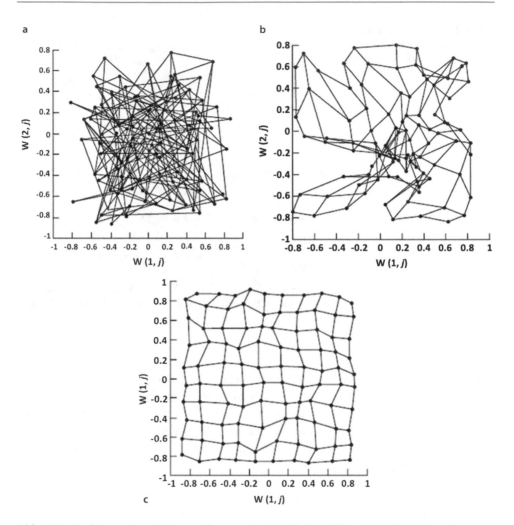

Abb. 7.29 Entfaltung eines Kohonen-Netzes nach (**a**) 100, (**b**) 1000 und (**c**) 10.000 Iterationen

7.5   Einsatz neuronaler Netzwerke – Methodik

Unabhängig von der Art des KNN gibt es typische Eigenschaften, die jedes KNN besitzt und deren Ausprägung Einfluss auf das Verhalten des KNN haben. Der generelle Ablauf beim Einsatz von KNN ist in Abb. 7.30 gezeigt. Innerhalb dieses Ablaufs werden auch die jeweiligen Eigenschaften des KNN festgelegt.

Soll ein KNN zur Lösung einer bestimmten Aufgabe eingesetzt werden, geht es im ersten Schritt um die Aufgabenanalyse. Hierbei werden grundlegende Fragestellungen betrachtet, die Möglichkeit einer mathematischen Beschreibbarkeit der Zusammenhänge oder mögliche statistische Aussagen zur Problemstellung.

Abb. 7.30 Ablauf für den Einsatz von KNN

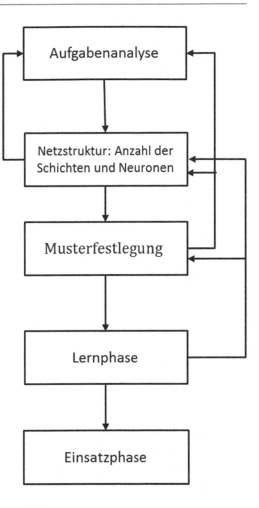

Im zweiten Schritt wird die Netzstruktur des KNN definiert. Folgende Aspekte werden dabei berücksichtigt und entsprechend festgelegt:

- Anzahl der Neuronen der Eingangsschicht – entsprechend dem Format der Eingangssignale
- Anzahl der Neuronen in der Ausgangsschicht – entsprechend dem Format der gewünschten Ausgabe
- Die Anzahl der Neuronen in der Ausgangsschicht ist kleiner zu wählen als die Anzahl der Neuronen in der Eingangsschicht – andernfalls müsste das KNN aus wenigen Eingangsinformationen mehr Ausgangsinformationen erzeugen, was nicht sinnvoll ist
- Anzahl von Schichten KNN (insbesondere bei Multi-Layer-Perzeptronen) – die Schichtenzahl sollte so klein wie möglich gehalten werden
- Anzahl der Neuronen in den versteckten Schichten – die Anzahl soll vom Eingang zum Ausgang hin abnehmen, wobei jeweils eine Reduktion um den Faktor $\log_2$

durchzuführen ist. Je weniger Informationen in den verfügbaren Musterdatensätzen enthalten sind, desto mehr Neuronen werden in den versteckten Schichten benötigt, auch wenn hier die Gefahr besteht, dass ein solches KNN nicht lernfähig ist

Im dritten Schritt gilt es, geeignete Mustersätze für die Trainingsdaten zu definieren. Wichtig ist hierbei, dass der Mustersatz repräsentativ ist, d. h., dass er das zu lösende Problem auch wirklich darstellt und sich nicht nur auf Sonderfälle fokussiert und dass eine ausreichende Menge von Mustersätzen vorhanden ist. Hierdurch wird ein stabiler Lernprozess ermöglicht. Sich widersprechende Musterdatensätze sollten vermieden werden. In der Regel gilt, je mehr Musterdatensätze vorhanden sind, desto besser kann das KNN trainiert werden. Zu beachten ist auch, dass das vorhandene Portfolio an Musterdatensätzen in zwei bzw. sogar drei Teilsätze aufgeteilt wird. Der erste Datensatz dient zum nachfolgenden Training und somit zur Festlegung der Gewichte des KNN. Der zweite Datensatz soll verifizieren, ob das Training erfolgreich war, indem mit den Ergebnissen des bereits trainierten KNN ein Vergleich mit den erwarteten Ergebnissen des zweiten Teils des Musterdatensatzes durchgeführt wird. Stellt sich heraus, dass hier die Divergenz noch zu groß ist, kann das KNN entweder mit dem zweiten Datensatz noch weiter trainiert werden oder eine Veränderung der Netzstruktur stattfinden. Wurde das KNN mit dem zweiten Datensatz weiter trainiert, dient der dritte Teil des Musterdatensatzes nun als Verifizierungsdatensatz. Wenn auch hier keine ausreichende Qualität der Ergebnisse erzielt wird, sollte die Struktur des KNN verändert werden.

In der vierten Phase werden zu Beginn die Gewichtsfaktoren innerhalb des KNN initialisiert, was mithilfe von Zufallswerten geschehen soll, wenn nicht anderweitig Anfangswerte für das KNN definiert wurden. Im Verlaufe des Trainings werden die Gewichte dann angepasst, sodass im Idealfall das KNN die Aufgabe lösen kann, welche es anhand der zuvor definierten Musterdaten „beigebracht" bekommen hat. Der Lernprozess läuft dabei wie in den vorigen Abschn. 7.4.3 bis 7.4.5 dargestellt ab. Entsprechend der festgelegten Lernrate innerhalb des Lernprozesses findet die Anpassung der Gewichte schneller oder langsamer statt und hat Einfluss auf die Anzahl erforderlicher Iterationen des Lernprozesses. Wie bereits erwähnt, kann es hier zu Situationen kommen, in denen trotz ausreichender Anzahl repräsentativer Musterdatensätze keine ausreichende Qualität der Ergebnisse erzielt werden kann. In diesem Fall gilt es, die Fragestellungen aus dem zweiten Schritt erneut zu prüfen und insbesondere die Anzahl der Schichten und die enthaltenen Neuronen kritisch zu untersuchen. Ebenfalls sollte verifiziert werden, ob geeignete Musterdatensätze gewählt wurden. Sowohl die Struktur des KNN als auch die Musterdatensätze müssen so gestaltet sein, dass sie die gestellte Aufgabe lösen können. Die optimale Dimensionierung von KNN bedarf häufig einer gewissen praktischen Erfahrung und eines guten Verständnisses für die Funktionsweise von KNN, sodass hier nicht immer auf Anhieb optimale Netzdimensionierungen erzielt werden können.

Wurde das Training erfolgreich durchgeführt und mit den vorhandenen Datensätzen die Funktionsfähigkeit des KNN verifiziert, folgt in der fünften Phase der praktische Einsatz des KNN. Dies bedeutet für das KNN, dass das erlernte Wissen nun auch auf vergleichbare, jedoch vorher nicht trainierte Eingangsdaten angewendet werden muss. Die

Ergebnisse werden dann entsprechend dem Einsatzfeld in der weiteren Prozessgestaltung und in Entscheidungsprozessen verwendet. Auch während dieser Phase bietet sich eine sporadische Überprüfung der Ergebnisse an, um die optimale Funktionsweise des KNN sicherzustellen. Weiterhin gilt es kontinuierlich zu prüfen, ob sich die Rahmenbedingungen für den Einsatz des KNN verändert haben, bspw. durch eine Veränderung des Prozesses, sodass ggf. ein erneuter Trainingsablauf erforderlich wird, um das KNN an die veränderten Prozessparameter anzupassen.

7.6 Anwendungsbeispiele

7.6.1 Lastflussprognose

Dieses Beispiel soll verdeutlichen, wie KNN eingesetzt werden können, um eine Lastflussprognose in elektrischen Netzen zu treffen. Das KNN wird darauf trainiert, auf Grundlage der witterungsbedingten Temperatur zurückliegender, aktueller und zukünftiger Zeiträume sowie der verfügbaren Werte des elektrischen Lastbezuges eine Prognose der zu erwartenden Lastsituation abzuleiten. Dabei wird der Zusammenhang ausgenutzt, dass die elektrische Last u.a. abhängig von der Außentemperatur ist.

Das dargestellte Beispiel basiert auf einer Simulation der University of Washington in Seattle. Als Eingangsdaten dienen Zeitreihen von Lastverläufen und zugehörige Temperaturdaten an den betreffenden Netzknoten. Die Aufgabe für das KNN soll es sein, eine Lastflussprognose für den folgenden Tag abzuleiten. Als Netzart wurde hier das Perzeptron gewählt. Die Durchführung der Berechnung erfolgt mit der Software MATLAB von MathWorks® unter Einsatz der Neural Network Toolbox.

Im ersten Schritt dieses Anwendungsbeispiels werden die erforderlichen Eingangsdaten für das Training aufbereitet, sodass diese spaltenweise vorliegen [8]. In Abb. 7.31 sind die Trainingsdaten im Programm MS Excel dargestellt. Die Spalten enthalten dabei folgende Informationen, welche auch später als Eingangsdaten für das trainierte KNN dienen:

* Spalte A: Zeitpunkt (15-Minuten-Raster),
* Spalte B: Energieverbrauch vor 24 Stunden,
* Spalte C: Temperatur vor 24 Stunden,
* Spalte D: aktueller Energieverbrauch,
* Spalte E: aktuelle Temperatur,
* Spalte F: prognostizierte Temperatur.

Die Ausgabe des KNN wird später ein Wert für die elektrische Last zu einem definierten Zeitpunkt sein. Für das Training werden diese ebenfalls aufbereitet, sodass sie als sog. Target-Daten in MATLAB eingesetzt werden können. Abbildung 7.32 zeigt die verwendeten Target-Daten in MS Excel.

Im nächsten Schritt werden die Trainingsdaten innerhalb der MATLAB-Umgebung geladen. Nach dem Start von MATLAB können dazu über die Import-Funktion die

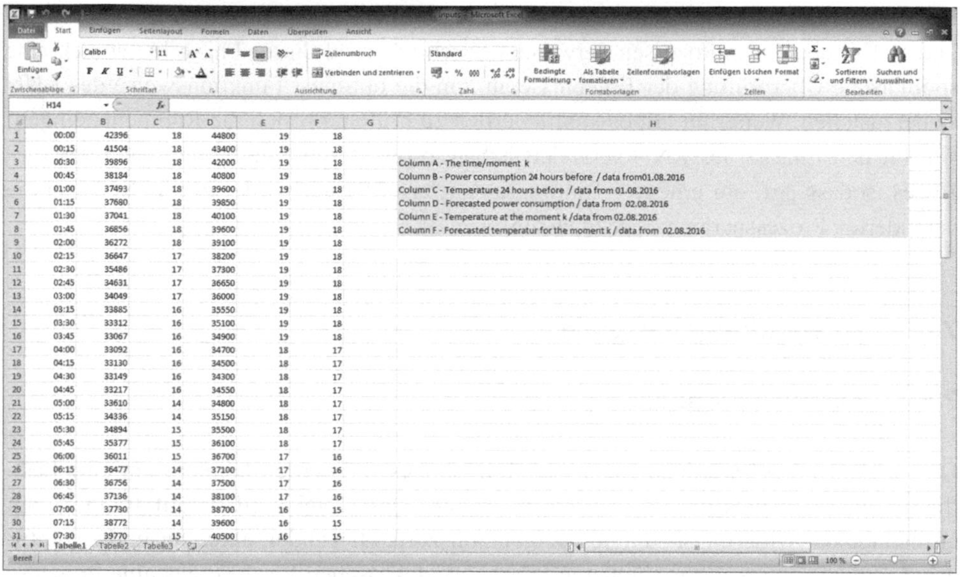

Abb. 7.31 Eingangsdaten für Lastflussprognose in MS Excel

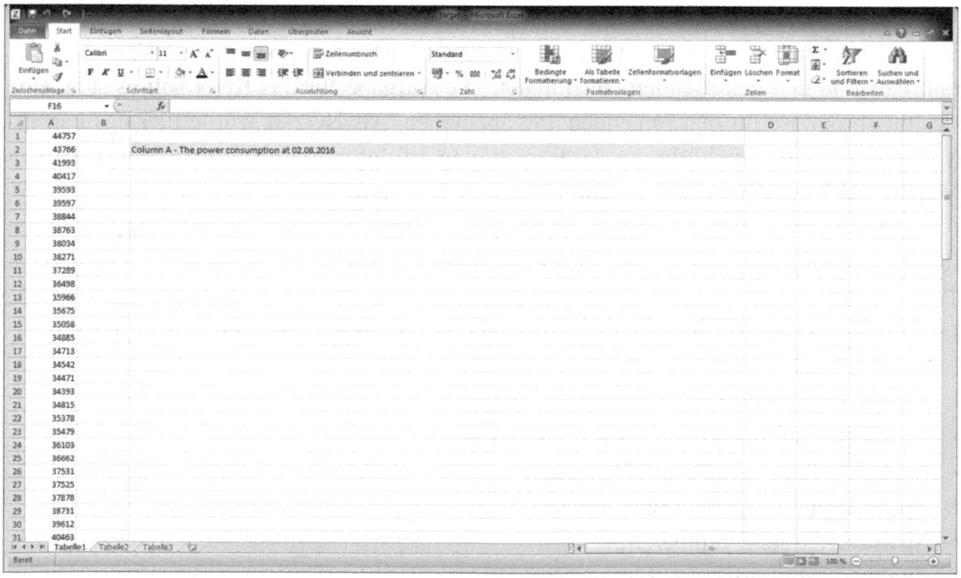

Abb. 7.32 Target-Daten für Lastflussprognose in MS Excel

Datensätze in den MATLAB-Workspace abgelegt werden. Abbildung 7.33 zeigt diesen
Vorgang unter Einsatz des Import-Wizards, welcher erlaubt, die Daten aus den Excel-
Dateien passend auszuwählen und geeignet formatiert und sinnvoll benannt zu importieren. Im Anschluss werden die importierten Matrizen noch transponiert (s. Abb. 7.34), da
die Neural Network Toolbox die Daten zeilenweise verwendet.

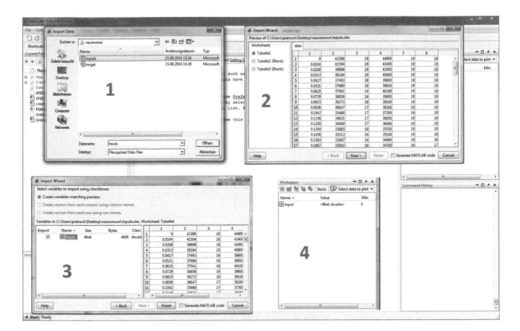

Abb. 7.33 Import der Trainingsdaten in den MATLAB-Workspace

Abb. 7.34 Transposition der importieren Datensätze

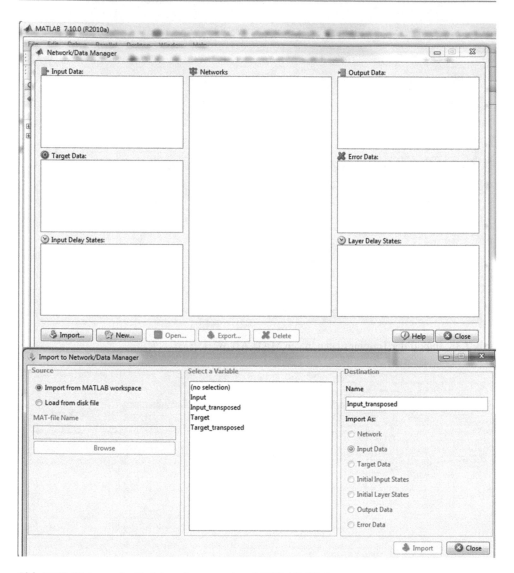

Abb. 7.35 Einlesen der Trainingsdaten aus dem MATLAB-Workspace

Im nächsten Schritt wird der Network/Data Manager der Neural Network Toolbox über die MATLAB-Oberfläche gestartet. In der erscheinenden Oberfläche werden die Daten aus dem MATLAB-Workspace geladen, wie in Abb. 7.35 gezeigt. In diesem Schritt kann im rechten Bereich ausgewählt werden, um welche Daten es sich handelt. Neben Input- und Target-Daten können auch bereits existierende Netzdaten oder bereits erzeugte Ausgangsdaten geladen werden.

Sind die Daten geladen, kann im nächsten Schritt das KNN angelegt werden. Dies geschieht über die Oberfläche, wie sie in Abb. 7.36 gezeigt ist. Hier können unterschiedliche Eigenschaften des KNN eingestellt werden, wie bspw. die Netzart, die Anzahl der

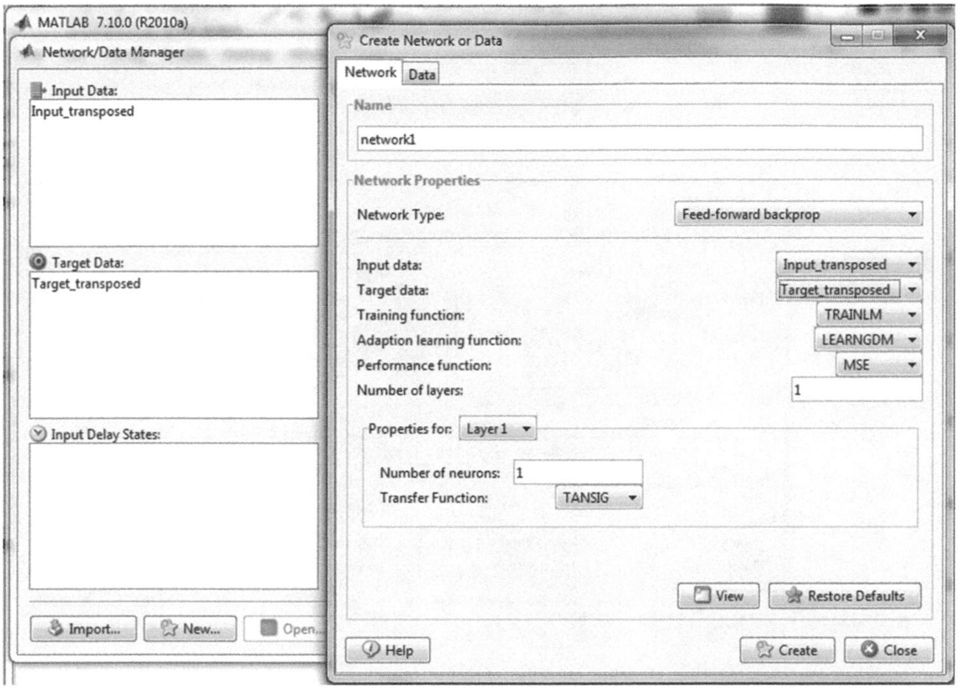

Abb. 7.36 Oberfläche zur Definition der Netzeigenschaften

Schichten im KNN, die anzuwendende Aktivierungsfunktion und die Anzahl der Neuronen in den einzelnen Schichten. Ebenso werden hier Eigenschaften des anzuwendenden Trainingsalgorithmus festgelegt. Mit einem Klick auf „Create" wird das KNN angelegt.

Das angelegte KNN wird im nächsten Schritt mit den zuvor geladenen Daten trainiert. In der Oberfläche (Abb. 7.37) ist die Struktur des KNN nochmals gezeigt. Hier wird ebenfalls definiert, in welcher Matrix die Ergebnisse des Trainingsprozesses gespeichert werden.

Im nächsten Schritt, welcher mit einem Klick auf „Train Network" gestartet wird, trainiert die Software iterativ das KNN entsprechend der Vorgaben. Der Fortschritt kann mit der Nutzeroberfläche überwacht werden, wie in Abb. 7.38 gezeigt ist. Hier ist sowohl die Anzahl der aktuellen Iterationen dargestellt als auch die erforderliche Berechnungszeit. Nach dem Ende des Trainingsdurchlaufs kann man sich den Performance-Verlauf (Schaltfläche „Performance") für das Training anzeigen lassen. In Abb. 7.39 ist dieser Verlauf dargestellt. Zu erkennen ist hier der über den Verlauf der 344 Trainingszyklen ermittelte mittlere quadratische Fehler der Trainingsergebnisse. Da in jedem Durchlauf die Ermittlung des Fehlers für den Trainingsdatensatz, den Testdatensatz und den Validierungsdatensatz erfolgt (in MATLAB werden die zur Verfügung gestellten Eingangsdaten in drei Teilmengen aufgeteilt), sind die Ergebnisse in Form der drei dargestellten Kurven gezeigt. Man erkennt, dass der Trainingsdatensatz erwartungsgemäß den geringsten Fehler aufweist, der Validierungsdatensatz hingegen den größten. Eine detaillierte Anzeige zur Regression

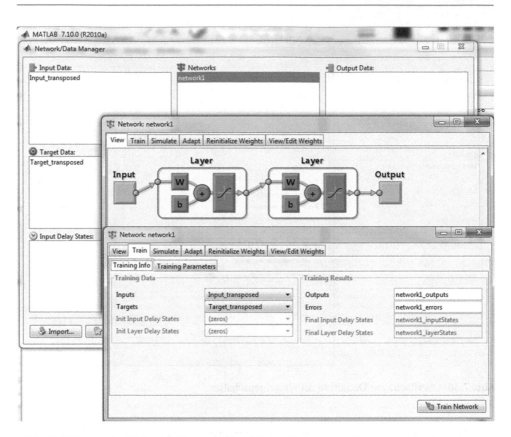

Abb. 7.37 Nutzeroberfläche mit Netzwerkübersicht und Benennung der Ausgabematrizen

des Trainingsergebnisses kann ebenfalls gezeigt werden. Hier kann für die Teildatensätze die Übereinstimmung der Trainingsergebnisse mit den erwarteten Ergebnissen durch eine Regressionskurve approximiert dargestellt werden. Diese Kurven sind für die drei Teildatensätze sowie für den Gesamtdatensatz in Abb. 7.40 gezeigt.

Das damit trainierte KNN kann nun wieder in den Network Manager importiert (Abb. 7.35) und mit anderen Eingangsdaten verwendet werden, sodass das KNN nun zur Problemlösung genutzt werden kann.

Im untenstehenden Beispiel wurde ein entsprechender Lastverlauf unter Anwendung des KNN generiert. Die erforderlichen Eingangsdaten sowie die zum Vergleich gezeigten Daten basieren auf verfügbaren Lastgangdaten des französischen Netzbetreibers RTE [5]. Abbildung 7.41 zeigt den Vergleich. Es ist ersichtlich, dass beide Verläufe nur relativ geringe Abweichungen voneinander aufweisen, sodass die korrekte Funktion des KNN für diesen Fall gegeben ist.

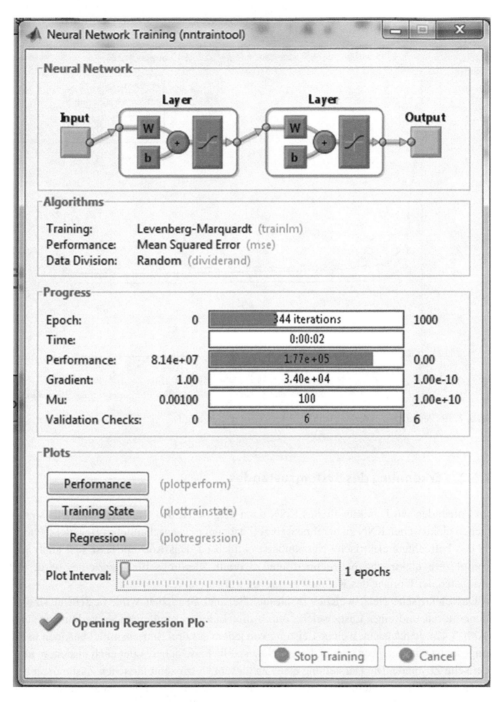

Abb. 7.38 Durchlauf des KNN-Trainings

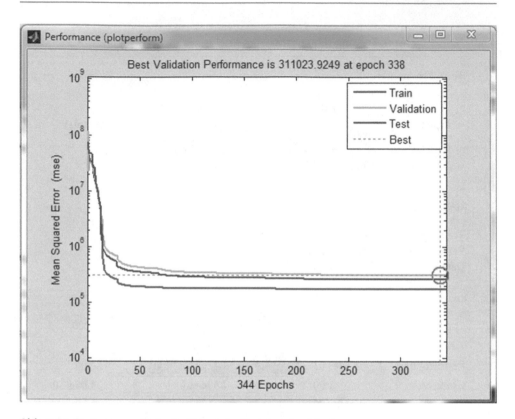

Abb. 7.39 Performance-Verlauf während des Trainingsdurchlaufs

7.6.2 Erkennung des Systemzustandes

Im Folgenden wird ein künstliches KNN dazu eingesetzt, den Systemzustand eines einfachen elektrischen KNN zu erkennen. Es soll dabei nur als anschauliches Beispiel dienen, da das betrachtete elektrische Netz äußerst einfach ist. Das Konzept lässt sich auch auf komplexere elektrische Netze übertragen, worauf allerdings hier verzichtet wird, da ansonsten der Umfang des Kapitels gesprengt würde.

Das elektrische Netz, welches in diesem Beispiel betrachtet wird, besteht aus zwei Generatoren und einer Last, welche durch drei Leitungen miteinander verbunden sind (Abb. 7.42). Je nachdem, welche Leistung von jedem der drei Betriebsmittel bezogen bzw. eingespeist wird, ergeben sich in diesem Netz stabile bzw. sichere oder auch unsichere und kritische Zustände. Die Darstellung eines zu diesem Netz exemplarischen Zustandsraums ist in Abb. 7.43 dargestellt. Es ist zu erkennen, dass das System nur in einem bestimmten Bereich im Gleichgewicht ist. Wird außerhalb dieses Bereiches Leistung bezogen oder eingespeist und somit der Arbeitspunkt entlang einer der Achsen verschoben, wird das

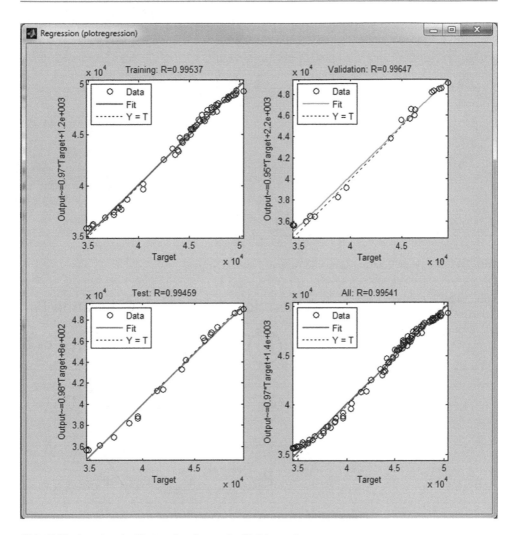

Abb. 7.40 Anzeige der Regressionskurve der Teildatensätze

Netz instabil. Zur Abschätzung dieses Zustands soll nun ein KNN dienen, welches im Folgenden erstellt und trainiert wird.

Zur Lösung der gestellten Aufgabe wird das Kohonen-Modell als geeignetes KNN ausgewählt, welches als zweidimensionales Gitter mit 7x7 Neuronen dimensioniert ist. Als Eingangsdaten dienen die Wirk- und Blindleistungen in den drei Knoten des betrachteten elektrischen Netzes. Für das Training des KNN werden die Ergebnisse einer zuvor durchgeführten Netzsimulation verwendet, wobei hier für das Training 21 unterschiedliche Szenarien vorab simuliert wurden. Für die Erstellung und das Training des KNN

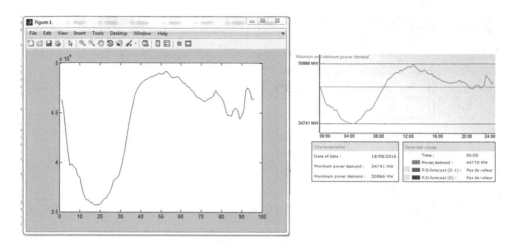

Abb. 7.41 Vergleich Referenzdaten und Ausgabe des KNN

Abb. 7.42 Einfaches
elektrisches Netz als
Anwendungsbeispiel

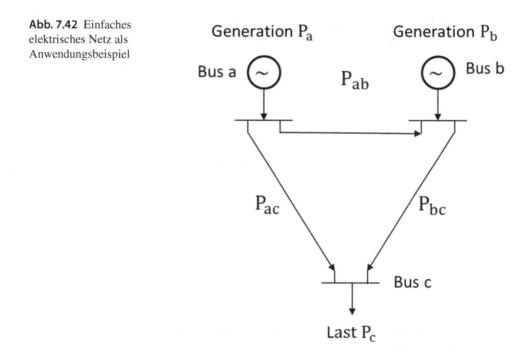

wird in diesem Beispiel ebenfalls die Neural Network Toolbox in der Software MATLAB
verwendet.

Im ersten Schritt werden die Trainingsdaten in den MATLAB-Workspace importiert,
wie in Abb. 7.44 bis 7.46 gezeigt. Die Daten wurden zuvor über eine Simulation des elektrischen Netzes erzeugt und in einer MS Excel-Datei gespeichert. Beim Importvorgang ist
darauf zu achten, dass die Daten als „Numeric Matrix" importiert werden.

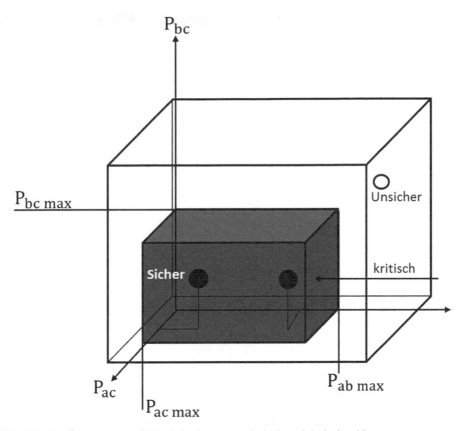

Abb. 7.43 Zustandsraum der Sicherheit eines exemplarischen elektrischen Netzes

Für die weitere Nutzung in der Neural Network Toolbox müssen die importierten Daten in MATLAB transponiert werden, damit diese zeilenweise als Eingangsdaten zur Verfügung stehen. Der zugehörige Kommandozeilenbefehl und das Ergebnis sind in Abb. 7.47 gezeigt.

Im Anschluss wird mit dem Befehl „nntool" der Neural Network/Data Manager der Toolbox aufgerufen. In diesen können nun die Inputdaten aus dem Workspace über den Befehl „Import" importiert werden, wie Abb. 7.48 verdeutlicht. Anschließend wird das KNN erzeugt. Dazu wird im Neural Network/Data Manager auf die Schaltfläche „New" geklickt. In dem sich öffnenden Fenster (Abb. 7.49) wird zuerst der Netztyp auf „Self-organizing map" geändert. Danach können die Inputdaten ausgewählt werden. Des Weiteren wird noch die Netzdimension auf ein 7x7-KNN und als Letztes die Topologie auf „Gridtop" geändert. Danach kann das KNN mit dem Befehl „Create" erzeugt werden.

Für das nun folgende Training des KNN wird dieses im Neural Network/Data Manager über den Befehl „Open" geöffnet. In dem sich öffnenden Fenster (Abb. 7.50) kann das KNN unter dem Reiter „Train" trainiert werden. Dazu werden noch die Inputdaten

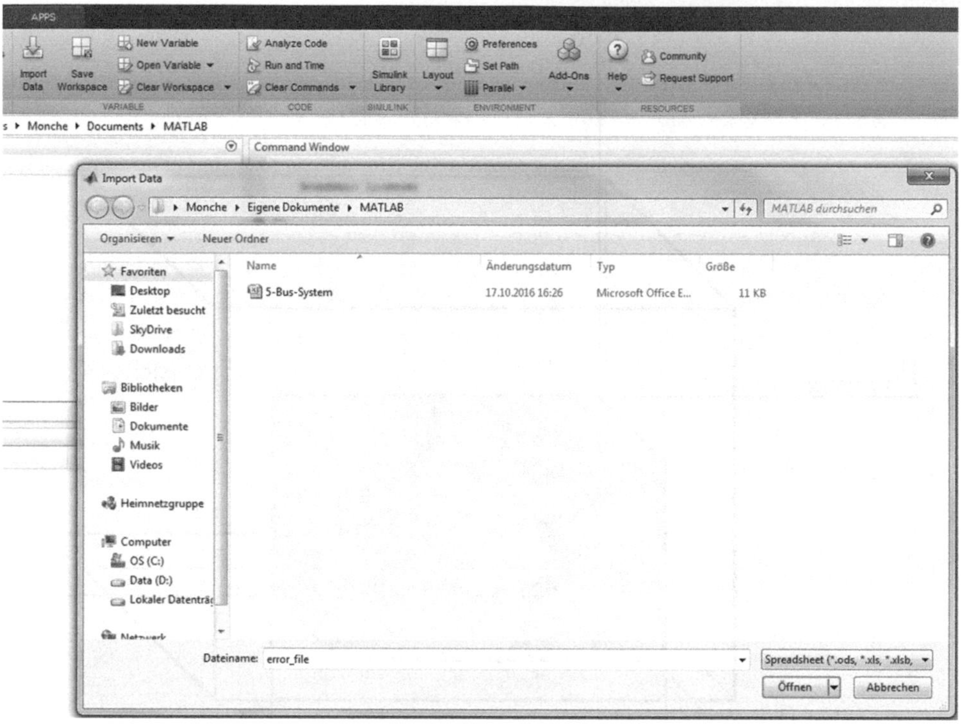

Abb. 7.44 Import der Datensätze in den MATLAB-Workspace

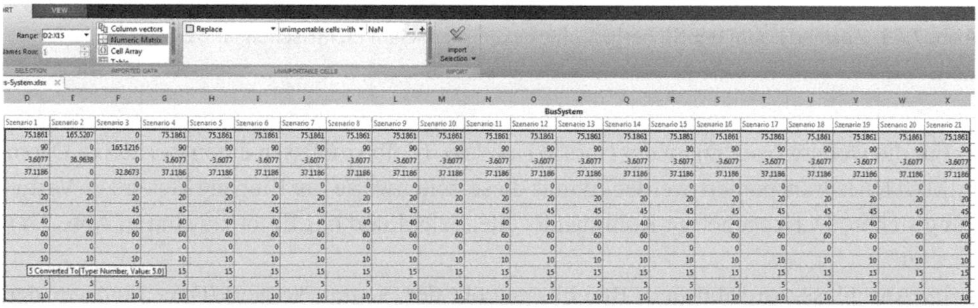

Abb. 7.45 In MATLAB importierter Datensatz der Leistungsdaten

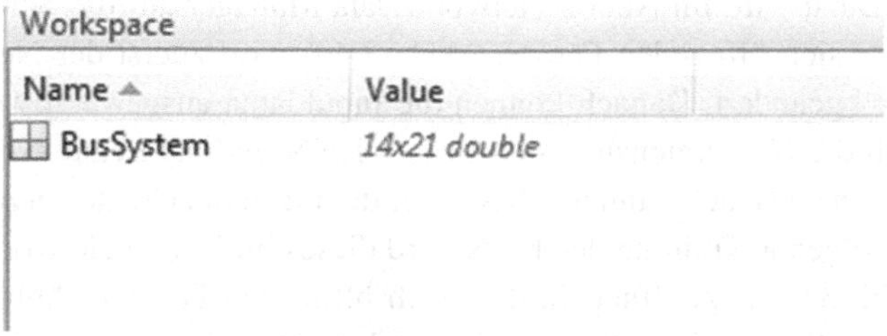

Abb. 7.46 In MATLAB importierte Matrix der Leistungsdaten

BusSystem   Input

21x14 double

	1	2	3	4	5	6	7	8	9	10	11	12	13	14	15
1	75.1861	90	-3.6077	37.1186	0	20	45	40	60	0	10	15	5	10	
2	165.5207	0	36.9638	0	0	20	45	40	60	0	10	15	5	10	
3	0	165.1216	0	32.8673	0	20	45	40	60	0	10	15	5	10	
4	75.1861	90	-3.6077	37.1186	0	20	45	40	60	0	10	15	5	10	
5	75.1861	90	-3.6077	37.1186	0	20	45	40	60	0	10	15	5	10	
6	75.1861	90	-3.6077	37.1186	0	20	45	40	60	0	10	15	5	10	
7	75.1861	90	-3.6077	37.1186	0	20	45	40	60	0	10	15	5	10	
8	75.1861	90	-3.6077	37.1186	0	20	45	40	60	0	10	15	5	10	
9	75.1861	90	-3.6077	37.1186	0	20	45	40	60	0	10	15	5	10	
10	75.1861	90	-3.6077	37.1186	0	20	45	40	60	0	10	15	5	10	
11	75.1861	90	-3.6077	37.1186	0	20	45	40	60	0	10	15	5	10	
12	75.1861	90	-3.6077	37.1186	0	20	45	40	60	0	10	15	5	10	
13	75.1861	90	-3.6077	37.1186	0	20	45	40	60	0	10	15	5	10	
14	75.1861	90	-3.6077	37.1186	0	20	45	40	60	0	10	15	5	10	
15	75.1861	90	-3.6077	37.1186	0	20	45	40	60	0	10	15	5	10	
16	75.1861	90	-3.6077	37.1186	0	20	45	40	60	0	10	15	5	10	
17	75.1861	90	-3.6077	37.1186	0	20	45	40	60	0	10	15	5	10	
18	75.1861	90	-3.6077	37.1186	0	20	45	40	60	0	10	15	5	10	
19	75.1861	90	-3.6077	37.1186	0	20	45	40	60	0	10	15	5	10	
20	75.1861	90	-3.6077	37.1186	0	20	45	40	60	0	10	15	5	10	
21	75.1861	90	-3.6077	37.1186	0	20	45	40	60	0	10	15	5	10	

Command Window

Academic License

```
>> Input=BusSystem';
fx >>
```

Abb. 7.47 Transponieren der Datensätze

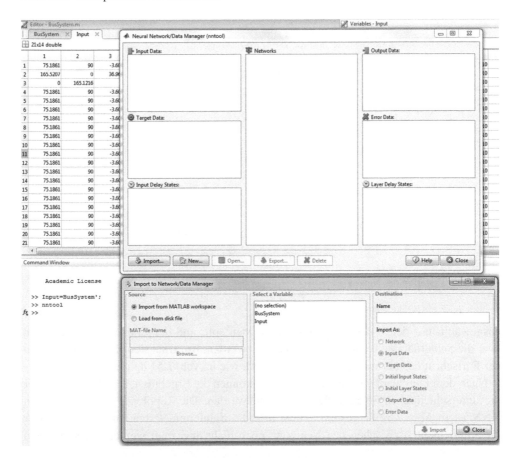

Abb. 7.48 Aufrufen der Toolbox und Import der Datensätze

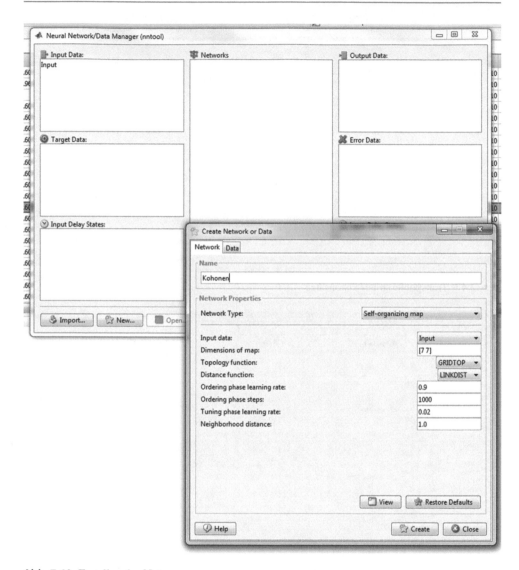

Abb. 7.49 Erstellen des Netzes

ausgewählt, mit denen das KNN trainiert werden soll, und der Trainingsvorgang kann über die Schaltfläche „Train Network" gestartet werden. Es öffnet sich ein Fenster, in dem der Fortschritt des Lernvorgangs angezeigt wird, wie in Abb. 7.51 dargestellt.

Nach dem Durchlauf der Trainingsprozedur können die Ergebnisse des Verfahrens über die unterschiedlichen Schaltflächen angezeigt werden. Die Topologie des verwendeten KNN ist in Abb. 7.52 dargestellt, wobei hier die trainierten Verbindungsgewichte oder die Ähnlichkeiten zwischen den Neuronen noch nicht angezeigt werden. Diese können

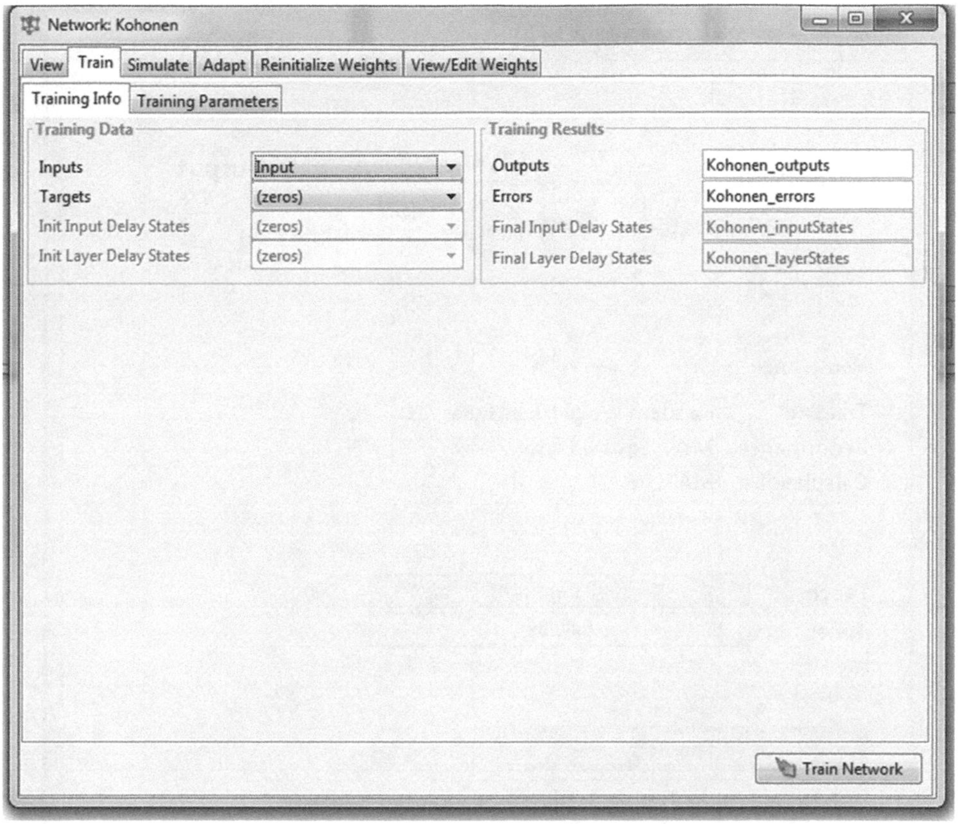

Abb. 7.50 Trainieren des KNN

mittels der Schaltfläche „SOM Neighbor Distances" dargestellt werden. Abbildung 7.53 zeigt diese Ähnlichkeiten zwischen den benachbarten Neuronen, sodass sich die herausgebildeten Cluster, welche den jeweiligen Systemzustand des elektrischen Netzes charakterisieren, farblich unterscheiden lassen. In der Darstellung bedeuten helle Bereiche eine hohe Ähnlichkeit, während dunkle Cluster für eine geringe Ähnlichkeit stehen.

Die Gewichte von der Eingangsschicht des KNN zur Kohonen-Schicht lassen sich ebenfalls darstellen, sodass für jedes Szenario die ermittelten Gewichte farblich differenziert angezeigt werden können (Abb. 7.54). Besonders interessant ist die Clusterung der Ergebnisse aus den jeweiligen Szenarien, da über diese der Zustand des entsprechenden Netzes bestimmt und später im realen Betrieb des Netzes der Systemzustand auch entsprechend damit charakterisiert wird. In Abb. 7.55 ist die Zuordnung der entsprechenden Szenarien zu den Clustern der Kohonen-Schicht ersichtlich und somit auch die Ähnlichkeit der unterschiedlichen Szenarien. Mit einem umfangreicheren Training unter Einsatz weiterer Eingangsszenarien ließe sich dieses KNN noch weiter trainieren und dessen

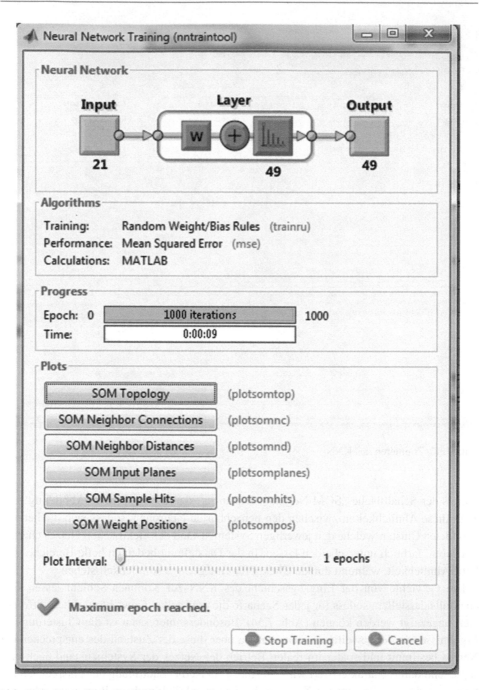

Abb. 7.51 Darstellung des Trainingsverlaufs

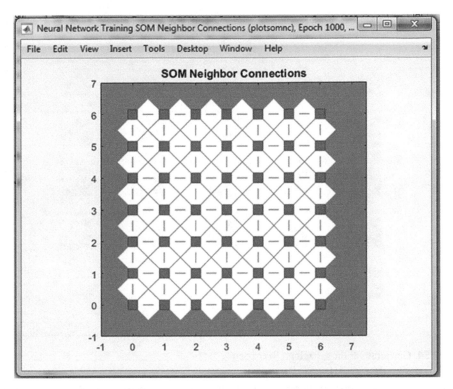

Abb. 7.52 Topologie des KNN

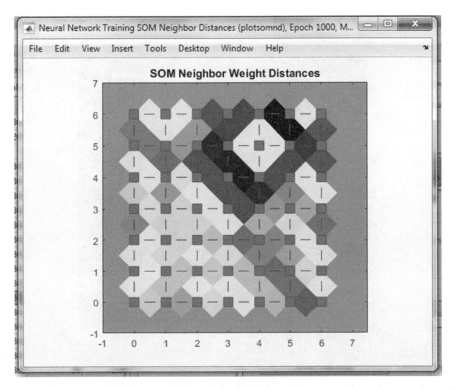

Abb. 7.53 Ähnlichkeit der Cluster (hell: ähnlich; dunkel: unähnlich)

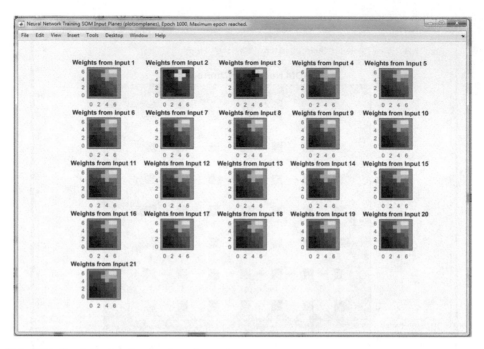

Abb. 7.54 Gewichte für die einzelnen Szenarien

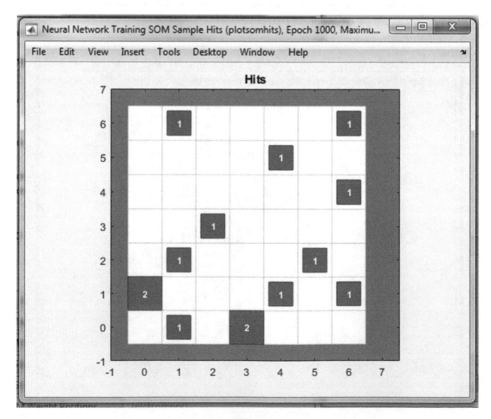

Abb. 7.55 Anzahl der Szenarien, die in einen Cluster fallen

Fähigkeit zur Zustandsabschätzung noch mehr verfeinern. Darauf wurde an dieser Stelle der Übersicht halber verzichtet, da hier nur die praktische Herangehensweise demonstriert werden sollte.

Literatur

[1] Lippe W (2006) Soft-Computing mit Neuronalen Netzen, Fuzzy-Logic und Evolutionären Algorithmen. Springer, Heidelberg
[2] Kriesel D (2005) Ein kleiner Überblick über Neuronale Netze. http://www.dkriesel.com/science/neural_networks. Zugegriffen: 15. Dez. 2016
[3] Basheer I, Hajmeer M (2000) Artificial neural networks: fundamentals, computing, design, and application. J Microbiol Meth 43(1):3–31
[4] Fukushima K, Katsaggelos A, Chellappa R, Kung S-Y, LeCun Y, Nasrabadi N, Poggio T (1998) Applications of artificial neural networks to image processing. IEEE T Image Pocess 7: 1093–1097
[5] Hertz JA, Krogh AS, Palmer RG (1991) Introduction to the theory of neural computation. Westview Press, Santa Fe
[6] Kohonen T (1995) Self-organizing maps. Springer, Heidelberg
[7] Ritter H, Martinetz T, Schulten K (1991) Neuronale Netze. Eine Einführung in die Neuroinformatik selbstorganisierender Netze. Addison-Wesley, München
[8] „Le réseau de l'intelligence electrique – Daily load curves", RTE. http://clients.rte-france.com/lang/an/visiteurs/vie/courbes.jsp. Zugegriffen: 4. Okt. 2016

Neuro-Fuzzy-Systeme

8

*Eine große Hoffnung der Künstlichen Intelligenz besteht darin,
kreative Simulationsmodelle für Fähigkeiten und Eigenschaften des
Gehirns zu finden, um Probleme von ähnlicher oderweitergehender
Komplexität automatisch erfassen und lösen zu können.
(Hand-Heinrich Bothe (1998) Neuro-Fuzzy-Methoden. Springer,
Heidelberg)*

Zusammenfassung

Die in Kap. 8 behandelte Neuro-Fuzzy-Technologie vereint die Vorteile der Fuzzy-Logik mit ihren Möglichkeiten, unscharfe Mengen mathematisch zu behandeln, mit denen künstlicher neuronaler Netze, deren Wissen in den Eigenschaften und der Vernetzung der einzelnen Neuronen gespeichert ist. Die einzelnen neuronalen Schichten in einem solchen Netz übernehmen die Aufgaben der Fuzzyfizierung, Regelanwendung und Defuzzyfizierung. Ein möglicher Anwendungsfall zur Realisierung eines technischen Reglers zur Temperaturregulation wird vorgestellt.

8.1 Einführung

Die Problemlösefähigkeit von Expertensystemen hängt in erster Linie vom Inhalt der verwendeten Wissensbasis ab, sodass dieser eine große Bedeutung beizumessen ist. Um den Regelsatz innerhalb von Expertensystemen richtig einsetzen zu können, muss die Voraussetzung eines ausreichenden Umfangs an hinterlegtem Expertenwissen erfüllt sein. In vielen Fällen kann dieses Experten-basierte Detailwissen jedoch schwer verallgemeinert werden, oder die Anwendung stellt sich als so komplex dar, dass es für einen Experten nur sehr schwer möglich ist, das erforderliche Wissen mit der ausreichenden Genauigkeit und

© Springer-Verlag GmbH Deutschland 2017
Z.A. Styczynski et al., *Einführung in Expertensysteme*,
DOI 10.1007/978-3-662-53172-3_8

Konsistenz zu sammeln und zu hinterlegen. Die hier betrachtete Neuro-Fuzzy-Technologie setzt an diesem Punkt an und versucht, das Expertenwissen zu verallgemeinern [1].

Hierbei wird auf die Kombination der Prinzipien von zwei intelligenten Techniken zurückgegriffen:

1. Fuzzy-Logik (Kap. 6) und deren Hilfsmittel (Fuzzy-Variablen und linguistische Terme),
2. neuronale Netze, die in ihrer Struktur auf der Nachbildung des biologischen Gehirns (Kap. 7) basieren.

Besonders die künstlichen neuronalen Netze sind zur Abbildung des schwer zu formulierenden Wissens geeignet, da sie sich entsprechend geeignete Trainingsverfahren zunutze machen [2]. Sie verbinden eine hohe Anzahl von einfach gestalteten Verarbeitungseinheiten, den sog. Neuronen, wobei das anwendungsspezifische Wissen innerhalb der Gewichte zwischen den vernetzten Neuronen gespeichert ist. Die Informationen sind somit verteilt über das gesamte neuronale Netzwerk gespeichert. Durch diese Eigenschaft kann ein neuronales Netz zwar beliebiges Wissen erlernen, unterliegt jedoch einer Reihe von Einschränken:

- Die optimale Struktur des Netzwerkes und die Auswahl geeigneter Aktivierungsfunktionen lassen sich nur nach Erfahrungswerten festlegen, woraus sich eine hohe Anforderung hinsichtlich praktischer Erfahrung an den Designer des neuronalen Netzes ergibt.
- Der Lernprozess wird meistens durch das Erreichen eines Suboptimums charakterisiert. Nur in den seltensten Fällen wird das absolute Optimum im Rahmen der Trainingsprozedur erreicht. Das Finden geeigneter Optima kann unter Umständen sehr zeitaufwendig sein und eine große Menge an Trainingsdaten erforderlich machen.
- Das in den Verbindungsgewichten gespeicherte Wissen kann nicht direkt durch den Entwickler des Netzes oder den Wissensingenieur interpretiert und somit auch nicht dediziert an bestimmten Punkten verändert werden.

Die genannten Gründe leisten u.a. einen Beitrag dazu, dass neuronale Netze nicht sehr weit in der Praxis verbreitet sind. Der Hinderungsgrund ist hier eher subjektiver Natur, da man als Anwender, aber viel mehr noch als Entwickler verstehen möchte, warum ein bestimmtes Ergebnis erzeugt wurde bzw. an welcher Stelle berücksichtigt werden muss, damit das Verhalten des Netzes auf ganz bestimmte Weise angepasst werden kann. Dies ist mit neuronalen Netzen ebenso wie mit biologischen Gehirnen nur sehr schwer möglich. Die Nichtnachvollziehbarkeit der Ergebnisse und die fehlende Möglichkeit einer nachträglichen Optimierung der Netze bedeuten jedoch nicht, dass neuronale Netze nicht wie gewünscht die gestellten Aufgaben lösen können. Ein Filter oder Regler auf Basis künstlicher neuronaler Netze kann ein teilweise unerwünschtes Verhalten in bestimmten Arbeitsbereichen aufweisen. Hier gilt es, mit entsprechenden Sekundäreinrichtungen solche unzulässigen Bereiche zu vermeiden, insbesondere in sicherheitskritischen Anwendungen. Dies wiederum bedeutet einen zusätzlichen Aufwand und somit auch zusätzliche Kosten für diese Systeme.

Eine alternative Herangehensweise bieten hier die Neuro-Fuzzy-Systeme, die im Gegensatz zu den allgemein einsetzbaren neuronalen Netzwerken eine problemspezifische und anwendungsorientierte Vorstrukturierung aufweisen. Hierdurch wird u.a. eine teilweise lokale Speicherung des Wissens erreicht. Die grundlegende Struktur eines Neuro-Fuzzy-Systems ist in Abb. 8.1 dargestellt. Die Eingangssignale werden durch linguistische Terme in Bereiche eingeteilt, sodass wie bei den Fuzzy-Systemen einem Term auf einer abstrakten, sprachlichen Ebene eine konkrete Bedeutung zugemessen werden kann. Hieraus ergibt sich, dass das Wissen hier insofern strukturiert wird, als es nach dem Lernprozess sprachlich beschreibbar und interpretierbar ist. Dies dient zum einen der Integration von Regeln, die das allgemeine problemspezifische Wissen beschreiben, wodurch der Lernprozess beschleunigt werden kann. Zum anderen können für sicherheitskritische Anwendungen die entsprechenden Bereiche dediziert vor- bzw. nachprogrammiert werden, sodass bspw. bestimmte Wertebereiche ausgespart oder Begrenzungen integriert werden.

Aus den genannten Eigenschaften der Neuro-Fuzzy-Systeme ergeben sich die möglichen Anwendungsgebiete, die zum Teil eine Schnittmenge mit den Anwendungen der konventionellen neuronalen Netze aufweisen. Zu den Anwendungsbereichen zählen u.a. folgende:

- selbstadaptierende Regelungssysteme bspw. in Chemie, Biologie und Technik,
- Zeitreihenvorhersagen bspw. im Finanzsektor,
- Mustererkennung und Klassifikation,
- Fehlererkennung und Diagnose,
- Qualitätsüberwachung und -sicherung.

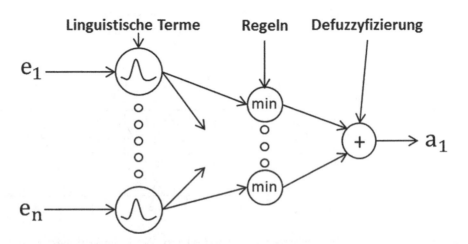

Abb. 8.1 Grundstruktur von Neuro-Fuzzy-Systemen

8.2   Prinzip der Übersetzung mittels Neuro-Fuzzy-Systeme

8.2.1 Modellierung des Fuzzyfizierungsprozesses

Um die Bearbeitung von Informationen in einem Neuro-Fuzzy-System zu ermöglichen, ist der Einsatz von entsprechenden Transformationsmethoden erforderlich, welche die „Übersetzung" der Informationen aus der Fuzzy-Logik in die Welt der neuronalen Netze erlaubt und umgekehrt. So müssen in einem künstlichen neuronalen Netzwerk die entsprechenden Verarbeitungsschritte eines Fuzzy-Modells nachgebildet werden. In der Praxis muss jeder einzelne Verarbeitungsschritt aus der Fuzzy-Logik mittels adressierter, künstlicher neuronaler Netze umgesetzt werden. Dies bedeutet, dass sowohl für die Fuzzyfizierung der Eingangsgrößen als auch für die Anwendung der Regelbasis und die Defuzzyfizierung entsprechende korrespondierende Teilstrukturen innerhalb des jeweiligen Netzes wiederzufinden sind [3]. Für den ersten Schritt, die Fuzzyfizierung von Eingangsinformationen, wird die Übersetzung in eine Fuzzy-Variable durchgeführt. Diese besteht aus drei einzelnen linguistischen Termen und ist exemplarisch in Abb. 8.2a gezeigt. Die korrespondierenden Übertragungsfunktionen, welche in den Neuronen der Eingangsschicht eines neuronalen Netzes anzuwenden wären, sind in Abb. 8.2b und 8.3 gezeigt.

Es ist zu erkennen, dass zur Abbildung der Fuzzy-Terme vier Neuronen mit entsprechend parametrierten Aktivierungsfunktionen zum Einsatz kommen. Zur Fuzzyfizierung der Information wird nun aus diesen Neuronen ein neuronales Netzwerk gemäß Abb. 8.3 aufgebaut, welches an den drei Ausgängen die jeweilige Zugehörigkeit zur Teilmenge „klein", „mittel" oder „groß" darstellt.

Die Modellierung der linguistischen Terme der Fuzzy-Variablen durch das neuronale Netzwerk wird durch die Festlegung des Bias-Wertes der Übertragungsfunktion in den einzelnen Neuronen ermöglicht. In Abb. 8.3 sind diese Bias-Werte exemplarisch an den Eingängen zu den Neuronen mit dargestellt. Die Gewichte der einzelnen Verbindungen zu den Eingangsneuronen sind entsprechend so zu wählen, dass in den Eingängen der Neuronen das richtige Signal anliegt (in Abb. 8.3 gekennzeichnet als P_u^*). Über den

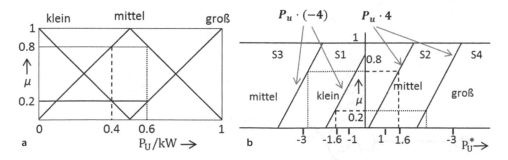

Abb. 8.2 Fuzzyfizierung eines Eingangssignals mittels (**a**) Fuzzy-Variable und (**b**) zugehöriger neuronaler Übertragungsfunktionen

Abb. 8.3 Neuronales Netz zur
Fuzzyfizierung

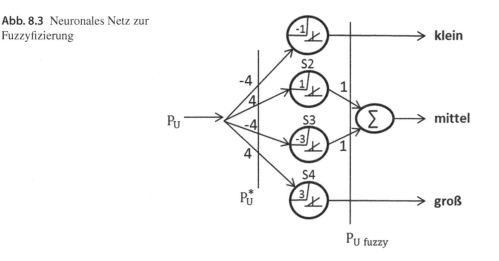

Gewichtsfaktor kann das Anstiegsverhalten der in Abb. 8.2a dargestellten dreieckförmigen Zugehörigkeiten zur jeweiligen Teilmenge gezeigt werden.

Durch die parametrierten Übertragungsfunktionen werden die entsprechend der Gewichtung verstärkten und im Offset verschobenen Signale transformiert, sodass sie die Zugehörigkeitswerte für die einzelnen linguistischen Terme wiedergeben. Da die Zugehörigkeit für den Term „mittel" durch eine ansteigende und eine abfallende Gerade gebildet wird, müssen hierfür die entsprechenden Teilsignale addiert werden. Die erste Gerade, in Abb. 8.2b dargestellt als S2, wird um den Wert +1 verschoben, was durch den Bias-Wert von Neuron (Abb. 8.3) umgesetzt ist. Die zweite Gerade wird um den Wert −3 verschoben, sodass der entsprechende Wert in Neuron S3 parametriert ist. Zum Verständnis der Zugehörigkeitswertebildung ist in Abb. 8.2 dies beispielhaft für den Wert von $P_u = 0{,}4$ grafisch dargestellt (gestrichelte Linie).

Der Eingangswert wird mit den parametrierten Gewichten (in diesem Fall +4 und −4) multipliziert. Hieraus ergeben sich als Eingangssignale für die Neuronen die Werte 1,6 und −1,6. Unter Berücksichtigung der festgelegten Bias-Werte ergibt sich hieraus, dass nur die Neuronen S1 und S2 aktiv werden. Für die anderen Neuronen fällt der Bias-abhängige ermittelte Wert aus dem Definitionsbereich der Übertragungsfunktion, und das Neuron ist entsprechend nicht aktiv. Als Ausgangssignal werden die Zugehörigkeiten zu den linguistischen Termen für „mittel" und „klein" mit 0,2 und 0,8 ausgegeben.

Verwendet man dasselbe neuronale Netz zur Fuzzyfizierung des Eingangswertes $P_u = 0{,}6$, ergeben sich die Signale gemäß Tab. 8.1. Die korrespondierende grafische Darstellung ist in Abb. 8.2 mittels gepunkteter Linien dargestellt.

Der Einsatz einer solchen Fuzzyfizierung basierend auf neuronalen Netzen ermöglicht eine vereinfachte Modellierung des Systems. Stellt sich heraus, dass die Ergebnisse des neuronalen Netzes nicht den Anforderungen aus der Realität entsprechen, so kann es weiter trainiert werden, und eine bessere Übereinstimmung der Ergebnisse mit den

Tab. 8.1 Fuzzyfizierung mittels neuronalem Netz mit Eingangswert $P_u = 0{,}6$

$P_U = 0{,}6$	P^*_U	$P_{U\,Fuzzy}$
S1	−2,4	$\mu_{klein} = 0$
S2	+2,4	$\mu_{mittel} = 0$
S3	−2,4	$\mu_{mittel} = 0{,}8$
S4	+2,4	$\mu_{groß} = 0{,}2$

erwarteten Ergebnissen ist möglich. Basierend auf einer solchen Trainingsprozedur ist die Rücktransformation in den Fuzzy-Bereich ebenfalls ohne große Hindernisse durchzuführen. Die sinnvolle Interpretation der Trainingsergebnisse wird dadurch sichergestellt.

8.2.2 Modellierung des Regelsatzes

Mit der in Abschn. 6.3.2 beschriebenen Fuzzyfizierung wurde das wesentliche Problem der Neuro-Fuzzy-Übersetzung gelöst, sodass die entstandenen Fuzzy-Variablen mithilfe von Regelsätzen miteinander verknüpft werden können [3]. Die Fuzzy-Regelsätze spiegeln dabei den maßgeblichen Teil der in Fuzzy-basierten Systemen hinterlegten „Intelligenz" wider. Für diese regelbasierte Signalverknüpfung kommen in der Neuro-Fuzzy-Technologie sog. Regelneuronen zum Einsatz (bspw. die UND-Verknüpfung), mit denen die einzelnen Verknüpfungen innerhalb der Regeln nachgebildet werden.

Das Vorgehen bei der Abbildung eines Regelsatzes mittels Neuro-Fuzzy wird nachfolgend an einem Beispiel erläutert. Als Anwendungsfall soll eine weiche Regelung der Kühlung einer elektrischen Anlage dienen. Hierbei ist für die zwei Eingangsgrößen P_u (Leistung der Anlage) und T_u (Umgebungstemperatur) ein entsprechender Regelsatz zu realisieren, der gemäß Tab. 8.2 definiert ist. In Abhängigkeit der Werte dieser beiden Eingangsvariablen ist die Intensität des Kühlungsprozesses, welche der Ausgangsgröße des Systems entspricht, zu steuern.

Die linguistische Variable P_u, welche die Anlagenleistung repräsentiert, wird durch drei linguistische Terme dargestellt, wie sie bereits in Abb. 8.2a gezeigt wurden. Für die Variable T_u, welche die Außentemperatur repräsentiert, wird die linguistische Variable gemäß der Darstellung in Abb. 8.4 verwendet.

Das neuronale Netzwerk, welches nun die beiden Eingangsvariablen fuzzyfiziert und den Regelsatz gemäß Tab. 8.2 umsetzt, zeigt Abb. 8.5 In den vier Neuronen S1 bis S4

Tab. 8.2 Beispielhafter Regelsatz – Anlagenkühlung

		P_u		
		klein	mittel	groß
T_u	niedrig	klein	klein	mittel
	hoch	klein	mittel	groß

Abb. 8.4 Linguistische Variablen für die Umgebungstemperatur Tu

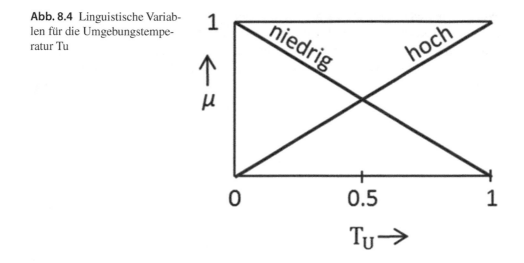

innerhalb der Eingangsschicht findet die Fuzzyfizierung für den Wert der Anlagenleistung statt. Die Fuzzyfizierung für die Umgebungstemperatur erfolgt mittels der Neuronen S5 und S6 innerhalb der Eingangsschicht. Hierbei kommen entsprechend den Erläuterungen aus Abschn. 7.3 entsprechende Gewichtsfaktoren, Bias-Werte und Übertragungsfunktionen zum Einsatz, welche in Abb. 8.5 ebenfalls dargestellt sind. Die Ergebnisse der Fuzzyfizierung und somit die Zugehörigkeitswerte zu den einzelnen linguistischen Termen werden logisch miteinander verknüpft, indem die min-Funktion über eine neuronale

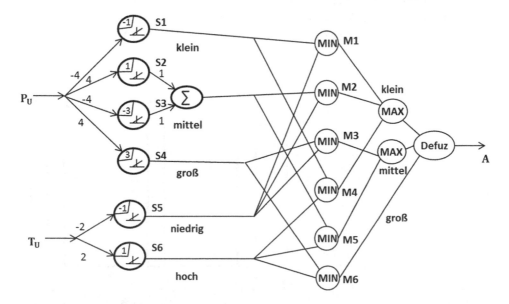

Abb. 8.5 Beispielnetz zur Neuro-Fuzzy-Übersetzung

UND-Verknüpfung angewendet wird. Die daraus resultierenden Ausgangswerte müssen daraufhin entsprechend des Regelsatzes aus Tab. 8.2 kombiniert werden. Hierfür wird die max-Funktion eingesetzt bzw. eine neuronale ODER-Verknüpfung (s. Kap. 7), um den aggregierten Zugehörigkeitswert für die einzelnen linguistischen Terme des Ausgangssignals A zu erhalten. Somit liegt das unscharfe Ausgangssignal vor, welches im nächsten Schritt defuzzyfiziert werden muss. Dies wird im folgenden Abschn. 8.2.3 erläutert.

8.2.3 Defuzzyfizierung

Zur Defuzzyfizierung als letzten Schritt innerhalb eines Neuro-Fuzzy-Netzes können prinzipiell mehrere Methoden eingesetzt werden. Die einfachste Methode ist die Darstellung der Zugehörigkeit der Ausgangsgröße A in Form von Singletons, wie in Abb. 8.6 dargestellt, und die Bildung der gewichteten Summe aus diesen linguistischen Termen [3]. Hieraus ergibt sich eine scharfe Ausgangsgröße, die zur Ansteuerung der beispielhaften Anlagenkühlung eingesetzt werden kann.

Die Anwendung der gewichteten Summe auf Basis des in Abb. 8.5 dargestellten Beispielnetzes und der Singleton-förmigen linguistischen Terme aus Abb. 8.6 soll mit dem folgenden Zahlenbeispiel verdeutlicht werden. Als Eingangswerte wird eine Leistung von $P_u = 0{,}6$ und eine Umgebungstemperatur von $T_u = 1$ angenommen. Die Ausgangswerte für die Zugehörigkeiten aus den Eingangsneuronen bzw. die Summe der Ausgänge aus Neuron S2 und S3 (zur Nachbildung der dreieckförmigen Zugehörigkeit) ist in Tab. 8.3a aufgeführt. Da eine min-Verknüpfung, bei der mindestens ein Eingang den Wert 0 hat, stets als Ergebnis auch 0 liefert, ergeben sich aus der nachfolgenden Anwendung der min-Operatoren nur zwei Werte, welche zur Bildung der gewichteten Summe betrachtet werden müssen. Die Ausgabewerte der einzelnen Neuronen zur min-Verknüpfung sind in Tab. 8.3b gezeigt.

Abb. 8.6 Linguistische Variablen für den Ausgangswert A

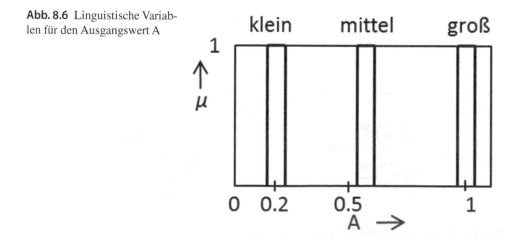

Tab. 8.3 (**a**) Zugehörigkeitswerte als Ergebnis der Eingangsschicht des Neuro-Fuzzy-Netze und (**b**) Ergebnisse der MIN-Verknüpfung

a)

Neuron	Ausgang	
S1	0	
S2	0	
		0,8
S3	0,8	
S4	0,2	
S5	0	
S6	1	

b)

MIN-Verknüpfung	Operanden	Ausgang
M1 (klein)	MIN(S1,S5)	0
M2 (klein)	MIN((S2+S3),S5)	0
M3 (mittel)	MIN(S4,S5)	0
M4 (klein)	MIN(S1,S6)	0
M5 (mittel)	MIN((S2+S3),S6)	0,8
M6 (groß)	MIN(S4,S6)	0,2

Mit den max-Operatoren ist äquivalent zu verfahren, was sich recht einfach gestaltet, sodass auf eine tabellarische Darstellung hier verzichtet wird. Abschließend wird die gewichtete Summe auf Basis der Zugehörigkeit nach Abb. 8.6 gebildet. Die Gewichtung ergibt sich entsprechend dem Wert des jeweiligen linguistischen Terms auf der x- Achse, welche den Wert für A repräsentiert. Gleichung (8.1) bzw. Beispiel 8.1 zeigt die Summenbildung und den resultierenden Ausgangswert, welcher sich auch mittels eines Neurons unter Einstellung der entsprechenden Verbindungsgewichte generieren lässt:

Beispiel 8.1

Ausgabewert des Fuzzyfizierungsprozesses

$$A = \left(0,2 \cdot 0\right) + \left(0,6 \cdot 0,8\right) + \left(1 \cdot 0,2\right) = 0,68. \tag{8.1}$$

Somit würde in der realen Steuerung, welche mit diesem Neuro-Fuzzy-basierten Regler ausgestattet wäre, die Anlagenkühlung mit 0,68 % bzw. mit 68 % der Kühlleistung angesteuert. Für andere Eingangswerte ist dieses Verfahren analog anzuwenden, sodass sich ggf. auch mehr zu verknüpfende Ausgangswerte ergeben. Es ist dem Leser überlassen, dies selbst auszuprobieren und das Verständnis zu vertiefen.

Neben der einfachen Singleton-basierten Methodik zur Bildung der gewichteten Summe können auch komplexere Methoden zur Defuzzyfizierung eingesetzt werden. Hier wird auf Kap. 6 zur Fuzzy-Logik verwiesen und zur Sekundärliteratur geraten.

Mit dem einfachen, zuvor dargestellten Beispiel sollte das Grundkonzept der Neuro-Fuzzy-Technologie verdeutlicht werden. Insbesondere der zielgerichtete Einsatz der Fuzzy-Logik zur problemspezifischen Anpassung von neuronalen Netzen steht hier im Fokus. Bei weitaus komplexeren Anwendungen können so die Ein- und Ausgangssignale problemspezifisch konditioniert werden, während innerhalb des neuronalen Netzes komplexe Verknüpfungen mittels neuronaler Netze erfolgen.

8.3   Weitere Hinweise

Die Neuro-Fuzzy-Technologie stellt eine sinnvolle Hybridlösung dar, welche die allgemeine und mathematisch einfach nachvollziehbare Fuzzy-Logik mit den adaptiven und lernfähigen neuronalen Netzen kombiniert. Durch diese Kombination können die Vorteile beider Technologien zur anwendungsorientierten Problemlösung genutzt werden. In der Theorie sind hierbei beliebige Kombinationen aus unterschiedlichen Netzarten und Fuzzy-Methoden denkbar, auch wenn in der Praxis nicht alle sinnvoll einzusetzen sind. Während der Entwurfsphase von Neuro-Fuzzy-Systemen sollten für eine sinnvolle Struktur folgende Regeln berücksichtigt werden:

- Die Anzahl der verwendeten linguistischen Terme der Fuzzy-Variablen kann klein gehalten werden, da durch das Training des neuronalen Netzes eine interne „Optimierung" der groben linguistischen Variablen erfolgt.
- Unter Berücksichtigung der späteren Trainingsmethoden ist es ratsam, die linguistischen Terme mit gleichartigen Übertragungsfunktionen zu gestalten. Für das Training mit dem Backpropagation-Algorithmus bspw. wird die Anwendung der (stetigen) Sigmoid-Funktion empfohlen.
- Um die Ergebnisse des Lernverfahrens auch interpretieren und vernünftig bewerten zu können, sollte eine Rücktransformation in die Fuzzy-Variablen erfolgen.

8.4   Übungsaufgabe

Für die dargestellten normalisierten Fuzzy-Variablen für U_u (Spannung) und t_u (Zeit) (s. Abb. 8.7) wurde ein Sicherheitskriterium für den Betrieb einer Verteilanlage definiert. Das Sicherheitskriterium wird zur Bewertung von möglichen Überspannungsschäden in der Anlage genutzt, sodass sich ein Regelsatz ergibt, der zur Steuerung einer Abschalteinrichtung dienen kann. Dieser Regelsatz ist in Tab. 8.4 dargestellt.

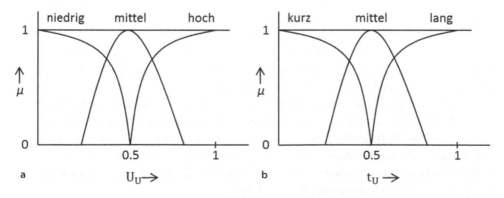

Abb. 8.7 Übungsbeispiel: Fuzzy-Variablen für (**a**) Spannung und (**b**) Zeit

Tab. 8.4 Regelsatz für das Übungsbeispiel

		U_u		
		niedrig	**mittel**	**hoch**
t_u	**kurz**	klein	klein	mittel
	mittel	klein	mittel	hoch
	lang	mittel	hoch	hoch

Verwenden Sie die gegebenen Informationen, um ein neuronales Netz unter Einsatz der Neuro-Fuzzy-Technologie zu erstellen, welches die gewünschte Funktion erfüllen kann. Testen Sie dieses Netz mit unterschiedlichen Eingangswerten.

8.4.1 Weitere Übungen zum tieferen Verständnis

- Versuchen Sie, die gegebenen Fuzzy-Variablen in der Form zu verändern, und prüfen Sie die Auswirkungen auf das Ergebnis. Verwenden Sie bspw. dreieckige oder trapezförmige linguistische Terme.
- Versuchen Sie ebenfalls alternative Defuzzyfizierungsmethoden anzuwenden, und prüfen Sie die Auswirkungen auf das Ergebnis.
- Wird durch das Hinzufügen weiterer linguistischer Terme zur Verfeinerung der Granularität der Eingangswerte das Verhalten maßgeblich verändert? Versuchen Sie dies zu praktisch zu testen.

Literatur

[1] Jang J, Sun C, Mizutani E (1997) Neuro-fuzzy and soft computing; a computational approach to learning and machine intelligence. Prentice Hall, New York
[2] Borgelt C, Klawonn F, Kruse R, Nauck D (2003) Neuro-Fuzzy-Systeme Von den Grundlagen Neuronaler Netze zur Kopplung mit Fuzzy-Systemen. Friedr. Vieweg & Sohn Verlagsgesellschaft, Wiesbaden
[3] Bothe H-H (1998) Neuro-Fuzzy-Methoden. Einführung in Theorie und Anwendungen. Springer, Heidelberg

Daten- und Wissensbanken in Expertensystemen für die Energieversorgung

9

> *Instead of a bit-grinding processor raping and plundering data structures, we have a universe of well-behaved objects that courteously ask each other to carry out their various desires.*
>
> *Statt eines bit-zermalmenden Prozessors, der Datenstrukturen plündert und zerfetzt, haben wir eine Welt von Objekten mit guten Manieren, die sich höflich gegenseitig darum bitten, diverse Wünsche auszuführen*
> *(Daniel Ingalls in „Design Principles behind Smalltalk", 1981)*

Zusammenfassung

Expertensysteme benötigen Daten zur Lösung der an sie gestellten Aufgaben. Im Bereich der Energieversorgung treten hier typische Daten wie Lastzeitreihen oder Netztopologien auf, die konventionell in unterschiedlicher, textuell gebundener Form vorliegen. Mithilfe von objektorientierten Strukturen können sowohl die Daten als auch Beziehungen zwischen unterschiedlichen Objekten effizient gespeichert werden. Mit den in Kap. 9 vorgestellten Werkzeugen aus der Informatik wie beispielsweise UML können diese Strukturen praktisch modelliert und komplexe Modelle zur Abbildung von Daten der Energieversorgung erzeugt werden. In Form des Common Information Model existiert bereits ein standardisiertes Modell für den objektorientierten Datenaustausch.

9.1 Einleitung – Datenbankkonzepte

Wie in Kap. 1 definiert, sind Expertensysteme Computerprogramme und können wie jede andere Software auch nur dann funktionieren, wenn ihnen die erforderlichen Daten zur Bearbeitung ihrer Aufgabe zur Verfügung gestellt werden. Hierbei ist es insbesondere für

© Springer-Verlag GmbH Deutschland 2017
Z.A. Styczynski et al., *Einführung in Expertensysteme*,
DOI 10.1007/978-3-662-53172-3_9

die korrekte Funktionalität wichtig, dass die erforderlichen Daten vollständig und konsistent bereitgestellt worden sind. Zur Gewährleistung der Konsistenz bietet sich der Einsatz von Datenbanksystemen an. Diese erlauben an sich schon eine entsprechende Datenstrukturierung und Konsistenzüberprüfung, was bereits vor der Programmausführung zum Tragen kommt. Somit wird eine Art von Vorabprüfung realisiert, die die effektive Nutzung von Programmen erleichtern soll.

Der Einsatz und die Auswahl von Datenbanksystemen sollen entsprechend der zu lösenden Aufgabe geeignet getroffen werden, was bedeutet, dass für einfache Problemstellungen auch eine relativ einfache Datenbank zum Einsatz kommen soll, während für komplexe Anforderungen auch entsprechend leistungsfähige Datenbanken genutzt werden sollten. So können sehr einfache Problemstellungen bspw. schon mit dem Einsatz der Tabellenkalkulation Microsoft Excel gelöst werden, auch wenn es sich hier nicht um eine Datenbank im eigentlichen Sinne handelt. Hier wäre der Einsatz von leistungsstarken Datenbanklösungen eher ungeeignet, da allein die Inbetriebnahme, Konfiguration und Wartung eines solchen Systems einen nicht gerechtfertigten Aufwand bedeuten würde. Mit zunehmender Problemkomplexität steigen auch die Anforderungen an das Datenbanksystem, sodass Kriterien wie die Menge zu speichernder Daten, Formen der Datenabfrage, Verknüpfungen zwischen unterschiedlichen Tabellen, Indizierungen zur schnellen Abfrage, Verteilung der Daten auf Clustern und weitere Faktoren zu berücksichtigen sind.

Innerhalb eines Expertensystems ist neben dem Zugriff auf hinterlegte Daten auch derjenige auf Daten zur Anwendung des Wissens erforderlich. Sowohl Wissens- als auch Datenbanken werden mittels geeigneter Software zur Datenhaltung umgesetzt, wobei es von Vorteil sein kann, in beiden Systemen den Einsatz gleicher Datenstrukturen vorzusehen, um systemweit einen homogenen Zugriff auf Wissen und Daten zu gewährleisten. Werden unterschiedliche Strukturen eingesetzt, ist meist die Verwendung von „Übersetzern" erforderlich, welche entsprechende Verweise bereitstellen, sodass die Informationen aus dem einen System für die korrekte Verwendung im anderen System zugeordnet werden können.

Der am besten geeignete Ansatz zur Hinterlegung von unterschiedlichen Daten und deren Beziehungen in komplexen Systemen ist die objektorientierte Datenrepräsentation, auch unter Einsatz relationaler (ggf. auch objektorientierter) Datenbanken. Innerhalb von Objekten können sowohl die Art des Objektes als auch dessen spezifische Eigenschaften und die Relationen zu anderen Objekten hinterlegt werden. Der objektorientierte Ansatz vereint dabei die Eigenschaften der Frames und semantischen Netze, wie sie in Kap. 3 beschrieben sind, und vereinheitlicht diese im Objektmodell.

In diesem Kapitel werden auf Basis des objektorientierten Ansatzes spezifische Daten- und Wissensstrukturen für den Einsatz von Expertensystemen in der elektrischen Energieversorgung erläutert. Zum Verständnis werden in den folgenden Abschnitten zunächst typische Daten, wie sie in der elektrischen Energieversorgung eingesetzt werden, gezeigt. Anschließend wird der objektorientierte Ansatz genutzt, um diese Daten anwendungsgerecht darzustellen.

Auch wenn hier der Fokus auf dem objektorientierten Ansatz der Daten- und Wissensrepräsentation liegt, soll der Vollständigkeit halber noch erwähnt werden, dass auch andere

Konzepte wie hierarchische, vernetzte und relationale Ansätze zur Daten- und Wissens-
bereitstellung existieren [1, 2], auf die hier allerdings nicht weiter eingegangen wird. Der
objektorientierte Ansatz als Datenschnittstelle mit dem Einsatz von relationalen Datenbanken (als Backend) ist aktuell der am effektivsten in den elektrischen Energiesystemen einsetzbare, was auch durch entsprechende Standardisierungsaktivitäten bestätigt
wird. (Dazu mehr in Abschn. 9.4). Historisch bedingt, ist der Einsatz dieses Konzepts
in der elektrischen Energieversorgung noch relativ jung. Bei vielen Netzbetreibern und
Technologieherstellern kommen heutzutage in vielen Bereichen konventionelle, hierarchische, meistens tabellenbasierte Systeme, aber auch einfach strukturierte Textdateien
zum Einsatz, da frühere Systeme mit dieser Form der Datenbereitstellung arbeiteten. Eine
abrupte Umstellung eines kompletten Daten- und Wissensbanksystems ist hier praktisch
nicht möglich, da die Systeme kontinuierlich weiterlaufen müssen und die Kompatibilität
zu älteren Systemkomponenten stets gewährleistet werden muss. Hier kann nur ein schritt-
weiser Wechsel der Datenhaltungsstrukturen stattfinden.

9.2   Typische Strukturen in Daten der Energieversorgung

9.2.1   Einführung

Planung und Betrieb von elektrischen Energieversorgungssystemen benötigen ein breites
Spektrum an Daten aus unterschiedlichen Bereichen, die dann später innerhalb der geeigneten anwendungsspezifischen Expertensysteme verarbeitet werden. In erster Linie sind
hier folgende Daten zu nennen:

* Daten zu Lastgängen und Erzeugungszeitreihen, welche die Einspeisung und Last an
  den jeweiligen Netzknoten darstellen,
* Daten über die Netztopologie bzw. Trassendaten, einschließlich Schalter und Sammel-
  schienenstrukturen,
* Daten über die technischen Parameter der verwendeten Betriebsmittel wie z. B. Impedanzen, zulässige Ströme, Nominalleistungen, Nominalspannungen.

Darüber hinaus sind auch weitere Daten zu nennen, die unterschiedliche Aspekte berücksichtigen. Hierzu gehören:

* Wetterdaten und -vorhersage zur Abschätzung der Einspeisung durch erneuerbare Energien,
* Betriebsmitteldaten zu Wartungen, Revisionen und laufende Kosten,
* Parametrierungen von Sekundärtechnik einschließlich Schutz- und Automatisierungs-
  technik,
* Daten zur Energiewirtschaft wie z. B. Preisdaten der Strombörse oder flexible Tarife,
* Daten zu Endenergieverbrauchern samt Abrechnungsdaten und Zählpunktinformationen,
* Daten zu dezentralen Erzeugungseinheiten sowie deren technische Parameter.

Diese Liste ließe sich noch für viele weitere Aspekte der Energieversorgung fortführen. Im Folgenden soll exemplarisch nur auf die drei o.g. Datengruppen näher eingegangen werden, da diese für den Netzbetrieb und die Netzplanung die wichtigsten Informationsquellen bereitstellen. Hierzu werden entsprechende Beispiele für Datensätze gezeigt und das verwendete Format erläutert.

9.2.2   Lastverläufe und Einspeisedaten

Lastverläufe und Einspeisedaten spiegeln die über einen bestimmten Zeitraum tatsächlich vom elektrischen Netz bezogene bzw. in das Netz eingespeiste Leistung wider. Hierbei wird sowohl die Blindleistung als auch die Wirkleistung betrachtet, und zu jedem Zeitpunkt gibt es einen Wert für die entsprechende Wirk- bzw. Blindleistung. Eine solche Zeitreihe kann für jeden Knoten im elektrischen Netz angegeben werden. Die zeitliche Auflösung, mit der die Leistungsdaten aufgezeichnet werden, ist abhängig vom Anwendungsfall. Standardmäßig wird heute für viele Anwendungen das 15-Minuten-Raster verwendet, d. h., die durchschnittliche Leistung der letzten 15 Minuten wird dem entsprechenden Zeitpunkt zugeordnet. Für Anwendungen, welche mit dynamischen Effekten arbeiten, ist das 15-Minuten-Raster nicht ausreichend, sodass hier bspw. im Falle von Kurzschlussberechnungen mit einem 10-Sekunden-Raster gearbeitet wird. Für die Berechnung von transienten Vorgängen in den Betriebsmitteln und Schaltanlagen sind sogar Zeitreihen mit Millisekunden-Auflösung (teilweise auch Mikrosekunden) notwendig. Dies ist insbesondere für Anwendungen des Netzschutzes relevant.

Eine beispielhafte Datei zur Hinterlegung von Zeitreihen zeigt Abb. 9.1a, in welcher die Zeitreihen für drei elektrische Lasten hinterlegt sind. Die Datei ist in Form einer kommagetrennten Liste ausgeführt (CSV-Datei), in der zeilenweise jeweils ein Daten-Tupel für einen bestimmten Zeitpunkt hinterlegt ist. Getrennt sind die einzelnen Werte durch Semikolon. Betrachtet man diese Datei genauer, ist folgender Spaltenaufbau zu erkennen: Die erste Spalte gibt die Zeitpunkte an, wobei hier jeweils 15-Minuten-Werte zum Einsatz kommen (jeweils Viertelstunden-Werte). Die nächste Spalte zeigt den Wert für die an Last 1 bezogene Wirkleistung, während die Blindleistung in der nächsten Spalte folgt. Die folgenden vier Spalten zeigen analog dazu die Wirk- und Blindleistung für zwei weitere Lasten. Grafisch sind die Zeitreihen für Wirkleistungswerte in Abb. 9.1b dargestellt.

9.2.3   Netztopologie

Die Daten zur Netztopologie bilden die grundlegende Struktur des elektrischen Netzes ab. Diese Struktur besteht für gewöhnlich aus (Netz-)Knoten, welche durch Leitungen miteinander verbunden sind. Die Netzknoten entsprechen in der Praxis den Umspannwerken bzw. Ortsnetzstationen sowie Punkten, an denen Leitungsabzweige auftreten. Die Leitungen wiederum können durch Kabel oder Freileitungen umgesetzt sein. Dementsprechend müssen die Daten zur Netztopologie Informationen dazu enthalten, welche Leitung

Abb. 9.1 Exemplarischer Zeitreihenverlauf für drei Lasten als (**a**) Textdatei und (**b**) Darstellung der zugehörigen Wirkleistungsverläufe

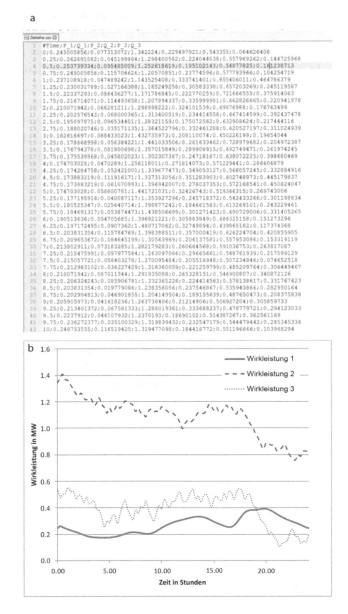

welchen Knoten miteinander verbindet und ggf. um welche Art von Leitung es sich handelt. Bei den Knoten wiederum sind noch komplexere Informationen erforderlich. So werden Daten bezüglich der Art des Knoten hinterlegt, welcher ein Erzeugerknoten (mit großem Kraftwerk und stabiler Spannungscharakteristik, *Slack-Node*), ein Lastknoten (Vorgabe der bezogenen Wirk- bzw. Blindleistung), ein reiner Abzweigknoten ohne Last bzw. Einspeisung oder auch ein anderer Typ von Knoten sein kann. Innerhalb der Daten zur Netztopologie sind ebenfalls eindeutige Kennzeichnungen der jeweiligen Leitung und der Knoten enthalten sowie ggf. auch Daten für die Position (bspw. geografische Koordinaten oder andere

Koordinaten zur Darstellung in der grafischen Benutzeroberfläche). Zusätzlich gehören zu den Topologiedaten Informationen zu vorhandenen Sammelschienen und Schalteinrichtungen, welche innerhalb der Struktur ebenfalls eindeutig gekennzeichnet sind.

In Abb. 9.2 ist exemplarisch ein Teil der Topologiedaten für ein elektrisches Netz gezeigt, wie es in Simulationsprogrammen zur Berechnung elektrischer Netze verwendet wird. Der Ausschnitt zeigt die Leitungen, welche die unterschiedlichen Knoten verbinden und somit ein Netz bilden. Hierbei repräsentiert jede Zeile eine Leitung, was durch das „L" am Zeilenbeginn gekennzeichnet ist (die Zeilen mit R und X am Anfang bezeichnen resistive und induktive Beläge der Leitung). Darüber hinaus sind die Zeilen so aufgebaut, dass nach dem ersten Zeichen jeweils Blöcke von acht Zeichen folgen, die jeweils die Leitungen charakterisieren:

- Der erste Block benennt den Startknoten der Leitung.
- Der zweite Block benennt den Endknoten der Leitung.
- Der dritte Block benennt die Leitung.
- Der vierte Block gibt an, ob die Leitung in Betrieb ist.
- Die folgenden Blöcke bezeichnen technische Parameter wie Resistanzbelag, Induktivitätsbelag, Länge, Spannungsebene etc.

Man erkennt anhand dieses Beispiels sehr leicht, dass es sinnvoll ist, geeignete Programme einzusetzen. Diese Programme dienen zur Erstellung entsprechender Dateien zur Darstellung der Netztopologie und können mittels eines nutzerfreundlichen grafischen Editors bedient werden. Die manuelle Erstellung solcher Dateien kann sehr schnell zu Fehlern führen.

```
2007.NET
76   $1......12......23......3AA1....12....23....34....45....56....67...78...89...9ZZ
77   LN151    N152    L1     1     6.5    115    3713.6       500            1.386
78   LN151    N152    L2     1     6.5    115    3713.6       500            1.386
79   LN151    N201    L3     1     2.5    37.5   1273.2       500            1.386
80   LN202    N152    L4     1     2      25     1008.        500            1.386
81   LN152    N3004   L5     1     7.5    75     2652.6       500            1.386
82   LN153    N154    L6     1     3.174  28.566752.15        230            1.506
83   LN153    N154    L7     1     3.174  28.566752.15        230            1.506
84   LN153    N3006   L8     1     .529   6.348  150.43       230            1.506
85   LN154    N203    L9     1     2.116  21.16  501.43       230            1.506
86   LN154    N205    L10    1     .611   6.16551579.5        230            1.506
87   RN154    N1542   L11    1     .100E0                     230
88   LN154    N3009   L12    1     .142831.16381504.3         230            1.506
89   LN201    N202    L13    1     5      62.5   2122.1       500            1.386
90   LN201    N204    L14    1     7.5    75     2652.6       500            1.386
91   LN205    N203    L15    1     2.645  23.805401.15        230            1.506
92   LN205    N203    L16    1     2.645  23.805401.15        230            1.506
93   XN3001   N3003   L17    1            4.232              230
94   LN3002   N3004   L18    1     15     135    95.493       500            1.386
95   LN3003   N3005   L19    1     3.174  28.566451.29        230            1.506
96   LN3003   N3005   L20    1     3.174  28.566451.29        230            1.506
97   LN3005   N3006   L21    1     1.851515.87 351.           230            1.506
98   LN3005   N3007   L22    1     1.587  13.225300.86        230            1.506
99   LN3005   N3008   L23    1     3.174  26.45  601.72       230            1.506
100  LN3007   N3008   L24    1     1.587  13.225300.86        230            1.506
101  LN3008   N3009   L25    1     1.285510.4741504.3         230            1.506
```

Abb. 9.2 Exemplarische Datei zur Repräsentation der Netztopologie

9.2.4 Betriebsmitteldaten

Innerhalb der Netztopologie sind die erforderlichen Betriebsmittel installiert, welche die elektrische Leistung übertragen. Hierzu gehören Leitungen, Kabel und Transformatoren genauso wie Sammelschienen, Leistungs- und Trennschalter und im Weiteren auch die gesamte Sekundärtechnik. Jedes dieser Betriebsmittel hat charakteristische Parameter, die für die Planung bzw. den optimalen Betrieb entscheidend sind. Die wichtigsten Kenngrößen sind dabei die zugehörige Spannungsebene (z. B. 380 kV, 220 kV, 110 kV, 30 kV), die zulässigen Ströme, die Bemessungsleistung und Impedanzwerte bzw. Impedanzbeläge über die Länge der Leitung oder des Kabels. Ein Beispiel zur Repräsentation von Leitungsparametern wurde bereits in Abb. 9.2a gezeigt, welches auch gleichzeitig ein Teil der Netztopologie darstellt. Abbildung 9.3 zeigt die Parameter für Transformatoren, wie sie für die

```
2007.NET
26  $--- Transformers
27  $1......12......23......3AA1....12....23....34....45....56....67...78...89...9ZZ
28  TN151           T1      YY500   500   100   .03   1.3603
29  TN101                   0021.6  21.6
30  $1        0.    T1      F .9    1.1   +1    -499  .2E-5       499  .2E-5      | TAP LOCKED
31  $
32  TN151           T2      YY500   500   100   .03   1.3603
33  TN102                   0021.6  21.6
34  $1        0.    T2      F .9    1.1   +1    -499  .2E-5       499  .2E-5      | TAP LOCKED
35  $
36  TN152           T3      YY505   500   100   .0005 .5
37  TN153                   00230   230
38  $1N154    .99959 T3     .98     1     +1    -16   .3E-4       16   .3E-4      | TAP LOCKED
39  $
40  TN201           T4      YY500   500   100   .07   2.1262
41  TN210                   0020    20
42  $1        0.    T4      F .95   1.05  +1    -2    .0004       2    .0004      | TAP LOCKED
43  $
44  TN201           T5      YY500   500   100   .07   2.1262
45  TN211                   0020    20
46  $1        0.    T5      F .9    1.1   +1    -499  .2E-5       499  .2E-5      | TAP LOCKED
47  $
48  TN202           T6      YY500   500   100   .04   1.6255
49  TN203                   00230   230
50  $1        0.    T6      PS                  -16               16              | TAP LOCKED
51  $
52  TN204           T7      YY500   500   100   .03   1.5003
53  TN205                   00230   230
54  $1N205    1.02   T7     .98     1     +1    -16   .3E-4       16   .3E-4      | TAP LOCKED
55  $
56  TN205           T8      YY230   230   100   .026  1.3333
57  TN206                   0018    18
58  $1        0.    T8      F .9    1.1   +1    -499  .2E-5       499  .2E-5      | TAP LOCKED
59  $
60  TN3002          T9      YY500   500   100   .03   1.5003
61  TN3001                  00230   230
62  $1        0.    T9      F .9    1.1   +1    -499  .2E-5       499  .2E-5      | TAP LOCKED
63  $
64  TN3001          T10     YY230   230   100   .02   1.0002
65  TN3011                  0013.8  13.8
66  $1        0.    T10     F .9    1.1   +1    -499  .2E-5       499  .2E-5      | TAP LOCKED
67  $
68  TN3004          T11     YY500   500   100   .04   1.6255
69  TN3005                  00230   230
70  $1        0.    T11     F .9    1.1   +1    -499  .2E-5       499  .2E-5      | TAP LOCKED
71  $
72  TN3008          T12     YY230   230   100   .021  8.5
73  TN3018                  0013.8  13.8
74  $1        0.    T12     F .9    1.1   +1    -499  .2E-5       499  .2E-5      | TAP LOCKED
```

Abb. 9.3 Repräsentation von Transformatordaten für die Netzsimulation

Berechnung von Netzsimulationen eingesetzt werden. Auch hier ist wieder die Struktur zu erkennen, in welcher das erste Zeichen der Zeile den Betriebsmitteltyp kennzeichnet und die nachfolgenden Blöcke mit acht Zeichen jeweils einen Parameter repräsentieren. Bei der Darstellung der Transformatordaten gehören jeweils drei Zeilen zusammen. Dier erste Zeile bezeichnet den Knoten, an dem die eine Seite des Transformators angeschlossen ist, gefolgt von der Transformatorbezeichnung, der Schaltgruppe, den ober- und unterspannungsseitigen Spannungsebenen und weiteren technischen Parametern. In der zweiten Zeile ist der Knoten angegeben, an dem die andere Seite des Transformators angeschlossen ist, und zusätzliche technische Parameter. Zu den technischen Parametern gehören die Impedanzen des Transformators einschließlich der Größen für das Mit- und das Nullsystem.

9.3   Objektorientierte Datenrepräsentation

9.3.1   Struktur und Hierarchie von Objekten

Die Repräsentation von Daten im objektorientierten Ansatz ist der praktischen Nachbildung von Objekten aus der realen Welt nachempfunden. Sie wurde stetig weiterentwickelt und ist heutzutage Stand der Technik in der Softwareentwicklung, in der heute überwiegend objektorientierte Programmsprachen eingesetzt werden. Der Grundgedanke ist hierbei, dass Objekte, welche innerhalb des Programms verwendet werden, einem bestimmten Prototyp entsprechen und demgemäß auch definierte Eigenschaften besitzen. So ist leicht verständlich, dass ein ganz bestimmtes Kabel die gleichen Parameter wie andere Kabel hat (bspw. Bezeichnung, Resistanzbelag und Induktivitätsbelag), auch wenn diese hinsichtlich ihrer Werte unterschiedlich sein können. Im objektorientieren Ansatz bedeutet dies, dass es einen Datenprototyp eines Kabels gibt, welcher die Attribute Bezeichnung, Resistanzbelag und Induktivitätsbelag besitzt. Werden nun bestimmte Kabelobjekte (auch Instanzen vom Typ Kabel genannt, s. auch Kap. 3) erzeugt, werden den innerhalb des Prototyps definierten Attributen konkrete Werte zugeordnet. Bis hierhin lässt sich diese Informationsdarstellung auch relativ einfach in Tabellenform verarbeiten, da jedem Attribut eine Spalte in einer Tabelle zugeordnet werden kann und die einzelnen Instanzen zeilenweise eingetragen werden können. Der objektorientierte Ansatz geht allerdings darüber hinaus, indem er das Konzept der Vererbung und die Relationen zwischen unterschiedlichen Objekttypen definiert.

Das Konzept der Vererbung ermöglicht es, Eigenschaften bestimmter definierter Objekttypen auch auf Objekttypen zu übertragen, die eine spezialisierte Form des ursprünglichen Objektes darstellen. Diese spezialisierten Klassen wiederum können die ererbten Eigenschaften um weitere Eigenschaften ergänzen. Als Beispiel sei hier die elektrische Leitung genannt, welche als benennbare Eigenschaften den Maximalstrom und die Impedanz aufweist. Nun lassen sich von der elektrischen Leitung mindestens zwei speziellere Objekttypen ableiten: die Freileitung und das Kabel. Beide Typen erben die Eigenschaften Maximalstrom und Impedanz. Der Objekttyp Kabel kann weitere Eigenschaften hinzudefinieren, wie das Isoliermedium (bspw. PE, VPE, Papier etc.). Für die Freileitung wiederum können zusätzliche Eigenschaften wie der maximale Durchhang definiert sein. Somit lässt sich eine nahezu beliebige Hierarchietiefe der Vererbung erzeugen, insofern die unterschiedlichen Objekttypen andere Attribute erfordern. Abbildung 9.4 erläutert die dargestellten Zusammenhänge grafisch.

   Neben dem Konzept der Vererbung erlaubt der Einsatz von Relationen im objektorientierten Ansatz die Repräsentation von Wissen über die Beziehungen unterschiedlicher Objekte zueinander. So kann hierüber abgebildet werden, welche Abhängigkeiten zwischen unterschiedlichen Objekttypen bestehen. So kann bspw. hinterlegt werden, welche Leitung mit welchem Transformator verknüpft ist, oder bestimmte Messungen können zu den entsprechenden Betriebsmitteln oder Messorten zugeordnet werden. Neben der reinen Zuordnung des Verhältnisses der Objekte zueinander kann auch abgebildet werden, wie viele Objekte zueinander in Relation stehen (dies wird auch als Kardinalität bezeichnet). So wird ein Schalter genau einem Leitungsende zugeordnet, während ein Transformator zwei bis drei Wicklungen haben kann. Eine Einspeisezeitreihe kann null bis (theoretisch) unendliche viele Werte enthalten. Abbildung 9.5 verdeutlicht das Konzept der Relationen im objektorientierten Ansatz, wobei hier weniger der Inhalt der Objekttypen im Vordergrund steht als vielmehr das Konzept der Relationen. Für eine realitätsnahe Modellierung von elektrischen Anlagen sei auf Abschn. 9.4 verwiesen.

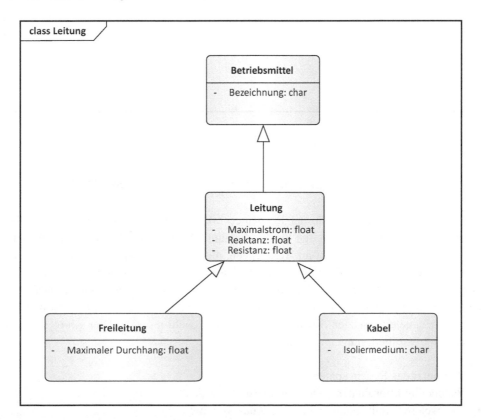

Abb. 9.4 Konzept der Vererbung im objektorientierten Ansatz

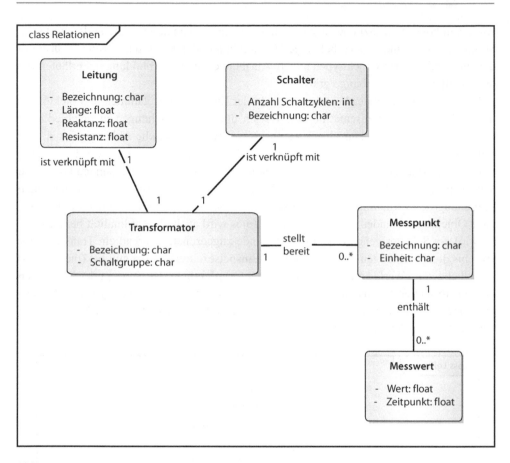

Abb. 9.5 Relationen innerhalb des objektorientierten Ansatzes

9.3.2   Modellierung mittels Unified Modeling Language (UML)

Mit den Leistungssteigerungen der Rechentechnik in den letzten Jahrzehnten und den damit verbundenen Möglichkeiten für die Zunahme der Komplexität von robusten Softwaresystemen stieg der Bedarf an Werkzeugen, mit deren Hilfe diese modelliert werden und welche somit eine Grundlage für die anschließende Implementierung schaffen können. Konnten Programme früher ohne aufwendige Vorarbeiten geschrieben werden – da ihr Umfang begrenzt war und quasi „so drauf los" programmiert wurde –, ist dies bei den heutzutage eingesetzten Softwaresystemen nicht mehr möglich. Hier gilt es u.a. entsprechende Vorüberlegungen anzustellen:

- Wer nutzt das System später?
- Welche Funktionalitäten sollen bereitgestellt werden?
- Aus welchen Teilkomponenten besteht das System?

- Welche Systemteile müssen mit welchen anderen Systemteilen Daten austauschen?
- Welche Daten werden benötigt und intern verarbeitet?
- Welche Programmabläufe werden intern durchgeführt?

Um diese Fragestellungen in der Informatik konstruktiv zu bearbeiten und gleichzeitig für die Modellierung des Systems zu verwenden, hat sich die Unified Modeling Language (UML) für die Softwareentwicklung etabliert. UML kann unter Einsatz entsprechender Werkzeuge genutzt werden, um in grafischer Form, unterstützt mit Texteingaben, die Anforderungen und Spezifikationen an ein Softwaresystem zu definieren. Hierbei werden insbesondere die o.g. Fragestellungen adressiert, aber auch andere Aspekte wie bspw. Softwaretests lassen sich hiermit modellieren [1]. Da UML stetig weiterentwickelt wird, ist die aktuelle Spezifikation in Version 2.5 verfügbar [2].

UML lässt sich für die Modellierung von Wissensbanken als Teil eines komplexen Software-Systems nutzen. Hierfür werden die unterschiedlichen Objekttypen, deren Eigenschaften und Relationen untereinander in sog. UML-Klassendiagrammen modelliert. Innerhalb der Klassendiagramme werden alle zuvor genannten Eigenschaften wie Vererbungen, Objektattribute, Relationen mit den zugehörigen Kardinalitäten aufgelistet, und auch weitere Eigenschaften wie abstrakte Klassen und spezielle Relationen, auf die hier nicht weiter eingegangen werden soll. Für tiefergehende Informationen sei auf die weiterführende Literatur verwiesen [3]. Wird dieses Werkzeug zur Modellierung richtig eingesetzt, erleichtert es die spätere Generierung von Quellcode erheblich, da hiermit bereits vollständige Klassenrümpfe erzeugt und ein konsistentes Grundgerüst des Softwaresystem quasi automatisiert erstellt werden können. In Abhängigkeit des verwendeten UML-Werkzeugs und der Ziel-Programmiersprache können auch erforderliche Konstruktoren, bestimmte Methodenaufrufe und die verwendeten Attribute und deren Zugriffsmethoden automatisch mit erstellt werden.

Beispielhafte Klassendiagramme, wie sie in UML vorliegen können, zeigten bereits Abb. 9.4 und 9.5. Zu erkennen sind hier die schon weiter oben erläuterten Zusammenhänge des objektorientierten Ansatzes mit Vererbung, Objektrelationen und Kardinalitäten.

9.3.3 Stammdaten von Netzelementen als hierarchische Struktur

Die Darstellung von Komponenten des Netzbetriebes und deren Stammdaten, insbesondere aus der Primärtechnik, wie bspw. Freileitungen, Transformatoren und Schalter, kann sehr praktisch über den objektorientierten Ansatz umgesetzt werden. So lassen sich spezifische Eigenschaften wie Bezeichnung und elektrische Parameter wie Impedanz und Stromtragfähigkeit als normale Attribute des jeweiligen Objektes darstellen. Über die Vererbungsstruktur lassen sich Attribute, die mehrere Objekttypen betreffen, in den entsprechenden übergeordneten Objekttypen integrieren, wie es bspw. für das Attribut Bezeichnung sinnvoll ist, da jedes Objekt eine entsprechende Bezeichnung enthält. Ein vereinfachtes Beispiel für die Objekttypen Freileitung und Kabel ist in Abb. 9.6 gezeigt und stellt eine weiter ausgearbeitete Version von Abb. 9.4 dar. Diese erben vom übergeordneten Typ

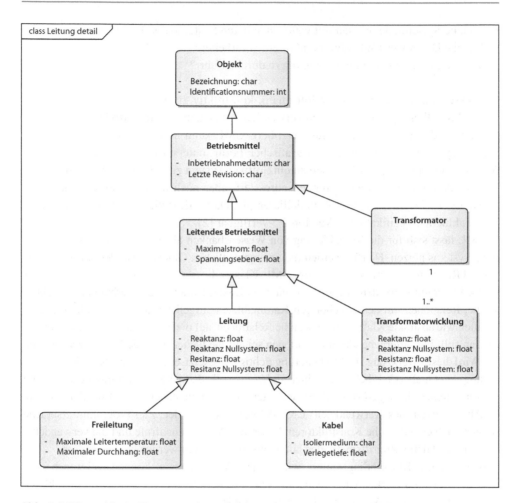

Abb. 9.6 Hierarchische Repräsentation von Stammdaten im objektorientierten Ansatz

Leitung die elektrischen Eigenschaften. Das Attribut Bezeichnung wiederum wird von einer noch allgemeineren Klasse, dem Objekt, geerbt.

9.3.4   Repräsentation von Netzstrukturen

Die Darstellung von Netzstrukturen lässt sich über den objektorientierten Ansatz sehr gut umsetzen, da die zur Verfügung stehenden Relationen zwischen unterschiedlichen Klassen genutzt werden können. So kann an jedem Ende einer Freileitung ein anderes elektrisches Betriebsmittel verknüpft sein, wie bspw. ein Schalter, ein Transformator, eine Sammelschiene, eine andere Leitung oder auch ein anderes Betriebsmittel. Zur vereinfachten Nachbildung von Netzstrukturen wird normalerweise zwischen zwei elektrischen

Abb. 9.7 Nachbildung der
Netzstruktur für den objektorientierten Ansatz

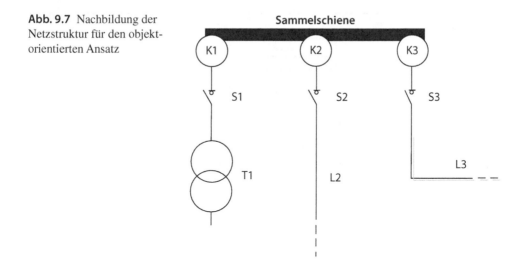

Mitteln ein Knotenobjekt gesetzt. Hierdurch wird zum einen das topologische Konzept
von Knoten und Kanten verfolgt, wobei die elektrischen Betriebsmittel die Kanten zwischen den einzelnen topologischen Knoten bilden. Zum anderen wird durch den Einsatz
der topologischen Knoten die Nachbildung der Netzstruktur flexibel gestaltet, da hierdurch unterschiedliche Betriebsmittel verknüpft werden können, welche mit dem jeweiligen Knoten verbunden sind. Abb. 9.7 zeigt die Nachbildung einer einfachen Netzstruktur
unter Einsatz der topologischen Knoten und der zugehörigen Betriebsmittel. In diesem
Fall wurde eine Sammelschiene verwendet, die über topologische Knoten (K1 bis K3) mit
einem Schalter (S1) und einem nachfolgenden Transformator (T1) verknüpft ist. Zusätzlich
sind an die Sammelschiene zwei Leitungen (L2 und L3) über einen Schalter (s2 und S3)
angebunden. Zur Repräsentation dieser Struktur im objektorientierten Ansatz sind die
erforderlichen Objekttypen in Abb. 9.8 gezeigt, welche wiederum Abb. 9.6 erweitert.
Diese Abbildung zeigt, welche Relationen die Objekttypen zueinander haben. Auch ist
ersichtlich, dass es eine Verknüpfung zwischen topologischem Knoten und elektrischem
Betriebsmittel gibt. Dies bedeutet, dass die Verknüpfung nicht nur für den Typ des elektrischen Betriebsmittels besteht, sondern auch für alle von diesem Objekttyp erbenden
Objekttypen, sodass sowohl Transformatoren, Freileitungen, Kabel und Schalter eine Verknüpfung zu topologischen Knoten haben.

9.3.5   Repräsentation von Zeitreihen

Zur Darstellung von Zeitreihen im objektorientierten Ansatz wird dem Betriebsmittel
eine entsprechende Zeitreihe zugeordnet. Dies kann über sog. Messpunkte geschehen,
wobei ein Betriebsmittel mehrere Messpunkte enthalten kann. Während ein Messpunkt
die Werte der Wirkleistung repräsentiert, kann ein anderer Messpunkt die Blindleistung
wiedergeben und wieder ein anderer die an dem Betriebsmittel gemessene Spannung. Der

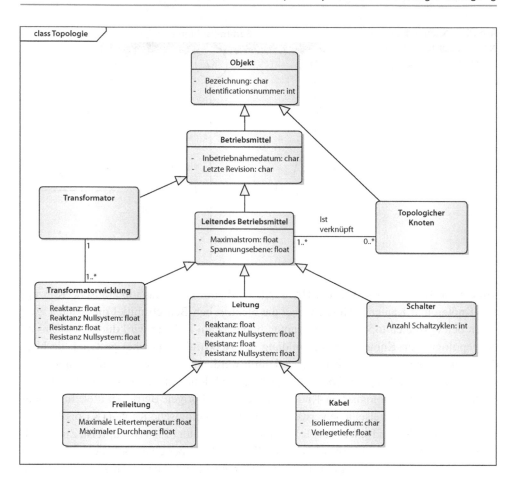

Abb. 9.8 Verwendete Objekttypen zur Nachbildung der Hierarchie in der Netztopologie

Vollständigkeit halber sei erwähnt, dass nicht nur elektrischen Betriebsmitteln Zeitreihen zugeordnet werden können, sondern auch topologischen Knoten (s. Abschn. 9.3.4), was insbesondere zur Darstellung von elektrischen Spannungsprofilen relevant ist. Über diesen Ansatz können Zeitreihen für elektrische Erzeuger und auch Verbraucher abgebildet werden.

Zur Darstellung der Zeitreihe wird dem zuvor festgelegten Messpunkt eine Vielzahl von einzelnen Werten zugeordnet, aus denen die Zeitreihe besteht (s. Abschn. 9.2.2). Ein einzelner Wert wiederum enthält die physikalischen Messwerte und einen zugordneten Zeitstempel. Zur Nachbildung dieser Daten im objektorientierten Ansatz sind die erforderlichen Objekttypen und deren Relationen bereits vereinfacht in Abb. 9.5 gezeigt. Es ist ersichtlich, dass einem Betriebsmittel mehrere (0 bis n) Messpunkte zugeordnet werden können. Jedem Messpunkt wiederum wird mindestens ein (1 bis n) Wert zugeordnet. Der Objekttyp Wert enthält den erforderlichen physikalischen Messwert sowie den Zeitstempel.

9.3.6 Objektorientierte Datenbanken

Die in den vorigen Abschn. 9.3.1 bis 9.3.5 gezeigten Konzepte der Wissens- und Datenrepräsentation bilden die theoretischen Konzepte, welche zur Umsetzung eines technischen Systems vorliegen müssen. Die Umsetzung jedoch bedarf entsprechender Datenbanksysteme, mit denen die Informationen gemäß der zuvor definierten Schemata abgespeichert werden können. Heutzutage existieren die unterschiedlichsten Datenbanksysteme, angefangen von einfachen Datenbanken bis hin zu komplexen Hochleistungssystemen, die sehr hohe Zuverlässigkeit, Datenverfügbarkeit und Geschwindigkeiten gewährleisten und eine Vielzahl an nutzerspezifischen Funktionen bereitstellen können. Hierbei wird prinzipiell in drei Hauptkategorien von Datenbanksystem unterschieden, die in der Praxis eingesetzt werden. Wie in Abb. 9.9 gezeigt, handelt es sich hierbei um relationale, objektrelationale und objektorientierte Datenbanken. Die leistungsfähigsten Systeme sind dabei heutzutage die relationalen Datenbanken, auch wenn diese von sich aus keine objektorientierte Datenrepräsentation bereitstellen. Hierfür ist zusätzlich eine Abbildung der relationalen Daten auf objektorientierte Strukturen erforderlich. Reine objektorientierte Datenbanken (ohne Rückgriff auf ein relationales System) sind heutzutage für den Produktiveinsatz nicht geeignet, da sie hinsichtlich der Leistungsfähigkeit gegenüber den relationalen Systemen um einiges zurückstehen. Entsprechend sollte für den Einsatz in Produktivsystemen auch auf relationale Systeme gesetzt werden, da sie die größte Zuverlässigkeit und Geschwindigkeit bereitstellen. Die Herausforderung besteht hier nun in der Abbildung des zuvor vorgestellten objektivierten Datenschemas auf die relationale (tabellenbasierte) Datenbankstruktur. Hier ist die softwaretechnische Umsetzung einer entsprechenden Zwischenschicht als „Übersetzer" zwischen dem relationalen Datenbanksystem und dem objektorientierten Anwendersystem erforderlich. Hierfür werden sog. Persistenzbibliotheken eingesetzt, die in der Lage sind, die objektorientierten Informationen in entsprechende relationale Datenbankabfragen (normalerweise in der Abfragesprache SQL) umzusetzen [4, 5]. Ein alternativer Ansatz wäre der direkte Einsatz von objektrelationalen bzw. objektorientierten Datenbanken. Dies wird jedoch aufgrund der zuvor genannten geringeren Geschwindigkeit und Leistungsfähigkeit dieser Systeme in der Praxis nicht umgesetzt.

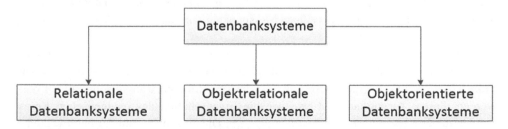

Abb. 9.9 Unterschiedliche Arten von Datenbanksystemen

9.4 Common Information Model

Die in Abschn. 9.3 dargestellte Herangehensweise ist im Bereich der elektrischen Energiesysteme, auch weit über die Anwendung in Expertensystemen hinaus, schon länger bekannt. Insbesondere aufgrund des gemeinsamen Interesses der Energiebranche, über ein einheitliches Datenaustauschformat und somit eine einheitliche Schnittstellenspezifikation zu verfügen, wurde in der Mitte der 2000er-Jahre das sog. Common Information Model (CIM) in die Normung eingeführt. Dieses stellt den Kern der Standards IEC 61970 [6] und IEC 61968 [7] dar und definiert ein Datenmodell für den Einsatz an Schnittstellen zwischen verschiedenen Komponenten eines Energiemanagementsystems. Da es sich um ein allgemeines Modell handelt, gibt es keine Vorgaben hinsichtlich einer konkreten Implementierung, d. h. keine Vorgaben bzgl. einer Programmiersprache oder eines Datentransportmechanismus. Das CIM erlaubt den universellen Einsatz von Daten und Wissen in allen Prozessen in der elektrischen Energieversorgung, sei es für Planung, Betrieb, Parametrierung von Geräteeinstellung oder andere Aspekte.

Das CIM wurde unter Zuhilfenahme der Modellierungssprache UML definiert. Im Speziellen wurde hier auf die in Abschn. 9.3.2 erläuterten Klassendiagramme zurückgegriffen, welche für die objektorientierte Modellierung geeignet sind. Somit erlaubt jede im CIM definierte Klasse die Erzeugung eines virtuellen Objektes, welches ein Objekt aus der realen Welt widerspiegelt und dessen Informationen in Form von Attributen und Verknüpfungen zu anderen Objekten erhält.

Ein Auszug eines Klassendiagramms, wie es im CIM verwendet wird, zeigt Abb. 9.10. Zu erkennen sind die einzelnen Klassen, welche als Vorlage zur Instanziierung von Informationsobjekten dienen. Zu Klassen können dabei Attribute zugeordnet sein, in denen die objektspezifischen Informationen abgelegt werden. Nach den Prinzipien der objektorientierten Modellierung können auch Methoden den Klassen zugeordnet werden, dies findet jedoch im CIM keine Verwendung. Ebenfalls in Abb. 9.10 sind die Beziehungen zwischen den einzelnen Klassen wie Generalisierung (Vererbung) und Assoziation sowie eine spezielle Form der Assoziation, die Aggregation, ersichtlich. Konkret sind in Abb. 9.10 Klassen dargestellt, die der Zuordnung von Messwerten zu einzelnen Betriebsmitteln dienen. Die Betriebsmittel sind durch die allgemeine Klasse *Conductung Equipment* repräsentiert. Dieser können entsprechende Messpunkte zugeordnet werden (*Measurement*), wobei hier in analoge Messungen (für bspw. Ströme und Spannungen) und diskrete Messungen (bspw. Schalterstellungen oder die Position eines Transformatorstufenschalters) unterschieden wird. Den jeweiligen Messpunkten wird dann eine Menge von einzelnen Messwerten zugeordnet.

Ein Beispiel zur konkreten Darstellung von realen Objekten zeigt Abb. 9.11. Hier wird ein Transformator entsprechend der CIM-Klassen modelliert. Dieser wird dazu in den Transformator (T1) allgemein aufgeteilt, und die Transformatorwicklungen (TW1, TW2) werden diesem zugeordnet. Attribute wie die Eigenschaften des magnetischen Kerns werden in der Klasse *Power Transformer* abgelegt. Die einzelnen Transformatorwicklungen werden jeweils auf eine eigene Klasse *Transformer Winding* abgebildet, und Parameter

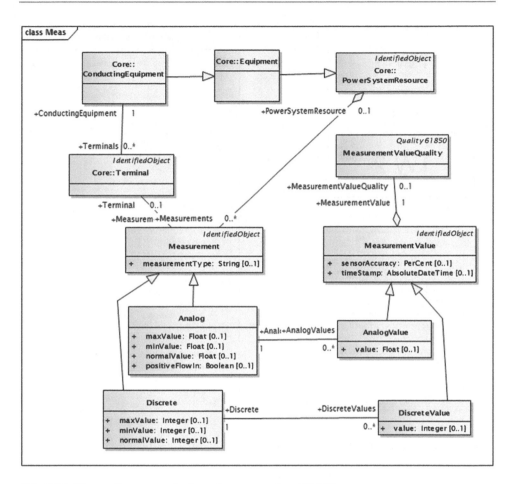

Abb. 9.10 Klassendiagramm mit einem Auszug aus dem CIM [6]

wie Suszeptanz und Resistanz der jeweiligen Wicklung werden hinterlegt. Durch die Assoziation zwischen den beiden Klassen kann einem Power Transformer mehrere Transformer Windings zugeordnet werden, wodurch es möglich wird, Transformatoren mit zwei oder mehr Wicklungen zu modellieren. Was innerhalb der einzelnen Klassen ebenfalls zu erkennen ist, sind die vererbten Attribute aus den übergeordneten Klassen. Diese sind bspw. als *Identified Object* bezeichnet. Hier wird ersichtlich, dass alle bezeichnungsspezifischen Eigenschaften (der Name, eine eindeutige ID, eine Beschreibung) von der Klasse Identified Object vererbt wird, welche im CIM eine generelle Klasse darstellt, von der wiederum nahezu alle anderen Klassen in diesem Modell erben.

Da das CIM gemäß IEC 61970 eine Vielzahl von Klassen definiert, ist ihre sinnvolle Sortierung notwendig. In der objektorientierten Modellierung geschieht dies mittels Zuordnung zu Paketen. Die in der Normenreihe IEC 61970 verwendeten Pakete mit der Unterteilung nach Teil 301 und Teil 302 sind in Abb. 9.12 gezeigt. Hiermit können bspw.

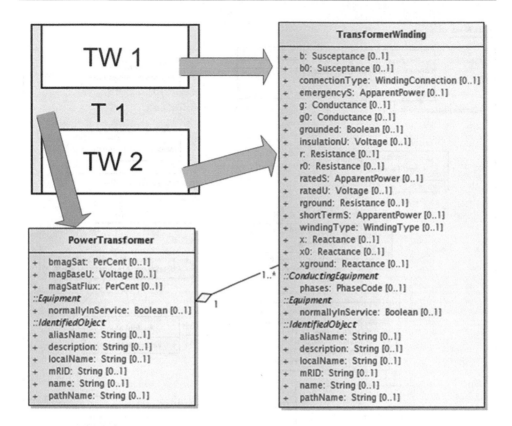

Abb. 9.11 Abbildung von Transformatoren gemäß CIM (zum Teil aus [6])

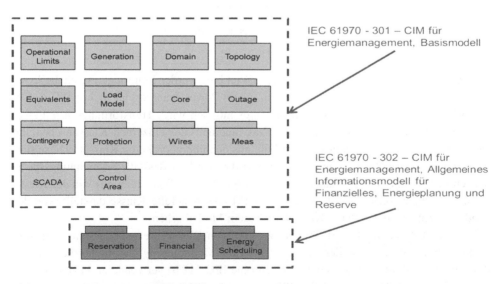

Abb. 9.12 CIM-Pakete nach IEC 61970

grundlegende Klassen den Paketen *Domain* und *Core* zugeordnet werden, wohingegen Klassen, die speziell zur Abbildung von Messungen notwendig sind, im Paket *Meas* enthalten sind. Weitere Pakete, die die hier gezeigten ergänzen, sind im Standard IEC 61968-11 definiert. Hierzu gehören Pakete wie *Metering* zur Abbildung von Informationen des Zählwesens mittels CIM [6].

Durch die Verwendung der Paketstruktur im Modell kann auch in der konkreten Implementierung eine klare Strukturierung realisiert werden. Bei einer Implementierung unter Anwendung von JAVA ergibt sich hieraus eine entsprechende Struktur von Packages, während in C++ die Pakete durch *Name spaces* repräsentiert werden. Weiterhin wird es durch die Paketstruktur möglich, eigene Erweiterungen auf Basis des CIM zu realisieren. Hierzu können eigene, anwendungsspezifische Pakete angelegt werden, welche die neuen benötigten Klassen enthalten. Trotz der Einordnung in eigene Pakete können Assoziationen zu den vorhandenen Klassen realisiert werden. Um das standardisierte CIM möglichst wenig zu verändern, sollte hier in erster Linie die Spezialisierung vorhandener Klassen durch Vererbung erfolgen. Diese spezialisierten Klassen wiederum können Relationen zu anderen spezialisierten Klassen besitzen, welche sich möglichst in den gleichen Paketen befinden. Eine direkte Assoziation neuer Klassen mit vorhandenen sollte möglichst vermieden werden, da hiermit das vorhandene Modell verändert wird und somit eine Erweiterung nicht klar auf die neu geschaffenen Pakete begrenzt werden kann.

Die Normenreihen IEC 61970 und IEC 61968 werden stetig durch die Arbeitsgruppen der *International Electrotechnical Commission* (IEC) aktualisiert und weiterentwickelt. Dies bedeutet, dass auch das CIM stetig wächst und in Teilen modifiziert wird, um der Anforderung gerecht zu werden, weitere Aspekte der elektrischen Energieversorgung zu standardisieren. So gibt es aktuell Bestrebungen, Modelle zur Repräsentation von Wetterdaten und Wetterprognosen zu ergänzen, da diese für den Bereich der erneuerbaren Energiequellen eine wichtige Rolle spielen.

Literatur

[1] Gross H-G (2005) Component-based software testing with UML. Springer, Heidelberg
[2] van Randen H J, Bercker C, Fieml J (2016) Einfühung in UML. Analyse und Entwurf von Software. Springer, Wiesbaden
[3] Seemann J, von Gudenberg J W (2000) Software-Entwurf mit UML. Springer, Heidelberg
[4] Gabriel R, Röhrs H-P (2003) Gestaltung und Einsatz von Datenbanksystemen. Springer, Heidelberg
[5] Moos A (2004) Datenbank-Engineering (3. Aufl.). Friedr. Vieweg & Sohn Verlag/GWV Fachverlage GmbH, Wiesbaden
[6] IEC 61970-301:2013 (2013) Energy management system application program interface (EMS-API) – part 301: Common Information Model. International Electrotechnical Commission, Geneva
[7] IEC 61968-11:2013 (2013) Application integration at electric utilities – system interfaces for distribution management – part 11: Common Information Model (CIM) extensions for distribution. International Electrotechnical Commission, Geneva

Expertensysteme in der elektrischen Energieversorgung – Beispiel

10

Wissen heißt wissen, wo es geschrieben steht
(Albert Einstein 1879–1955)

Zusammenfassung

Expertensysteme fanden in der Vergangenheit ihre Anwendung in diversen Bereichen des Lebens. Auch zur Lösung technischer Fragestellungen gab es unterschiedliche Anwendungsvorschläge. Um den praktischen Einsatz von wissensbasierten Systemen aufzuzeigen, wird in Kap. 10 ein Expertensystem zur Schutzkoordination vorgestellt.

10.1 Einleitung

Die Anwendungsbereiche von Expertensystemen umfassen grundsätzlich ein sehr breites Spektrum aus diversen Gebieten wie Medizin, Chemie, Physik, Diagnostik, Sicherheit, Mustererkennung, Entscheidungsunterstützung etc. Einige der Einsatzgebiete wurden bereits in Kap. 1 erwähnt. Weitere Beispiele aus unterschiedlichen Gebieten enthalten z. B. [1] und [2].

Im Fokus dieses Buches steht der Einsatz von wissensbasierten Systemen in den elektrischen Energieversorgungssystemen. Auf diesem Gebiet wurden in den letzten 20 Jahren diverse Anwendungen für die Expertensysteme vorgeschlagen und untersucht (s. [3, 4], eine sehr gute Übersicht diesbezüglich gibt [5]). Im Bereich der elektrischen Energieversorgung können u.a. folgende Einsatzfelder für die Expertensysteme unterschieden werden:

© Springer-Verlag GmbH Deutschland 2017   235
Z.A. Styczynski et al., *Einführung in Expertensysteme*,
DOI 10.1007/978-3-662-53172-3_10

- Planung,
- Monitoring,
- Regelung,
- Systemanalyse,
- Ausbildung und Training.

Der Grund für den Einsatz von Expertensystemen in den elektrischen Energieversorgungssystemen umfasst mehrere Aspekte. Zum einen werden die Aufgaben sowohl im Betrieb als auch bei der Planung immer komplexer. Das hängt mit der großen Menge an Daten zusammen, die gemessen, verarbeitet und ausgewertet werden muss. Im Betrieb kommt noch hinzu, dass die Zeit für die Durchführung der notwendigen Aktionen sehr begrenzt ist. In der Zukunft kann davon ausgegangen werden, dass durch den weiteren Zubau von erneuerbaren Erzeugern, die Flexibilisierung von Lasten sowie den Einsatz von Speichern, insbesondere in Verteilnetzen, und die dadurch steigende Komplexität der auszuwertenden Prozesse der Bedarf an intelligenten Systemen zur Unterstützung der Betriebs-, aber auch der Planungsaufgaben steigen wird. Zum anderen muss häufig, z. B. bei der Entscheidungsfindung, mit nicht vollständigen Informationssätzen (fehlende Informationen z. B. wegen Übermittlungsfehlern oder Messeinrichtungausfällen) oder mit ungenauen Datensätzen (Abweichungen bei Last- bzw. Einspeiseprognosen) umgegangen werden. Insbesondere die kritischen Zustände des Systems nach Störungen wie z. B. Kurzschlüsse, Komponentenausfälle etc. werden in der Handhabung in modernen Systemen aus Sicht des Betriebsführungspersonals immer schwieriger sein. Vor allem folgende betriebliche Aspekte stehen bereits heutzutage im Fokus und werden durch die andauernde Fortentwicklung des Energiesystems (in Deutschland spricht man diesbezüglich von Energiewende) immer mehr an Bedeutung gewinnen:

- Spannungsregelungskoordination und Blindleistungsmanagement unter Einbeziehung von Übertragungs- und Verteilungsnetzen,
- Frequenzhaltung durch den Einsatz eines frequenzabhängigen Lastabwurfes sowie einer frequenzabhängigen Abregelung von dezentralen Erzeugungsanlagen,
- Bewertung des Systemzustandes und Identifizierung von gefährlichen Zuständen – insbesondere hinsichtlich der Online-Analyse (Dynamic Security Assessment (DSA)-Systeme),
- Identifikation von Gegenmaßnahmen, um die Stabilität des Systems aufrecht erhalten zu können (DSA-Systeme),
- prädiktive Betriebsführung des Systems anhand unsicherer Informationen (Vorhersagen von Last und Erzeugung),
- Systemwiederaufbau unter Berücksichtigung von dezentralen Erzeugungsanlagen,
- Systembilanzierung durch den Einsatz von Flexibilitäten auf Verteil- und Übertragungsebene und Handhabung der kritischen Situationen – z. B. Umsetzung des Netzampelkonzeptes.

Aber auch die Netzplanungsaufgaben erfordern neue Ansätze, da die klassische Vorgehensweise einerseits nicht mehr ausreichend genau bzw. andererseits zum Teil nicht mehr zutreffend ist. Im ersten Fall handelt es sich grundsätzlich um die zusätzlichen stochastischen Effekte, die durch die lokale Einspeisung im System verursacht werden und die die Bilanzierung des Systems (somit auch die Frequenzhaltung) erschweren. Im zweiten Fall stimmen die bisherigen Planungsgrundsätze wegen der Änderung der Systemcharakteristik durch die lokale Einspeisung nicht mehr. Dabei geht es z. B. um die Änderung der Leistungsflussrichtungen wegen lokaler Überspeisung im normalen Betrieb, aber auch um das veränderte Verhalten hinsichtlich der Kurzschlussströme im Fall eines Fehlers. Dabei kann eine Situation entstehen, in der das nach den bisherigen Ansätzen geplante und konfigurierte Schutzsystem in Hinsicht auf Sicherheit, Schnelligkeit und Selektivität nicht mehr richtig funktioniert. Dazu steigt die Anzahl der in der Planung zu betrachtenden Fälle und Szenarien bei gleichzeitiger Erhöhung von Unsicherheits- bzw. Ungenauigkeitsfaktoren durch die veränderte Charakteristik des Systems enorm an. Durch einen hohen Komplexitätsgrad in Hinsicht auf die Schutzsystemauslegung und Konfiguration war dieses Gebiet schon immer für den Einsatz von Expertensystemen interessant [3]. Durch den aktuellen Wandel im System und die damit steigende Komplexität erhält es zusätzliche Relevanz.

Im Folgenden wird daher ein Expertensystem für die Planung von Schutzsystemen beispielhaft dargestellt. Grundlage und Hauptquelle für dieses Beispiel ist das in der Realität entwickelte und in der Praxis eingesetzte Expertensystem „SiExPro", das im Rahmen einer Promotion entstanden ist [6].

10.2 Ziele für das Expertensystem SiExPro zur Schutzkoordination

Der Planungsprozess eines Schutzsystems ist ein komplexes und mehrstufiges Verfahren. Einerseits müssen dabei viele Faktoren, Randbedingungen und Abhängigkeiten berücksichtigt werden, während andererseits häufig viele Eingangsinformationen nur teilweise bekannt oder nicht ganz sicher sind. Das Ziel eines solchen Planungsprozesses ist die Bestimmung der Struktur und der Komponenten des Schutzsystems für das betrachtete System sowie die Identifikation von optimalen Einstellungen. Der gesamte Planungsprozess wird als Schutzkoordinationsstudie bezeichnet. Der generelle Ablauf einer solchen Studie ist in Abb. 10.1 dargestellt.

Während die Auswahl der Funktionalitäten des Schutzsystems generell ohne größeren Aufwand erfolgen kann, da es prinzipiell von der verfolgten Schutzphilosophie im betrachteten System abhängig ist, ist die Identifikation optimaler Einstellungen eine komplizierte und langwierige Aufgabe. Vor allem, wenn es nicht nur um den Schutz von einzelnen Objekten geht, sondern wenn es sich um strukturell und funktional zusammenhängende Systeme handelt. Eine optimal durchgeführte Schutzkoordination sorgt dafür, dass die potenziellen Fehler möglichst nah am Fehlerort und schnell geklärt werden können und somit die Ausbreitung der Störung begrenzt werden kann.

Der Ausgangspunkt bei der Planung ist die Erstellung eines Grunddesigns für das Schutzsystem anhand der durchgeführten Analyse des Systems und der möglichen Fehler. Dabei handelt es sich um die Festlegung, welche Funktionalitäten das Schutzsystem aufweisen soll. Die Funktionalitäten des Schutzsystems charakterisieren prinzipiell die

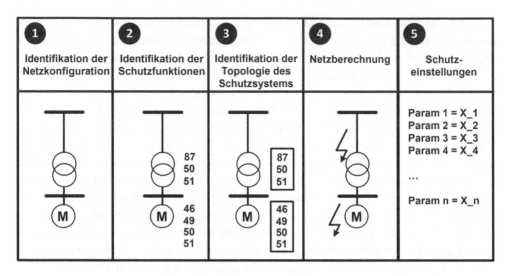

| ① Identifikation der Netzkonfiguration | ② Identifikation der Schutzfunktionen | ③ Identifikation der Topologie des Schutzsystems | ④ Netzberechnung | ⑤ Schutzeinstellungen |

Abb. 10.1 Schritte einer Schutzkoordinationsstudie (abgeleitet von [6])

Größen, die durch dieses überwacht und als Grundlage zur Einleitung der gewünschten Aktionen dienen sollen. Ein Schutzsystem kann mehrere Funktionalitäten gleichzeitig aufweisen, und somit müssen ggf. mehrere Größen überwacht werden. Jeder möglichen Schutzfunktion wird dabei eine Nummer zugeordnet, sodass unabhängig vom Hersteller ein Schutzsystem auf gleiche Weise charakterisiert werden kann. Die Funktionen und deren zugehörige Nummern sind genormt und können [7] entnommen werden. Beispiele für solche Funktionen sind u.a.:

- 12 – Überdrehzahlschutz,
- 21 – Distanzschutz,
- 51 – Überstromzeitschutz,
- 57N – richtungsabhängiger Erdschlussschutz,
- 87T/G/M/L – Differenzialschutz.

Die Ermittlung des Grunddesigns eines Schutzsystems beruht auf der Festlegung des Funktionsumfangs, der durch das System abgedeckt werden soll. Ein beispielhaftes Grunddesign des Schutzsystems für eine Asynchronmaschine ist in Abb. 10.2 und für eine Hochspannungsfreileitung in Abb. 10.3 gezeigt.

Für jede dieser Funktionen müssen optimale Einstellungen ermittelt werden, die dann als Ergebnis der Studie fungieren.

Die Rolle eines Expertensystems kann in diesem Prozess unterschiedliche Aspekte berücksichtigen. Das Expertensystem kann bereits am Anfang eingesetzt werden, um u.a. anhand der Ergebnisse der Systemanalyse (Schritt 1 und Schritt 2 in Abb. 10.1) die notwendigen Schutzfunktionen zu identifizieren. Diese werden jedoch häufig für bestimmte Elemente bzw. Systemkonfigurationen, basierend auf den bisherigen Erfahrungen des

Abb. 10.2 Grunddesign des Schutzsystems für eine große Asynchronmaschine [6]

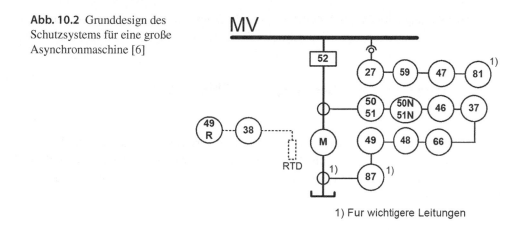

1) Fur wichtigere Leitungen

Planers und abhängig von der verfolgten Schutzphilosophie, in einer generischen Form angenommen. Das bedeutet, dass es für viele Anwendungsfälle Standardlösungen gibt.

Für den ausgewählten Funktionssatz müssen allerdings im Anschluss die optimalen Einstellungen ermittelt werden. Dieser Schritt ist wesentlich komplizierter als nur die reine Zusammenstellung der Schutzfunktionen, da davon die Erfüllung der drei Grundkriterien bei der Schutzplanung – Schnelligkeit, Sicherheit und Selektivität – abhängig ist. An dieser Stelle ergibt sich der zweite Einsatzbereich für ein Expertensystem im Rahmen

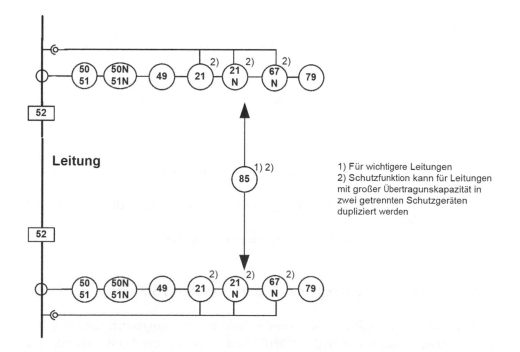

1) Für wichtigere Leitungen
2) Schutzfunktion kann für Leitungen mit großer Übertragunskapazität in zwei getrennten Schutzgeräten dupliziert werden

Abb. 10.3 Grunddesign des Schutzsystems für eine Hochspannungsfreileitung [6]

der Schutzplanungsaufgabe. Ziel ist dabei, anhand des im Expertensystem gespeicherten Wissens eine optimale Konfiguration der Schutzsystemeinstellungen zu identifizieren.

10.3 Architektur des Expertensystems SiExPro zur Schutzkoordination

Das hier betrachtete Beispiel-Expertensystem SiExPro verwendet das Konzept der Blackboard (Wandtafel)-Konferenz-Architektur. Bei diesem Konzept wird angenommen, dass der Ablauf des Schutzeinstellungsprozesses die Form einer Konferenz hat, an der folgende Akteure beteiligt sind [6]:

- Anwender des Expertensystems (Nichtexperte),
- Experteningenieur als Konferenzmoderator,
- Gruppe der Experteningenieure (Wissensträger).

Das Blackboard dient hierbei als zentrale Komponente, die diverse Informationen zusammenführt und nach den vorgegebenen Mustern organisiert.

Der generelle Ablauf einer solchen Konferenz in der Realität ist in Abb. 10.4 dargestellt.

In Gegensatz zu einer realen Konferenz werden die jeweiligen Funktionen, die oben diskutiert wurden, durch die Teilkomponenten des Expertensystems nachgebildet. Konkret kann z. B. folgende Zuordnung getroffen werden:

- Konferenzmoderator → Moderatormodul des Expertensystems,
- Experteningenieure (Wissensträger) → Wissensdatenbankmodul.

Das Moderatormodul ermöglicht die Klassifikation von Wissen. Es beinhaltet u.a. Mechanismen, die eine richtige Reihenfolge bei der Generierung der Fragen an den Anwender des Expertensystems ermöglichen. Die Fragen umfassen dabei u.a. folgende Kategorien [6]:

- **anwendungsbezogen:**
  – Beispiel: F: Was ist deine aktuelle Aufgabe? A: Einstellung des Schutzsystems.
- **agentenbezogen:**
  – Beispiel: F: In welchem Bereich liegt dein Projekt? A: In einem Übertragungsnetz.
- **modulbezogen:**
  – Beispiel: F: Was ist der aktuelle Maschinenname? A: MK-127.

10.4 Grafische Oberfläche des Expertensystems SiExPro

Das Expertensystem SiExPro wurde als eine Web-Anwendung umgesetzt. Abbildung 10.5 stellt das Hauptfenster der grafischen Oberfläche dar. Die weiteren Fenster, die während der Lösung eines Problems dem Nutzer gezeigt werden, besitzen eine ähnliche Struktur.

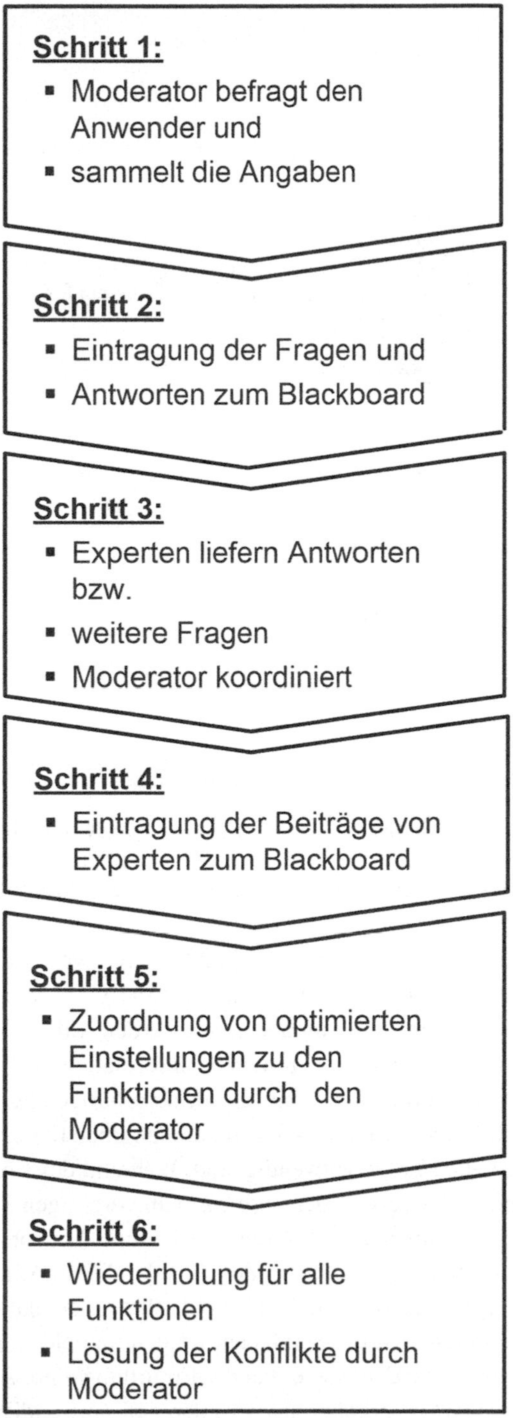

Abb. 10.4 Ablauf der Blackboard-
Konferenz (abgeleitet von [6])

Schritt 1:
- Moderator befragt den Anwender und
- sammelt die Angaben

Schritt 2:
- Eintragung der Fragen und
- Antworten zum Blackboard

Schritt 3:
- Experten liefern Antworten bzw.
- weitere Fragen
- Moderator koordiniert

Schritt 4:
- Eintragung der Beiträge von Experten zum Blackboard

Schritt 5:
- Zuordnung von optimierten Einstellungen zu den Funktionen durch den Moderator

Schritt 6:
- Wiederholung für alle Funktionen
- Lösung der Konflikte durch Moderator

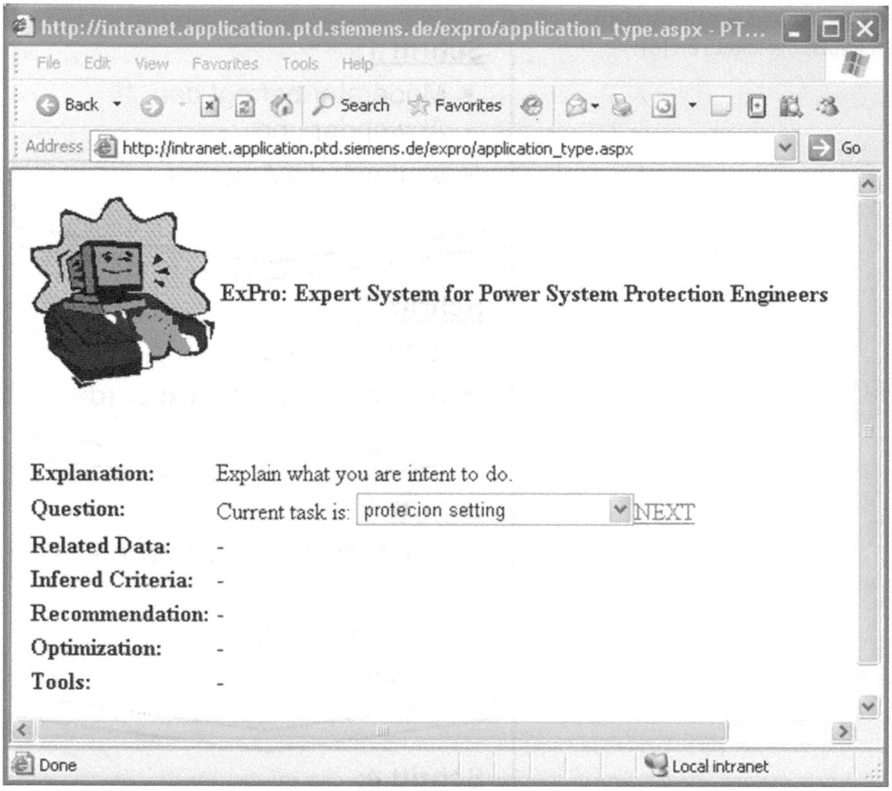

Abb. 10.5 Grafische Oberfläche des Expertensystems SiExPro [6])

Das Fenster beinhaltet sieben folgende Felder [6]:

- „Explanation" – dieses Feld informiert, was das Ziel des aktuellen Fensters ist,
- „Question" – hier wird die Angabe vom Nutzer abgefragt. Im ersten Schritt wird gefragt, welche Aufgabe gelöst werden soll,
- „Related Data" – zusätzliche Informationen werden zur Verfügung gestellt, die zur Beantwortung der Frage aus dem vorherigen Feld notwendig sind,
- „Inferred Criteria" – Informationen über Kriterien, die zur Beantwortung der ausgewählten Frage notwendig sind. Während des Lösungsprozesses beinhaltet dieses Feld normalerweise Ergebnisse aus dem vorherigen Schritt,
- „Recommendation" – Regeln, die eine Antwort auf die gestellte Frage liefern. Diese Empfehlung kann entweder einen konkreten Wert oder einen Wertebereich beinhalten,
- „Optimization" – falls das Feld „Recommendation" einen Wertebereich anstelle eines konkreten Wertes beinhaltet, werden im Feld „Optimization" zusätzliche Regeln angegeben, die den Nutzer bei der Ermittlung einer scharfen Einstellung unterstützen,
- „Tools" – Verknüpfungen zu den ggf. notwendigen Berechnungstools, die vom Nutzer zur Beantwortung der Fragen verwendet werden sollen.

Der Einsatz der jeweiligen Felder wird anhand eines Beispiels in Abschn. 10.5 näher dargestellt.

10.5 Lösung einer Beispielaufgabe [6]

In diesem Abschnitt wird der Einsatz des Expertensystems SiExPro am Beispiel einer Schutzkoordination im Testsystem gezeigt. Das hier diskutierte Beispiel wurde aus einem größeren Beispiel in [6] abgeleitet, und daher wird empfohlen, den vollständigen Planungsprozess in der Originalquelle zu analysieren. In Abb. 10.6 ist die Struktur des betrachteten Systems mit den markierten Schutzgeräten und den Schutzfunktionen dargestellt. Im Fokus steht die Konfiguration des Schutzgerätes zur Absicherung des Transformators (7SJ622).

Im Folgenden wird der Prozess der Problemlösung anhand des Dialoges zwischen dem Expertensystem und dem Nutzer gezeigt. Als Ergebnis dieses Prozesses werden die Einstellungen für die betrachteten Schutzfunktionen ermittelt.

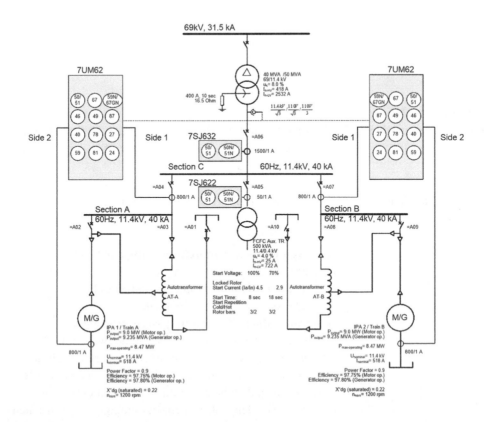

Abb. 10.6 Struktur des Systems (abgeleitet von [6])

Anwendungsauswahl
* **Feld „Question" (Frage):**   Was möchten Sie tun?

Mögliche Antworten:
  1. Schutzparametrierung,
  2. Planung der Schutz-Philosophie,
  3. Basis-Schutz-Design,
  4. Detailliertes Schutz-Design,
  5. Schutz-Test,
  6. Schutz-Wartung.

Ausgewählte Option:
  1. Schutzparametrierung.

Agentenauswahl
* **Feld „Question" (Frage):**   Zu welchem Bereich gehört das aktuelle Projekt?

Mögliche Antworten:
  1. Industrie,
  2. Kraftwerk,
  3. Übertragung,
  4. Verteilung,
  5. Bahnnetz.

Ausgewählte Option:
  1. Industrie.

Prozessauswahl
* **Feld „Explanation"**   Der Prozess definiert die Reihenfolge, in der die Schutzeinstel-
  (Erklärung):   lung durchgeführt werden soll. Bitte führen Sie den folgenden
  Prozess schrittweise aus.

* **Feld „Question"**   Den nachfolgenden Prozess schrittweise ausführen?
  (Frage):

Mögliche Antworten:
— Schutz von jedem Verbraucherabgang einstellen
  1. Schutz von jedem Motor einstellen,
  2. Schutz von jedem Sanftanlaufmodul einstellen,
  3. Schutz von jeder Kondensatorbatterie.
— Schutz von jedem Übertragungszweig einstellen
  4. Schutz von jedem abgehenden Leitungszweig einstellen,
  5. Schutz von jedem abgehenden Transformatorzweig einstellen,
  6. Schutz von jedem Sammelschienenlängstrenner einstellen,
  7. Schutz von jedem Sammelschienenkoppler einstellen,
  8. Schutz von jedem ankommenden Leitungszweig einstellen,
  9. Schutz von jedem ankommenden Transformatorzweig einstellen,
  10. Schutz von jedem Leitungs-Interkonnektor einstellen,
  11. Schutz von jedem Transformator-Interkonnektor einstellen.

— Schutz von jedem Generator-Zweig einstellen

12. Schutz von jedem Generator einstellen,
13. Schutz von jedem ankommenden Transformatorzweig einstellen,
14. Schutz von jedem Leitungszweig einstellen.

Als Antwort auf die oben gestellte Frage zum Punkt „Prozessauswahl" wird für die Betrachtung des Trafoschutzes die Option „5. Schutz von jedem abgehenden Transformatorzweig einstellen" ausgewählt. Nach der Auswahl wird der Nutzer zu dem ausgewählten Modul weitergeleitet, und dort werden die im Folgenden zusammengefassten Dialoge durchgeführt, um den Schutz des Transformers einzustellen.

Modul: Trafo-Schutz
Frame: Schutzfunktion 51 (Ip>)

Funktionsname = **f14**; eindeutiger Name für die Schutzfunktion,
Transformator In = **25 A**; Nennstrom des Transformators auf der Hochspannungsseite,
Transformator Isc = **625 A**; Durchgangsfehlerstrom des Transformators auf der Hochspannungsseite.

Folgende Einstellungen werden durch die Regel des Expertensystems vorgeschlagen:

- *51-f14.Ip>*   = 110% × *Transformator In* = 110% × **25 A = 28 A**,
- *51-f14.Charakteristik* = **Inverse, normale IEC,**
- *51-f14.T-.Ip>*   = **0.69 Sek.**

Der Zeitmultiplikator und die Charakteristik sind so eingestellt, dass die Auslösungszeit t_{TRIP} beim Durchgangsfehlerstrom gleich 1.5 Sekunden ist.

Grundlage dafür ist folgende Formel:

$$t_{TRIP} = T_P \times \frac{0.14}{(I / I_p)^{0.02} - 1},$$

bei den Annahmen:

$$t_{TRIP} = 1.5 \text{ Sek.}$$

$$(I / I_p) = (625\,\text{A}) / (28\,\text{A}) = 22.3$$

Daraus ergibt sich:

$$T_P = 0.69\,\text{Sek.}$$

Frame: Schutzfunktion 50 (I≫)

Funktionsname = **f15**; eindeutiger Name für die Schutzfunktion,
Transformator In = **25 A**; Nennstrom des Transformators auf der Hochspannungsseite,

Transformator Isc = **625 A**; Durchgangsfehlerstrom des Transformators auf der Hochspannungsseite.

Folgende Einstellungen werden vom Expertensystem vorgeschlagen:

- **50-*f15.I≫*** = 110% × *Transformator Isc* = 110% × 625 A **= 688 A,**
- **50-*f15.T-.I≫*:** = 0.0 sec.

Frame: Schutzfunktion 50 N (I>, I≫)

Folgende Einstellungen werden vom Expertensystem vorgeschlagen:

- *50 N-f16.I> = deaktiviert,*
- *50 N-f16.T-I> = deaktiviert,*
- *50 N-f16.I≫ = 40 A.*

Regeln zur Bereichseinstellung:

≥15% × *Primärstrom des Stromwandlers* → ≥ 15% × 50 A → ≥ **7.5 A,**
≤10% × *Einphasiger Erdschlussstrom* → ≤ 10% × 400 A → ≤ **40 A.**

Optimierungsregel bei Einstellung von 40 A:
- Einstellen: **50 N-*f16.T-I≫* = 0.0 sec.**

Neben den numerischen Werten, die vom Expertensystem vorgeschlagen werden, können die Ergebnisse auch grafisch dargestellt werden, wie z. B. in Abb. 10.7.

10.6   Zusammenfassung

Das vorgestellte Beispiel zeigt, wie man die Lösung einer Aufgabe im Bereich der Schutzkoordination mittels eines Expertensystems unterstützen kann. Die Lösung, basierend auf einem Expertensystem, ermöglicht die Zusammenfassung von Expertenwissen aus einem sehr komplexen Gebiet innerhalb eines Programmsystems, um somit die Durchführung des Planungsprozesses durch Experten zu beschleunigen bzw. durch einen Nichtexperten durchführen zu lassen. Innerhalb des präsentierten Expertensystems wurde das Wissen von Experten auf dem Gebiet der Schutzkoordination systematisiert und in Form von diversen Modulen im Expertensystem als Regeldatenbank implementiert. Insgesamt beinhaltet das System ca. 900 Regeln im Bereich der Schutzkoordination, die die diversen Komponenten des Energieversorgungssystems umfassen.

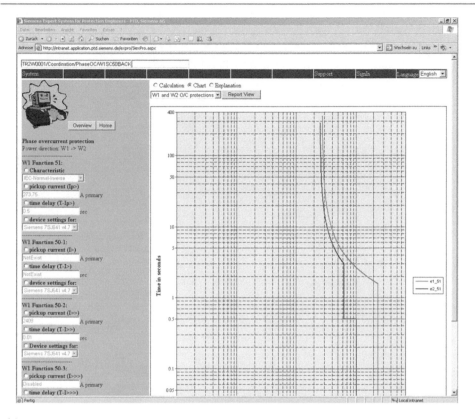

Abb. 10.7 Visualisierungsmodul des Expertensystems (Quelle: Siemens AG)

Literatur

[1] Beierle Ch, Kern-Isberner G (2014) Methoden wissensbasierter Systeme – Grundlagen, Algorithmen, Anwendungen. Springer, Heidelberg

[2] Liebowitz J (1998) The handbook of applied expert systems. CRC Press, Boca Raton

[3] Warwick K, Ekwue A, Aggarwal R (Hrsg) (1997) Artificial intelligence techniques in power systems. The Institution of Electrical Engineers, London

[4] McDonald JR, Burt GM, Zielinski JS, McArthur SDJ (1997) Intelligent knowledge based systems in electrical power engineering. Springer, Heidelberg

[5] Tamura Y, Baggini I, Bergstrom W, Duk HE, Galiana FD, Heilbronn B, Liu CC, Scott JPG, Suzuki H (2005) An international survey of the present status and the perspective of expert systems on power system analysis and techniques. CIGRE Technical Broschure No. 29, Paris

[6] Ganjavi M.R (2008) Protection system coordination using expert system (Nitsch J, Styczynski Z, eds). MAFO 25, Magdeburg. ISBN 978-3-940961-15-0. http://diglib.uni-magdeburg.de/Dissertationen/2008/mohganjavi.pdf. Zugegriffen: 26. März 2017

[7] IEEE Std C37.2-2008 (2008) IEEE standard for electrical power system device function numbers, acronyms, and contact designations. IEEE, Washington

Stichwortverzeichnis

Printed in the United States
By Bookmasters